DIE

BODENSCHÄTZE SCHLESIENS

ERZE KOHLEN NUTZBARE GESTEINE

VON

DR ARTHUR SACHS
PRIVATDOZENTEN DER MINERALOGIE
AN DER UNIVERSITÄT BRESLAU

LEIPZIG
VERLAG VON VEIT & COMP.
1906

DIE

BODENSCHÄTZE SCHLESIENS

ERZE KOHLEN NUTZBARE GESTEINE

VON

DR ARTHUR SACHS
PRIVATDOZENTEN DER MINERALOGIE
AN DER UNIVERSITÄT BRESLAU

LEIPZIG
VERLAG VON VEIT & COMP.
1906

Druck von Metzger & Wittig in Leipzig.

SEINEM LEHRER

CARL HINTZE

IN HERZLICHER DANKBARKEIT

GEWIDMET

VOM VERFASSER

Vorwort.

Das vorliegende Buch über die Bodenschätze (Preußisch-) Schlesiens ist die Frucht einer gleichnamigen Vorlesung, die ich seit mehreren Semestern an der Breslauer Universität halte.

Es ist nicht ausschließlich vom Standpunkte des Mineralogen aus geschrieben. Das wäre bei dem Vorhandensein der Schriften von H. Fiedler (1863) und H. Traube (1888) über die Minerale Schlesiens, insbesondere aber seit dem Erscheinen des großen Handbuches der Mineralogie meines verehrten Lehrers Carl Hintze überflüssig.

Maßgebend für mich war vor allem der technische Gesichtspunkt, die Absicht, eine zusammenfassende Übersicht über die technisch nutzbaren Bodenschätze unserer Provinz: ihre Erze, Kohlen und nutzbaren Gesteine zu geben.

Es ist klar, daß hierbei die Darstellung auch stark ins Geologische hinüberspielen mußte, und ich gedenke hier dankbar der mannigfachen Anregung, die ich auf diesem Gebiete von Fritz Frech empfangen habe.

Für die Behandlung der geologischen Verhältnisse boten mir eine treffliche Grundlage: für Niederschlesien die Erläuterungen von J. Roth zu der von Beyrich, Rose, Roth und Runge bearbeiteten Karte des niederschlesischen Gebirges (1867), für Oberschlesien F. Roemers Geologie von Oberschlesien samt dem von Runge verfaßten Anhang (1870), für ganz Schlesien die Erläuterungen G. Gürichs zur geologischen Übersichtskarte von Schlesien (1890).

Den einzelnen Vorkommen wurde eine Angabe der wichtigsten Literatur beigegeben. Für die Zusammenstellung dieser Literaturangaben waren mir besonders wertvoll die „Literatur der Landes- und Volkskunde der Provinz Schlesien“ von Joseph Partsch (dessen Werk über Schlesien — 1896 und 1903 — mir ebenfalls vielfach zur Belehrung diente), für die Zeit seit 1893 auch das Generalregister der von Max Krahmann herausgegebenen Zeitschrift für praktische Geologie. An dieser Stelle möchte ich auch Herrn Oberbergamtssekretär Hirschfeld meinen besten Dank für die Liebenswürdigkeit, mit der er mir die Bibliothek des Breslauer Oberbergamtes zugänglich machte, aussprechen.

Die Kenntnis der Bodenschätze Schlesiens hat namentlich in den letzten 25 Jahren bedeutende Fortschritte gemacht. In erster Reihe ist dies der Tätigkeit der gegenwärtig unter Franz Beyschlags wissenschaftlicher Leitung stehenden preußischen geologischen Landesanstalt zu danken; es seien hier nur die zahlreichen und teilweise grundlegenden Arbeiten von Weiss und E. Dathe über Niederschlesien, von Ebert, Potonié und Michael über Oberschlesien erwähnt; auch Berendt, Wahnschaffe, Zimmermann, Leppla, Krusch und andere Forscher wären hier zu nennen. An zweiter Stelle sind mannigfache Untersuchungen anzuführen, die aus dem mineralogischen und geologischen Institute der Breslauer Universität hervorgingen. Endlich trugen die Veröffentlichungen von Männern der Praxis — die, in engster Fühlung mit dem Bergbau, besonders berufen erscheinen sich mit den einschlägigen Verhältnissen zu befassen — ganz wesentlich zur Aufklärung bei. Es sei hier nur der Schriften von A. Schütze, v. Festenberg-Packisch und v. Rosenberg-Lipinsky über Niederschlesien, der zahlreichen Veröffentlichungen von Kosmann, Gaebler, Bernhardi, E. und R. Althans über Oberschlesien gedacht.

Auch das Interesse an den montanistischen Verhältnissen Schlesiens hat in letzter Zeit in erfreulicher Weise zugenommen, und wird zweifellos noch weiter wachsen, wenn erst die gegenwärtig im Bau befindliche Breslauer Technische Hochschule vollendet sein wird. Man wird dann in weitesten Kreisen erkennen, welche Bedeutung diese Frage nicht nur für Schlesien, sondern für ganz Deutschland besitzt. Möge allen denen, die ihrem Studium nähertreten wollen, das vorliegende Buch zur Orientierung dienen.

Breslau, im Oktober 1905.

Dr. Arthur Sachs.

Inhalt.

I. Niederschlesien.

I

Niederschlesien

a) Metallische Fossilien.

Einleitung.

Der metallische Bergbau Niederschlesiens besitzt in ökonomischer Hinsicht ein vorwiegend historisches Interesse.

Wenn man das Magnetitvorkommen von Schmiedeberg, wo im Jahre 1904 ca. 35000 Tonnen Eisenerz gefördert wurden, das Arsenerzvorkommen des „Reichen Trostes" zu Reichenstein, wo man in demselben Jahre ca. 15000 Tonnen roher Arsenerze gewann, und endlich die neuerdings aufblühenden Nickelerzvorkommen von Frankenstein (mit einer Förderung von 13500 Tonnen Nickelerz im Jahre 1904) nennt, so stellen diese gegenwärtig die ökonomisch wichtigsten Lagerstätten dar.

Zwar baut man stellenweise die karbonischen Kohlen- und Toneisensteine der Waldenburger, Landeshuter und Neuroder Gegend im Jahre 1904 wurden nahezu 10000 Tonnen gefördert), zwar hat man neuerdings wieder den Abbau des Schwefelkiesvorkommens in den Talkschiefern von Rohnau bei Merzdorf in Angriff genommen, und zwar ist man mit einer Wiederbelebung des Kupferberger Bergbaues, sowie des Altenberger und Rothenzechauer Arsenerzbergbaues beschäftigt, aber die Bedeutung all dieser Vorkommen liegt doch vorwiegend teils in der Vergangenheit, teils erst in der Zukunft.

Andere Lagerstätten, wie die Goldseifen im Diluvium der Liegnitzer, Goldberger und Löwenberger Gegend, die mannigfachen Gangvorkommen von Blei-, Silber-, Zink- und Kupfererzen (Silberberg, Dittmannsdorf, Breitenhain, Oberweistritz, Kolbnitz, Gottesberg, Gablau), die flözartigen Kupfererzvorkommen im Zechstein von Haasel bei Goldberg und das mehr nesterförmige Vorkommen von Ludwigsdorf bei Görlitz, die Eisenerze im Glimmerschiefer von Reinerz, im

Silur von Willmannsdorf bei Jauer und von Jänkendorf bei Rothenburg i. L., sowie die rezenten Raseneisenerzvorkommen, ferner die Chromerzvorkommen im Serpentin der Frankensteiner Berge und des Zobtens, die Kobalt-Arsen-Zinnerzvorkommen in den Glimmer- und Chloritschiefern von Giehren und Querbach bei Friedeberg, und das Kobalt-Manganerzvorkommen von Rengersdorf in der Lausitz werden gegenwärtig entweder gar nicht, oder nur in untergeordnetem Maße betrieben.

Eine letzte Gruppe von Erzlagerstätten endlich ist niemals im großen abgebaut worden, sondern besitzt ein rein mineralogisches Interesse, wie die Quecksilbererze im Porphyr des Hochwaldes von Gottesberg, die Uranerze von Wolfshau bei Krummhübel und von Kupferberg.

Um so größer aber ist das theoretische Interesse, das die Erzvorkommen Niederschlesiens verdienen.

Versuchen wir für die Genese der verschiedenen Vorkommen eine Erklärung zu finden. Es braucht wohl kaum betont zu werden, daß es sich hier nur um einen Hinweis handeln soll, in welcher Richtung sich kommende eingehende Detailforschungen nach Ansicht des Verfassers zu bewegen haben werden.

Die geologische Signatur des niederschlesischen Gebirges liegt im Gegensatz zu Oberschlesien in seinem Reichtum an Eruptivgesteinen. Unzweifelhaft muß man deshalb bezüglich der primären Herkunft des Metallgehaltes der niederschlesischen Erze sein Hauptaugenmerk zunächst auf diese richten.

Nur diejenigen lager- oder flözförmigen Erzvorkommen, die erwiesenermaßen sich gleichzeitig mit ihrem Nebengestein gebildet haben, sind hiervon auszunehmen. Zu diesen rechne ich großenteils die Eisenerzvorkommen Niederschlesiens, auch das in den kristallinen Schiefern von Schmiedeberg, das durch den benachbarten Riesengebirgsgranit nur kontaktmetamorph verändert worden ist.

Diejenigen Erzlager oder Erzflöze aber, die entweder sicher oder möglicherweise später als ihr Nebengestein gebildet sind, leiten möglicherweise den primären Metallgehalt der Lösungen, aus denen sie abgesetzt sind, schon von benachbarten Eruptivgesteinen her. Es ist sicherlich kein Zufall, daß das schmale Zechsteinband, das sich von Goldberg bis zum Queiß hinzieht, in der Nähe der Schönauer Porphyre: bei Haasel, Konradswaldau, Polnisch-Hundorf, Neukirch besonders kupferreich ist. Die silurischen (mehr stockförmigen) Eisenerzvorkommen von Willmannsdorf bei Jauer stehen mit den dortigen Diabasen in zweifellosem Zusammenhange. Ebenso weist v. Rosenberg-Lipinsky (Ztschr. f. prakt. Geol. 1896, **4**, 216) bei den mehr nesterförmigen Erzvorkommen der Görlitzer Gegend (Ludwigsdorf, Jänkendorf, Rengersdorf) ausdrücklich darauf hin, daß die dortigen silurischen Schiefer von zahlreichen Eruptivgesteinen (Porphyren, Dioriten, Basalten) durchbrochen werden. Auch bei dem Schwefelkiesvorkommen in den grünen Schiefern von Rohnau bei Merzdorf weist Websky ausdrücklich auf die Nähe eines etwa 200 m langen Porphyrganges hin.

Dieselbe Erscheinung läßt sich bei den typisch gangförmigen Erzvorkommen, die in kristallinen Schiefern oder Sedimentgesteinen auftreten, beobachten. Die Roteisenerzgänge in den Glimmerschiefern der Reinerzer Gegend treten in der Nähe von Granit auf, die Erzvorkommen in den kristallinen Schiefern von Kupferberg, deren gangartige Natur man neuerdings — meiner Ansicht nach mit Unrecht — bezweifelt hat, treten in der Nähe von zahlreichen Porphyrgängen auf, bei den silurischen Erzgängen von Kolbnitz bei Jauer ist die Nähe der dortigen Diabase, bei den Gängen in der Kulmgrauwacke von Gablau die Nähe des Porphyrs des Sattelwaldes zu betonen. Die Gänge von Silberberg, Dittmannsdorf, Breitenhain, Oberweistritz treten im Gneise des Eulengebirges auf, dessen wohl ursprünglich schmelzflüssige Natur ja schon öfters betont worden ist. Die Erzvorkommen in den silurischen Tonschiefern von Altenberg bei Schönau sind an einen Olivinkersantit geknüpft. Indem dieser auch die im Tonschiefer auftretenden Quarzporphyre durchsetzt, leitet dieses Erzvorkommen zu einer neuen Gruppe von Lagerstätten über.

Bei dieser Gruppe handelt es sich um stock- oder nesterförmige, gang- oder kluftartige Erzvorkommen, die unmittelbar mit Eruptivgesteinen selbst verknüpft sind. Hierher gehören die Chromerze am Zobten und in den Frankensteiner Bergen, die Nickelerzvorkommen im Serpentin von Frankenstein, die goldhaltigen Arsenkiese im Serpentin von Reichenstein, auch das bekannte Erzvorkommen im Porphyr des Hochwaldes von Gottesberg. Ich halte es für überflüssig, aufsteigende Thermalwässer, die im Gefolge dieser Schmelzmassen aufstiegen, als die Erzbringer anzusprechen. Man wird vielmehr, wie es bei den erwähnten Chromerzvorkommen klar ersichtlich ist, den Metallgehalt in dem schmelzflüssigen Magma selbst als vorhanden anzunehmen haben, und wird das Auftreten der Erze in ihrer gegenwärtigen Form teils durch primäre magmatische Differentiation, teils durch Dynamometamorphose, teils durch Lateralsekretion wässeriger Lösungen zu erklären haben.

Als letzte Gruppe endlich möchte ich die Arsen-Kobalt-Zinnerzimprägnationen in den Glimmerschiefern (bzw. Talk- und Chloritschiefern) von Rothenzechau nordöstlich von Schmiedeberg und von Giehren und Querbach bei Flinsberg zusammenfassen: es sind meiner Auffassung nach Exhalationen des Riesengebirgsgranites bzw. -gneises in die benachbarten Glimmerschiefer.

Alles in allem ist zusammenfassend nochmals hervorzuheben, daß — mit Ausnahme der syngenetischen Eisenerzlagerstätten — der Metallgehalt in Niederschlesien wohl primär mit schmelzflüssigen Magmen verknüpft war, und daß primäre magmatische Differentiation, Dynamometamorphose und Lateralsekretion dann weiterhin das ihrige taten, um den Lagerstätten ihren gegenwärtigen Charakter aufzuprägen. Bezüglich der Einzelheiten muß auf die Besprechung der einzelnen Vorkommen verwiesen werden.

Gold.

Der Goldbergbau bei Goldberg, Nikolstadt, Bunzlau und Löwenberg.

v. Dechen, Karst. Arch. Min. 1830, **2**, 209—233. — C. F. Mosch, Über den früheren Bergbau um Nikolstadt. v. Ledeburs Arch. IV, 1831, 320—348. — Bergemann, Prov.-Bl. 1832, **96**, 249—252 und v. Ledeburs Arch. 1830, I, 330—349. — Scholtz, Die Goldbergwerke in und bei Goldberg, Prov.-Bl. **112**, 1840, 1—12, 93—103. — Steinbeck, Gesch. d. schles. Bergbaues 1857, 125. — Kretzmüller u. G. Rose bei Roth, Erläut. Karte Niederschles. Geb. 1867, 381. — Websky, Schles. Ges. vaterl. Kult. 1867, **45**, 26. — v. Festenberg-Packisch, Met. Bergb. Niederschles. 1881, 40—43. — G. Williger, Die goldführenden Schichten Niederschles. usw., B.- u. H.Ztg. 1881, 65—69. — Traube, Min. Schles. 1888, 100. — Pošepný, Arch. prakt. Geol. 1895, 312. — Faulhaber, Die ehem. schles. Goldprod. usw., Inaug.-Diss. Breslau 1896. — v. Rosenberg-Lipinsky, Die neuen Goldfunde bei Löwenberg. Ztschr. f. prakt. Geol. 1897, 156—158. — Gürich, Über die angebl. Goldlagerstätten von Schmottseiffen bei Löwenberg. Schles. Ges. vaterl. Kult. Breslau 16. Juni, 1897. — Hintze, Über das Goldvorkommen von Löwenberg. Schles. Ges. vaterl. Kult. 21. Juli 1897. — Hintze, Handb. der Miner. I, 1898, 244—245. — Fechner, Versuche auf Gold in Schlesien unter Friedrich d. Großen. Schles. Ztg. v. 23. Juni 1898. — L. Sturm,

Der Goldberger Goldbergbau. Wand. i. Riesengeb. 1902, 136—139, 153—154, 170—171.

In dem Diluvium, welches den Fuß des Riesengebirges entlang die niederschlesische Ebene bedeckt — und namentlich in einer sich von Bunzlau über Löwenberg, Goldberg bis Nikolstadt südöstlich von Liegnitz auf eine Länge von 56 km hinziehenden Zone —, treten sekundäre Goldlagerstätten auf. Sie waren nicht auf die Flußtäler beschränkt, sondern gehörten weitverbreiteten Sandschichten an, die mit Letten wechselten. Die Reste der alten Gewinnungsarbeiten sind vielfach noch sichtbar und sollen meist den Charakter von Seifenpingen haben. An einigen Orten lag aber das goldhaltige Flöz tiefer unter der Oberfläche, mehrfach auch unter dem Grundwasserspiegel, und es mußte das Material durch Tiefbau gewonnen werden. An anderen Orten scheinen aber auch die ursprünglichen Lagerstätten des Goldes erreicht und abgebaut worden zu sein, wenn auch ein sicherer Anhalt für die ursprüngliche Lagerstätte bisher fehlt. Im 13. Jahrhundert war der Bergbau besonders an drei Punkten anhaltend: bei Goldberg, ferner zwischen Wahlstatt, Strachwitz, Nikolstadt und Groß-Wandriß, endlich bei Löwenberg in der Gegend zwischen Plagwitz, Höfel und Lauterseiffen.

Bei Goldberg war der Bergbau am beträchtlichsten auf den Hochfeldern am westlicheren Ende des Plateaus zwischen dem Bettelfluß, der Schneebach und der Katzbach. Er dehnte sich aus bis in die Nähe von Kopatsch nach der Katzbach herunter, selbst in der Tiefe des Tales und am linken Ufer wurde bei den Sieben Bütten noch die Goldsandlage gebaut. Das Grundgebirge der goldführenden Schichten bildet ein Tonschiefer, welcher zahlreiche Quarztrümer und Abänderungen des Kieselschiefers enthält, die häufig auf den Halden liegen; der Tonschiefer hat auch den größten Teil der im Goldsand vorkommenden und ihn bedeckenden Geschiebe geliefert. Das allgemeine Schichtenprofil ist nach Weigel (Beschreib. v. Schles., Teil 5, 31) folgendes: Eine mächtige, oft berghohe Sandschicht deckt 4 Lachter gelblichgrauen Letten, darunter folgen stark wasserführend 12 Zoll Geschiebe (meist Sandstein), eine Schicht goldführenden gelben Sandes $^3/_4$ Lachter, gelblichgraue Letten $1^1/_2$ Lachter, darunter stark eisenschüssige Konglomerate, eine zweite Lage Goldsand $1^1/_2$ Lachter mächtig, gelber Lehm 3 Lachter und endlich die dritte Lage Goldsand $1^1/_2$ Lachter mächtig. Die Gesamtmächtigkeit des Goldsandes beträgt also ca. 8 m. Die ersten zwei Goldlagen ruhen hiernach auf undurchdringbaren Medien, auf Letten, und sind von durchdringbaren Konglomeraten bedeckt; ob das dritte Lager bereits auf dem Grundgestein lag, ist nicht ersichtlich. Der Goldgehalt beträgt nach Versuchen im großen 0,024—0,099 g pro Tonne. Das Gold bildet kleine Schüppchen und Blättchen, zuweilen ist es in kleinen körnigen Partien mit Quarz und erdigem Brauneisen verwachsen. Die Schlieche (0,007 $^0/_0$ des Goldsandes) enthalten sehr reichlich Titaneisen in matten Körnchen, auch Magneteisen, Rutil, Hyacinth, Rubin, Sapphir, Ceylanit, Chrysoberyll, Beustit, es fehlen Eisenkies, Eisenglanz, Chromeisen und Granat.

Die Verhältnisse des Goldberger Vorkommens werden zuerst im Jahre 1661 in einem Berichte des Probierers W. C. Braun aus Freiberg berührt, der aber am Niklasberge vor der Stadt, wo die Kirche steht, das Goldflöz nicht fand. Die Versuchsarbeiten von 1781—86 ergaben in der Nähe der bis auf 14 m gediehenen Ziegellehmgewinnung 1 m Goldsand in 8 m Tiefe, der aber aus Geschieben mit Eisenoxyd zusammenkonglomeriert bestand und oft durch eine Lettenlage verdrängt wurde.

Die in den Jahren 1842—45 unternommenen Versuchsarbeiten bestanden in dem Niederbringen von neun Versuchsschächten in der Goldberger (und Nikolstädter) Gegend. In fünf von diesen Schächten, von denen der tiefste 25 Lachter, der flachste zwei Lachter abgesunken war, erreichte man die goldsandhaltige Schicht in einer Mächtigkeit von 2—8 Fuß. Das Liegende bestand allgemein aus Letten, das Hangende aus Sand mit Geschieben. Der letzte Versuch behufs Wiederbelebung des alten Goldberger Bergbaues ist im Jahre 1853 auf fiskalische Rechnung unternommen worden, er führte zu einer Distriktsverleihung auf Gold an den damaligen Besitzer der Reichensteiner Pulverfabrik: Güttler. Eine Goldgewinnung hat jedoch nicht stattgefunden.

In der Gegend von Nikolstadt waren nach Pošepný hauptsächlich vier Komplexe wichtig: Östlich vom Groß-Wandrißer Tale und ca. $1^1/_2$ km nordwestlich davon eine ca. $2^1/_2$ km lange Partie, beide in ca. 400 m Breite mit noch sichtbaren Pingen. Eine kleinere Partie findet sich unmittelbar westlich von Nikolstadt, dann weiter gegen das Kloster Wahlstatt und das Dorf Strachwitz; eine große elliptische $3^1/_2$ und 2 km breite Fläche am Rotheberg, dessen Gipfel aus Basalt besteht. Das an einzelnen Stellen an die Oberfläche tretende Grundgebirge besteht teils aus Tonschiefer, teils aus Gneis. Zuweilen tritt eine große Anzahl von Quarzbruchstücken auf; sie führen als Einschlüsse Pyrit, sehr selten gediegen Gold in kleinen Partien, sowie ein blättriges Mineral von hellgrauer

Farbe und deuten die Nähe von Quarzgängen an. Es finden sich förmliche Ausbisse von Quarzgängen südlich von Groß-Wandriß, bei Mertschütz und nördlich von Klein-Wandriß. Andererseits deutet das allerdings seltene Vorkommen von kleinen Hyacinthen, Rubinen und von schwarzem zum Teil magnetischem Eisensand auf den Halden darauf hin, daß außer dem anstehenden Quarz auch Goldsand verarbeitet wurde, wie man auch bei einem Schurf in der Wahlstätter Gemarkung auf eine schwach goldhaltige Sandlage stieß. Im Jahre 1897 wurde ein Versuch zur Wiederbelebung des alten Nikolstädter Bergbaues unternommen.

In der Löwenberger Gegend wurde das ganze Terrain zwischen Plagwitz, Höfel, Petersdorf, Lauterseiffen, Deutmannsdorf und Ludwigsdorf abgebaut. Es lassen sich innerhalb der nordschlesischen Kreidemulde drei Goldgebiete unterscheiden: das große Höfel-Lauterseiffner Feld an der Löwenberg-Goldberger Straße, das Gebiet östlich vom Bober bei Hohlstein und Groß-Walditz und die Bunzlauer Zeche an der Straße von Löwenberg nach Bunzlau. Die Halden des Löwenberger Goldbergbaues finden sich im Busch östlich von Höfel nach Petersdorf hin auf einem ausgedehnten Plateau; sie enthalten nach Williger Geschiebe von weißem Quarz und schwarzem Kieselschiefer, denen sich untergeordnet Gerölle von Glimmerschiefer, Felsitporphyr, Diorit, Jaspis, Chalcedon und Achat zugesellen. Alle diese Geschiebe stammen aus der goldführenden, eisenschüssigen, mit grünlichweißem Letten untermischten Quarzsandlage, welche — in geringer Tiefe liegend — nicht dem Diluvium, sondern einer älteren Bildungsperiode angehört zu haben scheint, worauf der Mangel an Feuersteinen hinzudeuten scheint. Auffallend ist auch das Fehlen von Geröllen der sonst in der Gegend anstehenden Formationen, Kreidesandsein und Buntsandstein; ebensowenig findet man den vielfach anstehenden Basalt. Die historischen Anhaltspunkte für das Vorhandensein einer güldischen Silbergewinnung in der Löwenberger Gegend weisen auf primäre Lagerstätten, ebenso hält v. Rosenberg-Lipinsky (s. oben Literatur) das Vorkommen zwischen Liebenthal und Schmottseiffen „auf Lettenklüften, die einen Urtonschiefer durchsetzen", für primär, während Hintze und Gürich (s. oben Literatur) die Sicherheit dieses Vorkommens überhaupt bezweifeln.

Der Beginn des Goldbergbaues von Goldberg, Nikolstadt, Bunzlau, Löwenberg ist in Dunkel gehüllt. Jedenfalls erreichte er im Mittelalter, besonders im 13. Jahrhundert, eine große Bedeutung. In der Schlacht bei Wahlstatt 1241 fochten bekanntlich 500 Bergleute von Goldberg (der fünfte Teil der ganzen Knappschaft) in Herzog Heinrichs des Frommen Heer gemeinsam mit den Kreuzfahrern gegen die Tartaren. Der Betrieb verminderte sich aber ebenso rasch wie er in Aufschwung kam und scheint zu Anfang des 15. Jahrhunderts gänzlich aufgehört zu haben. Im Jahre 1661 entsandten die Herzöge von Liegnitz als Herren der betreffenden Landesteile den Probierer Braun mit einem Rutengänger zur Untersuchung der Vorkommen, deren Ergebnisse aber sehr ungünstig lauteten. Die Versuchsarbeiten am Ende des 18. Jahrhunderts und die Wiederbelebungsversuche des Bergbaues im 19. Jahrhundert sind schon erwähnt worden.

Goldgehalt in den Arsenerzen von Reichenstein.

Chr. Hoffmann, Bergprobe oder Reichensteinischer Goldener Esel. Jena 1674, 107. — Mihes, Beitrag zur Geschichte d. Reichensteiner Bergwerks. Bergm. Journ. III, 1790, **1**, 526. — Heintze, Samml. v. Nachr. über die königl. freie Bergstadt Reichenstein. Breslau 1817. — Steinbeck, Gesch. d. schles. Bergb. 1857, 71. — C. Güttler, Über die Formel des Arsenikalkieses und dessen Goldgehalt, Inaug.-Diss. Breslau 1870. — H. Güttler, Reichenstein; Arsenik-Berg- und Hüttenwerk „Reicher Trost". 1893. (Erläut. f. d. Weltausstell. zu Chicago.) — Pošepný, Arch. prakt. Geol. 1895, **2**, 322. — Faulhaber, Die ehem. schles. Goldprod. mit besond. Berücksichtig. d. Reichenst. Bergwerks. Inaug.-Diss. Breslau 1896. — Poleck, Schles. Ges. vaterl. Kult. Breslau 16. Juni 1897. — Hintze, Hdb. d. Min. I, 1898, 244. — Ahrens, Schles. chem. Ind. usw. Breslau 1898, 37.

In den Arsenerzen von Reichenstein (Löllingit, Leukopyrit, Arsenkies) findet sich feinverteilt Gold. Das Gold ist nach den Angaben Polecks in den Erzen jedenfalls gediegen vorhanden und läßt sich mechanisch nicht davon trennen. Zu seiner Gewinnung (und gleichzeitigen Darstellung des weißen Arseniks) werden die Erze sortiert, mechanisch aufbereitet, geschlemmt und nach dem Trocknen in Flammöfen geröstet. Die Rückstände der Röstung enthalten (neben Eisenoxyd und 1—2 $^0/_0$ Arsen) das vorhandene Gold. In einer Tonne Abbrände (gleich 1000 kg) entsprechend 1,43 Tonnen aufbereiteten oder 7,5 Tonnen Roherzen sind nach Poleck (s. Literatur) 20—30 g Gold enthalten.

Der Bergbau Reichensteins ging bis zu Anfang des 18. Jahrhunderts nur auf Gold und Silber, erst von da ab auf Arsenik.

Der erste Beginn ist ungewiß, Steinbeck glaubt, daß der Beginn der Goldgewinnung nicht vor die Zeit der Tartarenschlacht 1241 zu setzen sei. Die Verhüttung: Einschmelzen der Erze, Verbleiung des Rohsteines (mit silberhaltigem Blei von Silberberg) und Abtreiben des goldhaltigen Bleies war wahrscheinlich dieselbe, wie sie bis zum Jahre 1675 dort im Betriebe war. Die größte Blütezeit fällt in den Anfang des 16. Jahrhunderts: im Jahre 1520 waren 150 Zechen im Betriebe, unter ihnen als reichste der sagenumwobene „Goldene Esel". Als dessen Hauptschacht aber 1565 einstürzte, verfiel auch der Bergbau. 1699 nahm der Berghauptmann v. Scharfenberg den Bergbau wieder auf, von nun ab aber wurde das Gold nur als Nebenprodukt aus den abgerösteten Erzen durch den Schmelzprozeß gewonnen. Diese Ausbringung erwies sich nicht als lohnend und wurde Mitte des 18. Jahrhunderts ganz aufgegeben. Dann wieder war die Goldgewinnung von 1850—1861 im Betriebe und nahm seit 1883 einen neuen Aufschwung, als der gegenwärtige Besitzer H. Güttler die sämtlichen Berg- und Hüttenwerke der Stadt Reichenstein durch Kauf erwarb. Seit 1850 wurde das Plattnersche Verfahren (Extraktion der Abbrände mit Chlor) angewandt. Von 1850—1861 wurden aus 2326 Tonnen (1 Tonne = 20 Zentner) Arsenikabbränden 67 kg reines Gold, 29 g Gold in der Tonne, gewonnen. Von Dezember 1895 bis Mitte Juni 1897 wurden im Monat durchschnittlich 3—4 kg, im ganzen 67,233 kg Gold mit einem Feingehalt von 99,5 % im Werte von 181 530 Mark produziert. Im Jahre 1900 betrug die Produktion rund 54 kg Gold im Werte von ca. 150 000 Mark. Im Jahre 1902 wurden 46 kg im Werte von ca. 128 000 Mark, 1903 34 kg im Werte von ca. 95 000 Mark, im Jahre 1904 48 kg im Werte von 134 000 Mark produziert.

Goldgehalt in den Arsen- und Kupferkiesen von Rothenzechau bei Landeshut und Altenberg bei Schönau.

Kosmann, Berg- u. Hüttenm. Ztg. 1891, 329. — Pošepný, Arch. prakt. Geol. 1895, **2**, 321.

In den aufbereiteten Erzen ist seinerzeit vom Oberhüttenamte zu Freiberg ein Gehalt von 4,8 g Gold pro Tonne ermittelt worden. Werden aus diesen Erzen 35 % Arsen abgetrieben, so sind in den Abbränden 7,3 g Gold pro Tonne enthalten. Die bis jetzt auf die Halde gestürzten Abbrände schätzt Kosmann auf rund 20 000 Tonnen. Dr. Glatzel stellte mit den Abbränden der Grube Bergmannstrost bei Altenberg eine Schmelzprobe an, und erhielt daraus einen 45,57 % der verschmolzenen Abbrände betragenden Stein, der in 100 Teilen 0,000 472 Teile Gold enthielt. Kosmann berechnet hiernach, daß sich aus 20 000 Tonnen Abbränden 9114 Tonnen Stein erzeugen ließen, und daß man weiterhin aus diesem Stein durch Abrösten und Verschmelzen einen Metallkönig von 957 Tonnen erzielen könnte, welcher 0,00973 % Gold (übrigens auch 0,3865 % Silber, ferner Kupfer, Blei, Kobalt, Nickel) enthielte, also pro Tonne 97,3 g Gold, und der bei dem Preise von 2780 Mark pro Kilogramm Gold einen Goldgehalt im Werte von 258 859 Mark (übrigens auch einen Silbergehalt im Werte von 480 844 Mark) besäße.

Silbererze.

Da der Silberbergbau Niederschlesiens ein ausschließlich historisches Interesse besitzt, so mußte hier vor allem auf die Angaben von Steinbeck (Gesch. d. Schles. Bergb. Breslau 1857) und von Festenberg-Packisch (Der met. Bergb. Niederschles. Wien 1881) zurückgegriffen werden. Es handelte sich insbesondere 1. um Anbrüche von gediegenem Silber und Silberverbindungen, 2. um silberhaltige Bleiglanzvorkommen, 3. um silberhaltiges Fahlerz (Gablau).

α) Silber und Silberverbindungen.

Silbererzvorkommen von Kupferberg-Rudelstadt.

Über die zu Rudelstadt in Schlesien gefundenen Silbererze, Prov.-Bl. 1796, **23**, 264—266. — M. Websky, Die Erzlagerst. v. Kupferberg und Rudelstadt. Ztschr. d. d. geol. Ges. V, 1853, 373 bis 438. — Derselbe, Ztschr. d. d. geol. Ges. XVIII, 1866, 654—655. — Derselbe, Ztschr. d. d. geol. Ges. XIX, 1867, 449—450. — Derselbe, 46. Jahresber. Schles. Ges. 1868, 30—32. — Derselbe, Sgb. d. Ges. naturf. Freunde. Berlin 1885, 135. — v. Festenberg-Packisch, Met. Bergb. Niederschles. 1881, 24, 62 u. 113. — Traube, Min. Schles. 1888, 216. — G. Schneider, Wand. i. Riesengeb. 1894, 7. — Hintze, Hdb. d. Min. I, 1898, 223.

Der Kupferberger Erzbergbau erlebte eine kurze Blüteperiode im Anfang des 19. Jahrhunderts. Besonders der Bau auf Friederike-Juliane, woselbst reiche Silbererze einbrachen, lieferte gute Ausbeute. Das Vorkommen von Schwerspat in 106 Lachter Teufe in dem früher zum Julianer-Gange gezogenen Gesenkbau auf dem Alt-Adler-Gange lieferte einen ungewöhnlichen Mineralreichtum. Die chloritischen Gangmassen bildeten hier mit derbem Bornit und Tetraedrit durch Baryt teigartig verbundene Breccien. Der Baryt war durchsetzt von mehreren Zentimeter starken Trümern eines wasserhellen Kalcites, in denen sich feine Blättchen von gediegenem Silber ausbreiteten und bis in das Ganggestein hinein erstreckten, namentlich an der Grenze mit Bornit, der gleichfalls oft von drahtförmigem Silber durchzogen wurde. Bisweilen fand sich Silber auch als dünner Anflug auf Spiegelflächen von Bornit. Zusammen mit dem Silber kamen vor: Silberglanz, Arsen, Chalkopyrit, Chalkosin, Stromeyerit, Tetraedrit, Polybasit. Außerdem fand sich Silberglanz in Kristallen auf baumförmigen Gruppen von Smaltin aufsitzend zusammen mit Proustit und Harmotom; Nickelspeißkobalt mit feinen Kernen von Rotnickelkies imprägnierten häufig das Nebengestein. Auch Heulandit und Braunspat wurden beobachtet.

In den 60er Jahren des 19. Jahrhunderts belebte der unerwartete Anbruch reicher Silbererze auf dem Silberfirstengange vorübergehend die Hoffnungen. Im Rudolfsstollen des Silberfirstenganges fand sich Silber in Trümern und in Drähten im Braunspat, häufig auch eingewachsen in Arsen und Arsenopyrit, gelegentlich kamen hier auch zusammen mit dem Silber Xanthokon, Rittingerit, Stephanit, Proustit vor. Im allgemeinen hat man dem Vorkommen von Silbererzen in den Zeiten, wo die Juliane im Betrieb stand, wenig Aufmerksamkeit zugewendet; die Grubenrisse zeigen, daß das Vorkommen auf dem Alt-Adler-Gange hart an der Grenze der Störungen liegen, welche der Taube Gang verursacht; so scheint man auch für jene Anbrüche die Fährte verloren zu haben.

Aus der Friederike-Juliane wurden von 1797—1808 72 000 Ztr. ungeschiedene Erze gewonnen, und hieraus 5635 Mark Silber dargestellt.

β) Silberhaltige Bleierze: Silberberg, Dittmannsdorf, Breitenhain, Oberweistritz, Kolbnitz, Gottesberg.

Vorkommen von Silberberg bei Frankenstein.

Silberberg, vom Anfang des Bergwerks und Erbauung der Stadt. Bunzl. Mon.-Schr. 1784, 115, 145. — Steinbeck, Gesch. d. Schles. Bgb. 1857, 104—106. — Förster, N. Jahrb. f. Min. 1865, 293. — J. Roth, Erläut. Karte Niederschles. Geb. 1867, 102.

Die dem Gneise des Eulengebirges angehörigen Erzvorkommnisse bei Silberberg fanden sich auf Schwerspat- und auf Quarzgängen, welche h. 8—11 strichen bei einem Fallen von 68° in Nordost bis 78° Südwest. Zu den ersteren gehört ein 3/4 Lachter mächtiger, aus weißem Schwerspat, etwas Kalkspat, einzelnen Bleiglanzgängen und Spuren von Kupferkies bestehender Gang im Mannsgrund zwischen Silberberg und Raschdorf, dessen Bleiglanz 0,0054 % Silber enthält; eine Fortsetzung ist vielleicht der Gang im Hofe eines Hauses des oberen Teiles von Silberberg. Die im Mannsgrunde, am Feldtore (1/4 Stunde westlich von Silberberg), am Nordabhange des Spitzberges und am Südabhange des Klosenberges (nächst Silberberg) bekannten Quarzgänge führten in sehr ungleichmäßiger Verteilung bei 0—12 Zoll Mächtigkeit Bleiglanz mit kleinen Kupferkieskörnern, und am Spitzberg Spuren von Fahlerz. Der Bleiglanz dieser Gänge enthält nach mehreren davon gemachten Proben 0,0328 % Silber, das ist also wesentlich mehr als der Bleiglanz jenes Schwerspatganges enthielt. Die Gänge des Spitzberges zerschlagen sich und verlieren ihre Erzführung, sobald sie aus dem Gebiet des Gneises in die letzteren hier südlich überlagernde Grauwacke hineinsetzen. Johnstonit, ein Gemenge von Bleiglanz und Schwefel, kommt am schwarzen Graben, 20 Minuten westlich vom oberen Tore der Stadt Silberberg vor. Nach Graf Pilati (Wochenschr. d. Schles. Ver. usw. III, 308) enthält dieser: $PbS = 73,78$; $S = 22,81$; $SiO_2 = 0,97$; $Sb = 2,44$, sowie Spuren von Ag, Fe, Ni, Mg (vgl. auch F. Roemer, Schles. Ges. vaterl. Kult. 1865, **43**, 39).

Der Bergbau von Silberberg wurde auf einem nur einen Zoll mächtigen h. 11 streichenden Quarzgang betrieben. Schon im Jahre 1370 wurde der Bergbau durch Bergleute aus Meißen und Reichenstein eröffnet. Der Stadt Silberberg ist von den damaligen Herzögen von Münsterberg im Jahre 1536 ein Bergbauprivilegium erteilt worden, welches auch später erneuert wurde. Die Versuche, den Bergbau unter preußischer Regierung wieder in Aufnahme zu bringen, endigten am 11. Mai 1754 wegen Mangels an aller Aussicht auf bauwürdige Anbrüche. Die Silbergewinnung in Silberberg scheint gegenüber der des Bleies sehr in den Hintergrund getreten zu sein, der Bergbau lieferte, wie schon erwähnt, die Bleizuschläge für die güldischen Erze von Reichenstein. Auch ein Wiederbelebungsversuch des Silberberger Bergbaues im Jahre 1812 blieb erfolglos.

Vorkommen von Dittmannsdorf (Kr. Waldenburg), Breitenhain und Oberweistritz (Kr. Schweidnitz).

v. Festenberg-Packisch, Met. Bergbau Niederschles. 1881, 37—39.

Diese Lagerstätten gehören ebenfalls dem Gneise des Eulengebirges an. Sie führten gangförmig Bleiglanz und Kupfererz, auch Fahlerz, Blende und Kies. Weder im Streichen noch in der Teufe hielten sie aus. Die Erze brachen in Schwerspat, Flußspat und Quarz ein. Die Vorkommen scheinen in alter Zeit in Zusammenhang gestanden zu haben. Wenigstens ist ein vom 23. Februar 1575 an die schlesische Kammer gerichtetes Gesuch gemeinsam abgefaßt von den Gewerkschaften: St. Steffens Achter-Fundgrube zu Weistritz, Geistliche Hilfe Gottes-Fundgrube zu Weistritz, St. Johannisstollen zu Breitenhain, Josef Georg-Fundgrube zu Dittmannsdorf, Gute Georgens-Fundgrube zu Hohgiersdorf samt dem tiefen Schweidnitzer Erbstollen auf der Gnade Gottes und der Mittagsgrube zu Hohgiersdorf. Im Jahre 1576 fand ein Probeschmelzen bei St. Steffen Achter statt und es ward ein Silberblick von ungefähr $5^1/_2$ Lot (und daraus geschiedenen $2^1/_2$ Karat Goldes) gewonnen. Im Jahre 1596 leistete die schlesische Kammer für 52 Mark Silber eine Abschlagszahlung von 300 Talern, den Rest bei nächster Silberablieferung und nach erfolgter Probe versprechend. Diese Lieferungen nahmen aber ab, und die Hütte war 1611 dem Einsturz nahe. Erst 1740 findet sich in den Akten eine Anzeige, daß der Schmelzer Martin Selonka, der für das Weistritzer Werk angenommen, die Hütte wieder in Stand gesetzt habe. Hiermit schließen die damaligen Akten über diesen Bergbau.

Im Jahre 1843 wurde auf das Feld der auflässig gewordenen Bleierzzeche Wilhelmine bei Oberweistritz aufs neue Mutung gelegt, aber auch dieser Betrieb schlief nach wenigen Jahren ein. Die alte Wilhelminegrube war 1811 dem Generalmajor von Kalkreuth verliehen worden, sie baute auf einem Gange, dessen Streichen sich zu h. 11·48 ergab und der unter 70° gegen Osten einfiel. Seine Mächtigkeit wechselte von 10 bis 30 Zoll, und in der aus einem veränderten Gneisgestein, Schwerspat und Quarz bestehenden Gangmasse kamen Bleiglanz mit viel brauner Blende mit Spuren von Fahl- und Spießglanzerz vor.

Im Jahre 1856 wurde (gleichzeitig mit dem Gottesberger Bergbau) auch der metallische Bergbau bei Dittmannsdorf von G. Kramsta in Freiburg wieder aufgenommen, aber schon 1864 wieder eingestellt. Gegenstand der Verleihung an Kramsta waren: Blei, Zink, Kupfer, Silber, Kobalt, Nickel und Schwefelkies. Die Ausfüllungsmasse der aufgeschlossenen Gänge bestand aus zersetztem Gneis, in welchem die Erze mit Kalkspat, Quarz und Schwerspat einbrachen. Das Auftreten der Erze war jedoch nur ein nesterartiges.

Vorkommen von Kolbnitz bei Jauer.

Steinbeck, Gesch. d. Schles. Bgb. 1857, 31.

Das silurische Vorkommen von Kolbnitz bei Jauer wurde in der Mitte des 16. Jahrhunderts auf Blei und Silber abgebaut. Wann dieser Bergbau zum Erliegen kam, ist nicht zu ermitteln. Im Jahre 1696 wird dem Bergamt zu Schönau die Erlaubnis zu Versuchen erteilt, weil es anzeigt, daß zu St. Georgenthal bei Kolbnitz sich gute Anbrüche hervortun. Später spielte die Kupfergewinnung hier die Hauptrolle, und soll das Vorkommen deshalb beim Kupfer behandelt werden. (Vgl. auch Wutke, Zur Gesch. d. Bergb. bei Kolbnitz. Ztschr. f. Gesch. Schles. XXXII, 1898, 229—266.)

Vorkommen von Gottesberg.

Steinbeck, Gesch. d. Schles. Bergb. 1857, 34—68. — J. Roth, Erläut. z. Karte Niederschles. Geb. 1867, 336—337. — v. Festenberg-Packisch, Met. Bergb. Niederschles. 1881, 31—36.

Diese Vorkommen setzen im Porphyr des Hochwaldes innerhalb des Karbons von Gottesberg gangförmig auf. Die Gangmasse war größtenteils derber Schwerspat, auch eisenschüssiger Quarz und ockerige Letten, die Erze waren Bleiglanz, Blende, Fahlerz. Der Porphyr ist gelblichweiß und hat einen mehr oder minder dichten Feldspat zur Grundmasse. Er ist bekanntlich petrographisch zu den Felsitporphyren zu stellen. Die Alten hatten fünf Gänge im Bau: zwei unter der Stadt Gottesberg, zwei am Mohren- und Plautzenberge und den fünften am Sonnenwirbel etwa $^1/_6$ Meile nördlich der Stadt. Über letzteren weiß man sehr wenig. Auf den ersten zwei Gängen war die Wag's mit Gott-Grube, auf den zwei anderen die Morgenstern- und Segen Gottes-Grube.

Der Hauptgang der Wag's mit Gott strich h. 2. Die Erzführung des Ganges bestand aus grobem, derbem Bleiglanz, Fahlerz und Blende in Schnüren von durchschnittlich 2—3 Zoll Mächtigkeit, stellenweise jedoch bis zu $^1/_4$ Lachter Stärke, in Schwerspat und eisenschüssigem Quarz eingesprengt.

Die Gänge des Morgenstern und Segen Gottes strichen von h. 9 bis 10 und fielen gegen Nordosten unter einem Winkel von 72—80° ein. Der Hauptgang besaß $^1/_4$ bis $^3/_8$ Lachter, ein zweiter Gang $^1/_2$ Lachter Mächtigkeit. Beide Gänge zeigten keine regelmäßigen Salbänder, die Ausfüllungsmasse war größtenteils Schwerspat. Nur der Hauptgang war stellenweise erzführend, die Mächtigkeit der Erzführung (fein eingesprengter Bleiglanz, Fahlerz, Blende) wechselte von 1—30 Zoll.

Die Haupthalde befindet sich in unmittelbarer Nähe der sogenannten Schlackenmühle zu Kohlau.

Die Entstehung des Gottesberger Bergbaues kann in das Jahr 1530 gesetzt werden, zu welcher Zeit die Wag's mit Gott-Grube eröffnet wurde. Die Blütezeit des Bergbaues fällt in die Zeit kurz vor Ausbruch des 30jährigen Krieges. Späterhin verfiel der Bergbau. Nur am Anfang des 18. Jahrhunderts ist ein kurzes Wiederaufblühen zu bemerken. Der Morgenstern lieferte von 1697—1718 46 Mark 2 Lot Silber an die Breslauer Münze. Der letzte der älteren Versuche zur Wiederbelebung fällt ins Jahr 1753, indem man den Neuen Segen Gottes-Schacht, an der Straße nach Kohlau belegen, abteufte. Erst 1856 nahm der Kommerzienrat G. Kramsta zu Freiburg den alten Bergbau wieder auf, schon 1865 aber wurde der Betrieb wieder eingestellt. Gewonnen wurden während dieser Betriebsperiode 872 Ztr. (Kübel) Stufferze (meist Bleierze) und 14723 Kübel Scheide- und Pocherze, aus welchen 1388 Ztr. Bleierze, 17 Ztr. Fahlerze, 25 Ztr. Schwefelkiese, 13 Ztr. Kupferkiese, 7 Ztr. Kupferglanz, 8 Ztr. Blende, sowie diverse Graupen und Schlieche im Gesamtbetrage von 1619 Ztr. dargestellt wurden. Die Erze gelangten auf der Gablauer Wäsche zur Aufbereitung. Gegenwärtig gewinnt man nur noch durch Stollenbetrieb am Plautzenberge den Baryt, der die Gangart der Erze bildete.

γ) Silberhaltiges Fahlerz: Gablau.

Vorkommen von Gablau bei Gottesberg.

R. H. Göppert, Fahlerze von Gablau bei Freiburg (Notiz), 34. Jahresber. Schles. Ges. 1856, 28. — Müller, Berg- u. Hüttenm. Ztg. 1857, 211. — Dannenberg, Die Erzbergwerke bei Gablau. Jahresber. Schles. Ver. f. Berg- u. Hüttenwes. 1860, II, 58—61. Mit Plan. — v. Festenberg-Packisch, Met. Bergb. Niederschles. 1881, 28—31.

Die Gänge von Gablau, eine halbe Meile nordwestlich von Gottesberg, gehören der Kulmgrauwacke an, die das Liegende des Waldenburger Steinkohlengebirges bildet. Das Grauwackengebirge besteht besonders an seiner äußeren — liegenden — Grenze aus großkieseligen Konglomeraten (vgl. Beinert, 38. Jahresber. Schles. Ges. 1860, 30—32), sonst vorwaltend aus einem festen grauen Sandstein, in welchem aber immer noch mächtige Konglomeratbänke vorkommen. Mit dem Sandstein wechselt hier und da Tonschiefer. Das Streichen der Schichten geht bei Gablau in Stunde 3—5, das Fallen nach Südosten in Winkeln von 30—40°. Möglich ist, daß der Porphyr des nahen Sattelwaldes einigen Einfluß auf die Schichtenstellung gehabt hat. Die Gänge führen vor allem Fahlerz, Bleiglanz und Schwefelkies.

Nach einer Analyse von Krieg (Rammelsberg, Handb. d. Mineralchemie und Ergänzungsheft. Leipzig 1875 u. 1886, 405) ist das Gablauer Fahlerz wie folgt zusammengesetzt:

$$
\begin{aligned}
S &= 25{,}08\,\% \\
Sb &= 26{,}79\ \text{,,} \\
Ag &= 5{,}33\ \text{,,} \\
Cu &= 34{,}34\ \text{,,} \\
Fe &= 5{,}37\ \text{,,} \\
Zn &= 3{,}52\ \text{,,}
\end{aligned}
$$

Lindner in Waldenburg (Dannenberg a. a. O.) fand:

$$
\begin{aligned}
S &= 26{,}6\ \% \\
Sb &= 21{,}05\ \text{,,} \\
Ag &= 2{,}15\ \text{,,} \\
Cu &= 40{,}25\ \text{,,} \\
Fe &= 5{,}25\ \text{,,} \\
\text{Gangart} &= 4{,}5\ \ \text{,,}
\end{aligned}
$$

Plattner (Ztschr. d. d. geol. Ges. 1857, **9**, 378) dagegen fand bis zu 28% Ag darin.

Die Entstehung des Gablauer Bergbaues ist unbekannt. Die erste Wiederaufnahme erfolgte von 1559—1571; die zweite von 1592 bis 1610. In dieser Betriebsperiode bestanden die Zechen: Die Birke, Die Eiche, Bescheert Glück, St. Wolfgang, Treue Brüderschaft, Himmelfahrt Christi. Die Birke lieferte von 1594—1604 640 Mark 12 Lot Silber an die Breslauer Kammer. Die Kammer bezahlte die Mark Feinsilber mit 7 Talern, deren 8 aus einer Mark geprägt wurden und 14¼ Lot Feinsilber hielten. Nachdem der Bergbau im 17. und 18. Jahrhundert mehrfach wieder erlegen und aufgenommen war, fand im Jahre 1854 durch eine Gewerkschaft die Wiederaufnahme statt, aber 1866 stellte man den Betrieb wieder ein. Man baute in jener Zeit besonders die Gänge: Fridoline, Bernhards Zukunft, Franz und Carl ab.

Der Fridoline-Gang zeigte eine von 1 Zoll bis 1 Lachter abwechselnde Mächtigkeit. Er hatte ein Streichen von h. 1 und fiel gegen Osten unter einem Winkel von 80° ein. Die Gangmasse bestand aus Schwerspat und Quarz mit Flußspat. Die einbrechenden Erze waren Fahlerz, Bleiglanz, Kupferkies, Blende und Schwefelkies. War Quarz die herrschende Gangart, so waltete Bleiglanz vor, während das Fahlerz mehr an das Auftreten von Schwerspat gebunden erschien.

Der Bernhards-Zukunftgang zeigte eine konstante Mächtigkeit von 8 Zoll, im übrigen die gleiche Beschaffenheit wie der Fridoline-Gang.

Auch der h. 10 streichende und unter einem Winkel von 68° gegen Süden einfallende Franz-Gang, sowie der h. 11 streichende und unter 66° gegen Westen einfallende Carl-Gang zeigten dasselbe Verhalten. Auf letzterem wurde auch Boulangerit gefunden.

Bis 1863 fand ein Verkauf von Erzen nach den Freiberger Hütten statt.

Quecksilbererze.

Das Vorkommen im Porphyr des Karbons zwischen Gottesberg und Hermsdorf.

Huyssen, Jahresber. schles. Ges. 1863, 30. — J. Roth, Erläut. Karte Niederschles. Geb. 1867, 337.

In einem noch im Steinkohlengebirge angesetzten, später im Porphyr stehenden Stollen, den man am Fuße des Schäferberges zwischen Hermsdorf und Gottesberg sehr nahe südlich der alten Straße Waldenburg-Gottesberg angelegt hatte, traf man etwa 30 Lachter vom Mundloch in einem lockeren, blaugrauen, weiße Kaolinpartien einschließenden Tonstein einen h. $9^1/_2$ streichenden, mit 80° gegen Osten einfallenden schmalen Schwerspatgang. Unmittelbar vorher bemerkte der Arbeiter vor Ort Quecksilbertröpfchen. Die Untersuchung ergab, daß hier Zinnober in einem oder mehreren schmalen, 1 Linie bis 2 Zoll mächtigen, den Tonstein durchsetzenden Trümchen auftritt. Das Vorkommen ist nur spärlich; der Zinnober ist lettig, dunkelrotbraun mit zinnoberrotem Strich; gediegen Quecksilber quillt daraus in feinen Perlchen hervor. Von anderen Erzen findet sich dabei nur fein eingesprengter Schwefelkies.

Kupfererze.

Das Vorkommen in den Schiefern von Kupferberg-Rudelstadt.

M. Websky, Die Erzlagerst. v. Kupferberg und Rudelstadt, Ztschr. d. d. geol. Ges. V, 1853, 373—438 und XXII, 1870, 764—766. — Derselbe, Der Bergbau von Kupferberg und Rudelstadt, 46. Jahresber. Schles. Ges. 1868, 30—32. — v. Festenberg-Packisch, Met. Bergb. Niederschles. 1881, 15—24, 51—65, 102—104 und 113—117. — Kosmann, Magnetkies von Kupferberg, Jahresber. Schles. Ges. 1888, **66**, 102, 103. — Birnbaum, Wand. i. Riesengeb., Hirschberg, 1888, 116—119. — Fechner, Der Herzersche Versuch auf Kobalt bei Kupferberg 1766/67, Ztschr. f. Gesch. Schles. 1897, **31**, 93—112. — Krusch, Die Klassifikation der Erzlagerstätten von Kupferberg in Schles., Ztschr. f. prakt. Geol. 1901, **9**, 226—229. — Gürich, Schles. Ges. vaterl. Kult. 6. März 1902. — Fechner, Ztschr. f. Berg-, Hütten- u. Salinenwes. 1902, **50**, 145.

Zwischen dem Zentralgranitit des Riesengebirges im Westen und der Kulmgrauwacke von Landeshut im Osten liegt eine von Nordwest gegen Südost streichende und gegen Nordost einfallende Zone von Schiefern. Der Hauptkomplex derselben wird von Hornblendeschiefern eingenommen, die nach Osten zu in Grünschiefer übergehen. Diese Grünschieferpartie biegt in der Gegend von Rudelstadt gegen Westen um und zieht sich nördlich des Bobers an den Bleibergen dem Bober entlang bis Jannowitz hin. Den Hornblendeschiefern und grünen Schiefern gehören die gangförmigen Erzvorkommen von Kupferberg an und zwar ersteren Kupfererze und Kiese, letzteren Bleierze.

Die Hornblendeschiefer (untere und obere Dioritschiefer Webskys) enthalten Einlagerungen von Quarzit- und Glimmerschiefern und von dolomitischen Kalken. Als lokale Modifikationen der grünen Schiefer treten Tonschiefer auf.

Das ganze Gebiet hat den Einflüssen von Eruptivgesteinen unterlegen: neben granitischen Apophysen in die Schiefer sind vor allem porphyrische Gesteine (rote und graue Porphyre Webskys) hervorzuheben, die das ganze Schiefergebiet durchziehen, und an deren Nähe stets die Erzgänge geknüpft sind.

Die einzelnen Gesteine mögen nach Websky kurz charakterisiert werden:

Die roten Porphyre (nach Websky die westlichen Ausläufer der Porphyre des Waldenburger Steinkohlenbeckens) durchziehen die

Hornblendeschiefer, aber auch die Grünschiefer, in riegelartig abgerissenen, h. 9—10 streichenden Gängen. Im großen und ganzen lassen sich die Porphyrpartien in zwei Hauptlinien bringen: die nördliche beginnt in den Rudelstädter Bauen und setzt über die Kupferhütte, Bergmühle und weiterhin über den Bober hinweg in die jenseitigen Hornblendeschiefer und fernerhin in die grünen Schiefer nördlich des Bobers fort; etwa 1000 Schritt weiter südlich tritt die zweite Linie auf, deren Hauptentwickelung unter der Stadt Kupferberg liegt. Untergeordnet ist das Vorkommen eines grauen schwefelkiesführenden Porphyrs im östlichen (Rudelstädter) Revier, der im Tonschiefer nördlich vom Buchwalde hart an der Lettenkluft im Flügelorte des Helenerstollens durchfahren wurde und einen etwa 8 Fuß mächtigen Gang bildet. Das Gestein der unteren Diorit-(Hornblende-)schiefer ist fest, scharfkantig, die Schieferung tritt erst durch Verwitterung deutlich hervor. Es besteht aus fast rabenschwarzer Hornblende, dichtem, hellolivengrünem Oligoklas und bald vorherrschendem, bald gänzlich fehlendem Glimmer. Feine Punkte von Schwefelkies, Kupferkies, seltener Magnetkies sind fast konstante Erscheinungen, die glimmerfreien Varietäten zeigen auch Diopsid und Granat. Eigentümlich ist eine Nesterbildung von großblätterigem, nicht selten von Quarz begleitetem Oligoklas. Die unteren Dolomite gehören ausschließlich dem unteren Dioritschiefer an und stehen mit diesem wahrscheinlich in engstem genetischen Zusammenhange. Sie bilden in der Gegend von Kupferberg kaum eine einzige geschlossene, zur technischen Benutzung taugliche Partie, sondern stellen kleine Stöcke dar. Sie sind kristallinisch, grob- oder feinkörnig, blendend weiß; die feinkörnigen Varietäten enthalten Serpentin, Chrysotil und Pikrolith. Untergeordnete Begleiter neben Glimmer sind: Magneteisenstein, Zinkblende, Schwefelkies, Kupferkies, Schwerspat. Die oberen Hornblendeschiefer sind schiefrig, nicht deutlich kristallinisch, sie bestehen meist aus mandelartigen Aggregaten von Oligoklas und feinstrahligem Amphibol, verbunden durch ein Netz von schmutzig graugrünen asbestartigen Hornblendenadeln. Auf der Grenze mit den grünen Schiefern am Bleiberge nähern sie sich den Talk- und Chloritschiefern. Es fehlen die Nesterbildungen des unteren Hornblendeschiefers, es fehlt auch Granat. Hin und wieder tritt Schwefelkies auf. Die oberen Dolomite, welche in den grünen Schiefern am Bleiberge aufsetzen, gleichen ziemlich den unteren; es fehlen ihnen Serpentin und Diopsid, sie enthalten aber Talk und Spuren von Magnetit. Das feine, alabasterähnliche Gefüge geht stellenweise verloren. Die grünen Schiefer endlich schließen sich in ihren liegendsten Schichten aufs engste den oberen Dioritschiefern an; ihr mineralogisches Gefüge ist nicht ganz sicher: wahrscheinlich ein Gemenge von Tremolit, Oligoklas, Talk und Chlorit. Sie enthalten zahlreiche Einschlüsse. Die Tonschiefer bilden nur lokale Modifikationen der grünen Schiefer.

Die Erzgänge finden sich, wie schon hervorgehoben, in der Nähe der Porphyre, hauptsächlich im Hornblendeschiefer (Kupfererze und Kiese) und in den grünen Schiefern (Bleierze), sie fehlen im Granit und in der Grauwacke. Schon Websky wies darauf hin, daß sie nicht jene präzise Ausbildung besitzen, welche anderweitige Gangformationen auszeichnet. Die scharf gezogene Grenze von Nebengestein und Gangmasse fehlt ihnen, wenn nicht vollkommen, so doch vorherrschend; das erstere nimmt einen weit direkteren Anteil an der Gangmasse, und nur die mittleren Teile der letzteren liefern mineralogisch charakteristische Bestandteile. Die Mächtigkeit der Gänge ist durchschnittlich gering, die größten Breiten sind 1—1 $^1/_2$ Lachter gewesen; auch die Erzführung ist durchschnittlich schmal, 2—3 Zoll breit, selten bis 15 Zoll und darüber aufgetreten, fast immer aber ausgezeichnet durch den konzentrierten Gehalt an Erz.

Drei Gangreviere sind hervorzuheben: das westliche Revier unter der Stadt Kupferberg selbst, das östliche Revier bei Rudelstadt und das Mittelfeld dazwischen mit dem alten fiskalischen Bergbau auf Karsten- und Felixschacht.

Man muß nach Websky unterscheiden:

1. Kupfererzgänge,
2. Bleierzgänge,
3. Schwerspatgänge.

1. Die Kupfererzgänge zerfallen nach dem Streichen und der Natur der Ausfüllungsmassen in vier Gruppen:

a) Gänge von h. 8—9. Sie haben im allgemeinen dasselbe Streichen wie das Nebengestein, aber entgegengesetztes Fallen und stellen die ältesten Gänge dar. Sie zerfallen in eine östliche Gruppe, die den Hauptzug des Bergbaues von Rudelstadt bildet, und in eine westliche Gruppe unter der Stadt Kupferberg. Die Erze sind: Kupferkies, Schwefelkies, Magnetkies, Arsenikkies, Buntkupfererz, Fahlerz und Kupferglanz. Der merkwürdigste Gang der westlichen Gruppe ist der Einigkeitsgang, der neben den eben genannten Erzen auch Magneteisen und Strahlstein, Tremolit oder Hedenbergit, Lievrit und Prasem führt.

b) Gänge von h. 10—11. Sie sind wenig entwickelt. Als ihr Typus kann der Neu-Adler-Morgengang gelten. Die älteste Bildung auf ihnen ist Quarz, Kupferkies, Arsenkies, darüber folgt eine Lage von weißem oder fleischrotem Feldspat, und als jüngste Bildung erscheinen Kalkspat, Flußspat, Braunspat.

c) Gänge von h. 12—2. Sie sind ebenfalls wenig entwickelt, führen aber neben Kupfererzen auch Kobalt- und Nickelerze.

d) Gänge von h. 5—6$^1/_2$. Sie stellen das ausgebildetste System dar. Sie sind charakterisiert durch das sehr entwickelte Auftreten von Quarz von meist kristallinischer Beschaffenheit. Bezüglich der Erze ist eine ältere Bildung (Kupferglanz, Buntkupfererz, Kupferkies und Zinkblende völlig derb in Quarz und Hornstein eingeschlossen) und eine jüngere Bildung (Fahlerz und Kupferkies in Drusen des Quarzes) zu unterscheiden, letztere scheint die Haupterzführung gewesen zu sein. Zu dieser Gruppe gehören unter anderen die Gänge: Gute Hoffnung, Segen Gottes und Felix im Mittelfelde zwischen Kupferberg und Rudelstadt.

2. Bleierzgänge mit Quarz, Bleiglanz und Kupferkies treten in den grünen Schiefern (besonders in denen des Bleiberges im Norden) auf. Sie scheinen vorwaltend an einen Horizont der grünen Schiefer geknüpft zu sein, der durch die oberen Dolomite bezeichnet wird. Das Streichen und Fallen dieser Gänge scheint ziemlich konform dem der Schiefer gewesen zu sein.

3. Schwerspatgänge treten fast ausschließlich im Osten, im Rudelstädter Zuge auf. Sie stellen die jüngste Gangbildung des Gebietes dar. Sie enthalten neben Schwerspat auch Flußspat, Quarz, Bleiglanz und Kupferkies. Ihr Streichen ist den Porphyrriegeln parallel h. 9—10. Das Schwerspatvorkommen auf dem Alt-Adlergange, welches neben Kalkspat, Zeolithen, Nickel- und Kobaltmineralien auch reiche Silbererze führte, sowie der zur Schwerspatformation gehörige Silberfirstengang wurden bereits beim Silber erwähnt.

Im Jahre 1881 wies Festenberg-Packisch (vgl. oben Literatur) darauf hin, daß ein Teil der Kupferberger Erzlagerstätten als Lager — analog dem Schmiedeberger Magnetitvorkommen — angesprochen werden müsse. Allein das Auftreten der Eruptivgesteine riß das ganze Gebiet der Dioritgesteine auseinander und gab zu zahlreichen Sprüngen und Verwerfungen Veranlassung, die den ursprünglichen Lagercharakter teilweise verwischten. Eine Einteilung der Gänge nach dem Streichen hält derselbe Autor für nicht angebracht, dagegen will er die substanzielle Einteilung in Kupfer-, Blei- und

Schwerspatformation gelten lassen, wie denn auch Kupferglanz, Buntkupfererz, Zinkblende als sogenannte ältere Erze, Fahlerz, Kupferkies und Bleiglanz als sogenannte jüngere Erze vermöge zahlreicher Beobachtungen betrachtet werden könnten. Die ursprünglichen Erzlagerstätten sind nach Festenberg-Packisch in dem Gebiete der Kupferformation Webskys zu suchen, und zwar können in erster Linie die Gänge von h. 8—9 als solche betrachtet werden, weil sie paralleles Streichen mit dem Nebengestein zeigen, wenn auch ihr Fallen in der Mehrzahl dem des Nebengesteines entgegengesetzt ist.

Ebenso teilt 1901 dann Krusch (s. oben Literatur) die Erzvorkommen von Kupferberg in Erzlager und in Erzgänge. Die Erzlager sind nach seiner Ansicht als Kontaktlagerstätten aufzufassen, sie sind gleichaltrig mit dem Hornblendeschiefer, den Krusch als Kontaktprodukt des Riesengebirgsgranitites auffaßt, eine Auffassung, zu der ihn der Reichtum der Schiefer an Granat, ihre Ähnlichkeit mit den sächsischen Kontaktgesteinen von Schwarzenberg, sowie das Auftreten von Garbenschiefern in eingelagerten Glimmerschiefern veranlaßt. Die Erzlager zerfallen in sulfidische (Schwefel-, Kupfer- und Magnetkies) und oxydische (Magnetit). Die sulfidischen stellen entweder fahlbandartige Imprägnationszonen, oder linsenförmige Erzlager dar. Zu letzteren gehört der oben geschilderte Einigkeitsgang, der h. 9 streicht. Zu den Kontakterzlagern rechnet derselbe Autor auch das „Blaue Lager“ (bisher blauer Gang), im Ostfelde gelegen, h. 10—11 streichend und steil nach Osten einfallend, es sei ebenfalls gleichaltrig mit dem Granitkontakt, aber durch jüngere Spalten in seiner Ausfüllung und seinem Auftreten bedeutend verändert. Die Erzgänge zerfallen nach Krusch in zusammengesetzte (im Sinne Naumanns), hauptsächlich Hornblende und Chlorit führende mit viel Flußspat, die kurz nach Entstehung der Kontaktzone vor der Eruption der Quarzporphyre gebildet wurden (der Neu-Adler-Abendgang, der Neu-Adler-Morgengang und der Julianergang), und in einfache, kupfererzführende Quarzgänge ohne Hornblende und Chlorit, die gleichaltrig mit den großen Verwerfungen, die W.-O. streichend die Adlergänge durchsetzen, und jünger als die Waldenburger Porphyre seien (der Rosenstielgang). Sowohl die Bildung der älteren, wie die der jüngeren Gänge wird auf Thermalwässer zurückgeführt, die einmal als Folge der Graniteruption, dann als Folge der Porphyreruptionen auftraten.

Ich selbst hatte bei einer Befahrung der Kupferberger Gruben, die ich unter der liebenswürdigen Führung des Herrn Dr. Kosmann,

Repräsentanten der Gewerkschaft Bobertaler Erzbergwerke, unternahm, den Eindruck, daß die Einteilung der Kupferberger Erzvorkommen in Erzlager und Erzgänge nicht angängig ist. Ich möchte weder den Einigkeitsgang im Westfelde, noch den blauen Gang im Ostfelde für Lager, sondern für Lagergänge halten, also für ebenfalls jünger, als die Hornblendeschiefer, wobei ich den kontaktmetamorphen Einfluß des Riesengebirgsgranitites auf letztere als wohl möglich zugebe. Ich möchte weiterhin der Vermutung Ausdruck geben — die natürlich erst durch eingehende Detailuntersuchungen bestätigt werden müßte —, daß man den Erzgehalt sämtlicher Kupferberg-Rudelstädter Vorkommen primär in den dortigen porphyrischen Gesteinen zu suchen und diese als die Erzbringer anzusehen habe. Ich erinnere nur im Westfelde an das sich vom Einigkeitsgange abzweigende Kiestrum: einen 12 m langen, schwefelkies-, magnetkies-, zinkblende- und magnetitführenden Erzstock, der bis 48 m unter Tage nachgewiesen völlig innerhalb des roten Porphyrs liegt. Ebenso scheint mir im Ostfelde ein genetischer Zusammenhang zwischen dem Erzgehalt des blauen Ganges und den dortigen grauen Porphyren (oder Porphyriten) zu bestehen, die nach Websky das Analogon zu den nunmehr als Olivinkersantit bezeichneten erzführenden Gesteinen des Erzvorkommens von Altenberg darstellen.

Der Bergbau von Kupferberg begann wahrscheinlich im 12. Jahrhundert, wenn auch die Urkunden hierüber bei dem Brande der Stadt Kupferberg im Jahre 1824 verloren gegangen sind. Die höchste Blüteperiode erreichte der Bergbau in der Mitte des 16. Jahrhunderts. Im ganzen 17. Jahrhundert und weiter bis fast 1740 wird unaufhörlich zwischen den Gewerkschaften zu Kupferberg und dem dortigen Grundherrn wegen Ausübung des Bergregals Streit geführt. Der preußische Fiskus erklärte dieses Privilegium für erloschen und errichtete nach erfolgter Besitznahme ebendaselbst ein Bergamt, welches nach dem eben erwähnten Brande mit dem Waldenburger Bergamte vereinigt wurde. Der Betrieb bewegte sich in dieser Periode hauptsächlich auf den östlich der Stadt Kupferberg belegenen Gruben: Gute Hoffnung, Segen Gottes und Felix, welche noch bis in das erste Viertel des 19. Jahrhunderts im Bau gestanden haben. Der nordöstliche Teil des Bergbaues auf dem Terrain von Rudelstadt wurde nach 1750 mit gutem Erfolge wiederum in Angriff genommen, ging jedoch infolge schlechter Ökonomie fortdauernd rückwärts. Der kurzen Blüteperiode des Kupferberger Bergbaues vom Anfang des 19. Jahrhunderts bis 1849 ist schon bei Besprechung der Kupferberger Silbererze gedacht worden. Dieser Bergbau wurde im Jahre 1854 wieder aufgenommen, aber infolge der ungünstigen finanziellen Verhältnisse schon 1866 wieder eingestellt.

Auf der Neuen Adler-Grube wurden von 1818—1847 248 744 Ztr. ungeschiedener Erze gewonnen und hieraus 8800 Ztr. 78 Pfd. Garkupfer dargestellt. Auf den im Mittelfelde zwischen Kupferberg und Rudelstadt belegenen Gängen: Felix, Weißer Gang, Segen Gottes, Hoffnung und Neuer Trost wurden von 1806—1811 vorzüglich oberhalb der Stollensohle (also im Bereich der von den Alten aufgeschlossenen Erzmittel) 52 512 Ztr. ungeschiedene Erze gewonnen, und daraus 490 Ztr. Garkupfer dargestellt. Von 1816—1819, woselbst sich der Bau unterhalb der Stollensohle im frischen Felde bewegte, lieferten diese Gänge 63 088 Ztr. ungeschiedene Erze, aus denen 1189 Ztr. Garkupfer dargestellt wurden.

Seit 1899 sind die Baue im Ostfelde (Neuer Adlerschacht) bei Rudelstadt wieder aufgenommen worden. Seit 1902 besteht in Kupferberg die Gewerkschaft: Bobertaler Erzbergwerk.

Das silurische Vorkommen von Kolbnitz bei Jauer (und das von Ober-Leipe).

J. Roth, Erläut. Karte Niederschles. Geb. 1867, 45. — v. Festenberg-Packisch, Met. Bergb. Niederschles. 1881, 25—28. — Konr. Wutke, Zur Gesch. d. Bergb. bei Kolbnitz, Ztschr. für Gesch. Schles. XXXII, 1898, 229—266.

Bei Kolbnitz treten im Tonschiefer Quarz- und Spateisensteingänge auf, welche Bleiglanz, Kupferkies, Schwefelkies und Fahlerz führen. Nachdem in der Mitte des 16. Jahrhunderts (s. u. Silber) dort auf Blei und Silber gebaut worden war, trat später die Kupfergewinnung in den Vordergrund. Der Hauptgang, im Felde von Max Emil und Alexander belegen, zeigt mehr den Habitus eines Lagers und ist daher wohl besser als Lagergang anzusprechen; er besaß $^1/_2$ bis $^3/_4$ Lachter Mächtigkeit mit einem Streichen von h. 9 und einem Fallen von 40—60° gegen Süden. Eine im Jahre 1851 ins Leben getretene Gewerkschaft gewältigte zunächst einen aufgefundenen alten Stollen auf und verlängerte ihn auf 144 Lachter. In dieser Erstreckung führte der Gang teils am Hangenden, teils am Liegenden Kupferkies und Bleiglanz — eingesprengt und in kurzen Trümern, letztere in einer Mächtigkeit von 5—10 Zoll. Auch fanden sich bei einem alten Gesenk Partien sehr silberreichen Fahlerzes. Durch diesen Betrieb aber erlangte man zugleich die Überzeugung, daß der Gang über der Stollensohle, da wo er erzführend gewesen, von den Alten vollständig abgebaut worden war. Nach vielfachen vergeblichen Versuchen die verworfene Lagerstätte wieder aufzufinden, traf man endlich 1860 die Fortsetzung: einen $1^6/_8$ Lachter mächtigen Gang, der Quarz, Spateisenstein und ein Kupferkiestrum führte. Von hier aus wurde dann die Lagerstätte weiter aufgeschlossen: die Erzmittel traten durchwegs am liegenden Salbande auf und bestanden hauptsächlich aus Kupferkies und Bleiglanz, dem untergeordnet Fahlerz beigemengt war. Dieselben wechselten in der Mächtigkeit von 4—80 Zoll. Das Hangende der Lagerstätte bestand aus einem schwarzen Alaunschiefer, das Liegende aus Tonschiefer. Im Jahre 1867 kam das Werk zum Erliegen, nachdem man vorher noch eine Aufbereitungsanstalt und eine Hüttenanlage gebaut hatte. Von 1860 bis 1867 war durch den Verkauf von silberhaltigen Blei- und Kupfererzen die Summe von 33787 Talern erzielt worden, auf der Hütte waren bis 1867 nur etwa 100 Ztr. Garkupfer produziert worden. Anfang der 70er Jahre wurde die Kolbnitzer Hütte noch einmal zur Verarbeitung des Haaseler Kupfersteines gekauft und in Betrieb gesetzt, der Betrieb wurde aber 1876 schon wieder eingestellt.

Die gesamte Produktion der Kolbnitzer Hütte stellte sich:

1874 auf	450 Pfd.	Feinsilber,	902 Ztr.	Raffinad,	— Ztr.	Schwarzkupfer
1875 „	520 „	„	320 „	„	1670 „	„
1876 „	604 „	„	920 „	„	726 „	„

Auch bei Ober-Leipe unweit Kauffung weisen alte Halden auf Bergbau, namentlich auf Kupfererze hin. Man findet dort Malachit, Kupferlasur, Roteisenstein, außerdem Fahlerz mit Arsenikkies und Kupferkies.

Das Kupfervorkommen von Altenberg

s. unter Arsenerzen.

Das Kupfervorkommen im Silur von Ludwigsdorf, Kreis Görlitz.

M. Websky, Schles. Ges. vaterl. Kult. Breslau, 48. Jahresber. 1870, 42. — v. Rosenberg-Lipinsky, Die Erzfunde und ihre Lagerst. zw. Görlitz und Niesky, Ztschr. f. prakt. Geol. 1896, **4**, 213—217, daselbst auch ältere Literatur.

Auf dem Terrain des Rittergutes Ludwigsdorf bei der Wärterbude 203 der Berlin-Görlitzer Eisenbahn wurden in den 60er Jahren des 19. Jahrhunderts so reichlich Stufen von Malachit, Lasur und

Kupferglanz aufgeackert, daß ein Anreiz zu Nachgrabungen dadurch gegeben war. Diese legten nach Aufschachtung einer Lettenlage, in der sich Bruchstücke von Quarzit, Kieselschiefer und Erzstufen bis zu 90 Pfd. Schwere vorfanden, das Ausgehende einer entsprechenden Lagerstätte schon in 8 m Tiefe bloß. Diese bestand aus einem 8—10 m mächtigen Quarzgange, der außer den genannten Kupfererzen noch gediegen Kupfer, Rotkupfererz, Kupferindig, Fahlerz führte. Mit den Kupfererzen waren vergesellschaftet: Bleiglanz, Pyromorphit, Spateisenstein, Schwefelkies, Markasit und als Gangart neben Quarz auch Schwerspat. Der Quarz umschloß noch vielfach Bruchstücke von Kiesel- und Tonschiefer. Das Bindemittel lieferte dann an solchen Stellen das Erz. Die Lagerstätte zeigte ein ziemlich regelmäßiges Streichen, fast von Osten nach Westen (h. 6—7) und ein steiles Einfallen nach Süden. Zum Hangenden hatte sie hellgraue Tonschiefer, zum Liegenden schwarze Kieselschiefer; aber zufolge des Fehlens von Salbändern zeigte sie keine scharfe Grenze gegen das Nebengestein. Im Streichen hielt sie nur an 250 m aus; hierauf ging sie nach Osten und Westen zu verloren. Die Erze standen an zwei Stellen bis 1 m mächtig an und hielten in dieser Stärke auch von der 50 Metersohle bis zum Ausgehenden hin vor. Der mittlere Gehalt der Erze an Metall dürfte 20—25 % betragen haben.

Der Fund der Lagerstätte wurde 1869 unter dem Namen Maximilian eingemutet, und die Lagerstätte alsbald bergmännisch erschlossen. Aber schon 1879 wurde das Bergwerk wieder eingestellt. Die Erzmittel haben 6862 Ztr. vorwiegend Kupferglanz geliefert. Das Erz wurde unaufbereitet nach Freiberg gesandt und daraus wurden an 894 Ztr. metallisches Kupfer hergestellt. Der Erlös hierfür bestand in etwa 40000 Mark. Seit 1902 war die Grube — zu dem v. Kulmizschen Besitz gehörig — wieder im Betriebe, noch im Jahre 1904 wurden 1670 Tonnen Erze gefördert, gegenwärtig aber ruht der Betrieb: das Vorkommen ist als erschöpft zu betrachten.

Das Kupfervorkommen im Zechstein von Haasel bei Goldberg, Konradswaldau usw.

Von der Wiederaufnahme des Kupferbergbaues zu Haasel (und Kolbnitz) im Jauerschen, Prov.-Bl. 1792, **15**, 422—425. — Roth, Erläut. Karte Niederschles. Geb. 1867, 272—273. — v. Festenberg-Packisch, Met. Bergb. Niederschl. 1881, 75—77. — Fürer: Über den Kupferschieferbau von Niederschles. 1885 (Manuskript), mitgeteilt durch Bergeat, Die Erzlagerstätten, Leipzig 1904, 408—409.

Die Zechsteinformation, die sich als ein dünnes Band zwischen das Rotliegende und den Buntsandstein schiebt, ist von der Goldberger Gegend bis zum Queiß hin kupferführend. Bei Neukirch, Polnisch-Hundorf, Prausnitz, besonders aber bei Haasel und Konradswaldau wurde auf Kupfer Bergbau getrieben. Der Zechstein bildet in dieser Gegend eine ca. 60 Fuß mächtige Schicht eines dolomitischen Kalksteines. Unter dieser Kalksteinbank liegen Mergelschiefer in Wechsellagerung mit Kalksteinbänken. Man baute auf sechs Mergellagen, die durch fünf Kalksteinbänke getrennt waren. Die Mächtigkeit sowohl der Mergellagen, wie der Kalksteinbänke ist schwankend, die Gesamtmächtigkeit der Mergelschiefer betrug $35\,^1/_2$ Zoll, die der Kalksteinbänke $50\,^1/_2$ Zoll. Das Fallen der Lagerstätte beträgt meist 10^0 (gegen Westen) und nur an einzelnen Stellen 15^0.

Die Erze, vorwiegend Malachit und Kupferlasur, scheinen zwar sowohl dem Kalkstein, wie dem Mergelschiefer eigentümlich zu sein, sie sind aber jedenfalls vorwiegend an den letzteren geknüpft. Nach Fürer (mitgeteilt durch Bergeat, s. oben Literatur) enthalten die Kalksteine 1,03—1,58 $^0/_0$ Kupfer und 0,002 $^0/_0$ Silber, die Mergelflöze im Gesamtdurchschnitt 1,64 $^0/_0$ Kupfer und 0,005 $^0/_0$ Silber. Indessen steigt der Kupfergehalt in einzelnen Proben bis zu 2,16 $^0/_0$. Festenberg-Packisch hebt als eigentümliche Erscheinung hervor, daß gerade die intensiv gefärbten Partien die niedrigsten Prozentsätze zeigen, und daß der Silbergehalt an mikroskopisch sichtbare dunkle Partien in der Grundmasse, welche voraussichtlich Kupfer in geschwefeltem Zustande enthalten, gebunden erscheint. Der Bitumengehalt der Schiefer ist ein nur geringer.

In genetischer Hinsicht ist hervorzuheben, daß unsere Kenntnisse über die Bildungsweise schichtiger sulfidischer Erzimprägnationen (aus denen sich im vorliegenden Falle die Karbonate gebildet zu haben scheinen) noch nicht weit genug vergeschritten sind, um mit Sicherheit entscheiden zu können, ob die Lagerstätte syngenetisch oder epigenetisch ist. Jedenfalls aber muß bezüglich der primären Herkunft des Kupfergehaltes auf die das unterlagernde Rotliegende durchsetzenden Porphyre und Melaphyre hingewiesen werden.

Der Bergbau bei Prausnitz wird in das 16. Jahrhundert verlegt. Ende des 18. Jahrhunderts wurde der dortige Bergbau wieder aufgenommen. In der Gegend von Polnisch-Hundorf sind seitens der preußischen Bergverwaltung in den Jahren 1809—1811 Untersuchungsarbeiten — mit ungünstigem Resultate — vorgenommen worden. In Haasel fand man bei Wiedereröffnung des Betriebes im 18. Jahrhundert einen alten Stollen, dessen Portal mit unbekannten Schriftzeichen versehen war, und der den Namen Charakterstollen erhielt. Die Alten haben stets nur am unmittelbaren Ausgehenden der Lagerstätten gebaut. Im Jahre 1860 wurde der Bergbau bei Haasel wieder aufgenommen, seit 1866 hatte man auch dort einen — nicht umfangreichen — Kupferhüttenbetrieb zur Darstellung eines silberhaltigen Kupfersteines etabliert (s. auch Kolbnitzer Kupfervorkommen), im Jahre 1883 erlosch der Betrieb aber wieder.

Man gewann aus den Schiefern einen Kupferstein von 45—50% Kupfer und 15—20 Pfundteilen Silber. Im Durchschnitt wurden aus 100 Ztr. Schiefer 320 Pfund Stein zu 47% Kupfer und 17 Pfundteilen Silber gewonnen. Während der 17 Jahre der letzten Betriebszeit haben nach Fürer die Gruben etwa 1100 t Kupfer und 3437 kg Silber aus 85000 t Schiefer produziert.

Blei- und Zinkerze.

Bezüglich dieser Erze ist auf die Silber- und Kupfererzvorkommen zu verweisen. Von **sonstigen Vorkommen** erwähnt Dechen (Die nutzbar. Min. u. Gebirgsarten im Deutschen Reiche 1873, 603) noch die Bleierzgänge bei Schreiberhau, Krummhübel und Grunau, Kreis Hirschberg, die Bleierzgänge im Glimmerschiefer des Habelschwerdter Kreises am Merzberge, Heidelberge, Martinsberge, am Glatzer Schneeberge bei Wilhelmsthal. Im (silurischen) Tonschiefer noch das Vorkommen von Moisdorf südlich von Kolbnitz auf mächtigen Quarzgängen zusammen mit Spateisenstein, Fahlerz, Kupferkies und Arsenikkies. Das silurische Bleierzvorkommen von Altenberg s. unter Arsen.

Zinnerze.

Die Zinn-Kobaltvorkommen von Giehren und Querbach

s. unter Kobalterzen.

Eisenerze.

Die Magneteisenerzlager von Schmiedeberg.

A. Cordella, Berg- u. Hüttenm. Ztg. 1858, 21. — H. Wedding, Die Magneteisensteine von Schmiedeberg, Ztschr. d. d. Geol. Ges. XI, 1859, 399—433, nebst 2 Tafeln. Vgl. Wochenschr. d. Ver. f. Berg- u. Hüttenwes. I, 1859, 321, 322; II, 1860, 36, 37. — v. Festenberg-Packisch, Der met. Bergb. Niederschles. 1881, 44—51. — Th. Eisenmänger, Geschichtl. Nachr. über den Eisenbergb. zu Schmiedeb. in Schles., Wanderer i. Riesengeb. 1. Hirschb. 1882, Nr. 5, 1—3. — Die Eisenerzgrube Bergfreiheit in Schlesien, Berg- u. Hüttenm. Ztg. LVIII, 1899, 338. — G. Berg, Die Magneteisenerzlager von Schmiedeberg i. Riesengeb., Jhrb. d. kgl. preuß. geol. Landesanst. u. Bergak. Berlin für 1902, XXIII, 1903, S. 201—266, 1 Karte, vgl. Ztschr. f. prakt. Geol. 1904, **12**, 127—130 (das. auch Literatur).

Das Eisenerzvorkommen von Schmiedeberg liegt am östlichen Rande des Granitmassivs des Riesengebirges, welches steil aufgerichtete, kristalline Schiefer mantelartig umlagern. Bei Ober-Schmiedeberg, wo die Bergfreiheit-Grube liegt, ist die Reihenfolge der Gesteine vom Liegenden zum Hangenden: Granit, Gneis, Glimmerschiefer, Hornblendeschiefer. Die mittlere Gruppe: die Gneise und Glimmerschiefer faßte man früher als „Schmiedeberger Gneise" zusammen, sie ist die erzführende. Der Granit reicht unter einem nahezu rechten Winkel, dessen Schenkel annähernd nordwest-südöstlich bzw. südwest-nordöstlich verlaufen, bis an das Forsthaus im Eglitztale, am südlichen Ende der Stadt. Die kristallinen Schiefer besitzen ein gemeinsames Schichtenstreichen von im allgemeinen N 30° O und zeigen ein steiles Einfallen nach Südosten. Längs einer Linie, die sich vom Kassenborn (westl. von Schmiedeberg) aus über den Paß (südöstl. der Stadt) erstreckt, biegen die Schichten rechtwinkelig um, laufen eine Strecke in südöstlicher Richtung und nehmen dann wieder das erste Streichen an. Die mittlere Gesteinsgruppe (die Schmiedeberger Gneise) teilt Berg in drei Gruppen:

1. Glimmerarme und feldspatreiche Gesteine: Gneise in Verbindung mit granitisch-körnigen Gesteinen.
2. Glimmerschiefer und feinschuppige Gneise (Glimmerschieferformation).
3. Die Erzformation.

Die Gesteine der ersten Gruppe spricht Berg als Granite an, die teilweise durch Druck verändert, gestreckt worden sind.

Die Erzformation stellt einen dünnschichtigen Wechsel von Amphiboliten, Glimmerschiefern, Kalksteinen, Kalksilikatgesteinen und eingeschalteten Magneteisensteinlagern dar. Sie bildet das nordöstliche Ende der Glimmerschieferformation, die ihrerseits einen zungenförmigen gegabelten Komplex von allgemein nordöstlicher Erstreckung innerhalb des gestreckten Granites darstellt. Berg beschränkt die Erzformation auf das Gebiet zwischen dem Nordostende der Bergfreiheit-Grube, dem alten Kalkofen bei der Grube Vulkan und dem Jockelwasser im Jagen 84 der königl. Hausforst. Von den Gesteinen der Erzformation sind Kalksteine und Amphibolite am meisten vertreten, häufig kommen ferner vor dunkelgrüne Biotitschiefer und Augitschiefer, chloritische und serpentinartige Schiefer, sehr häufig massige Kalksilikatgesteine und ihre Übergänge zu kristallinen Kalksteinen, untergeordnet muscovitreiche Glimmerschiefer und Quarzite. Im Hangenden herrschen Hornblendeschiefer vor, im Liegenden treten oft Granatlager auf.

Die Erze der Erzformation sind Magneteisenstein und sulfidische Metalle (Schwefelkies und Magnetkies, untergeordnet Arsenkies und Kupferkies). Die sulfidischen Metalle finden sich in sämtlichen Gesteinen der Erzformation, der Magneteisenstein ist auf die Kalksilikatgesteine und kalksilikatführenden Schiefer beschränkt. Er ist bald ganz feinkörnig und fast dicht, bald grobkörnig und dann kristallinisch, ohne je zur Kristallbildung zu gelangen. Selten kommen die Erze rein vor, meist sind sie — besonders die grobkörnigen Varietäten — gemengt mit den verschiedenartigsten Mineralien, die bald nur untergeordnet auftreten, bald vorherrschen, bald das Erz ganz verdrängen. Im allgemeinen wird das Erz nach der Tiefe zu feinkörniger und reiner. Die liegenden Partien zeichnen sich durch Chloritreichtum aus, vielfach tritt hier auch Biotit, Granat, Augit und Epidot hinzu. Die hangenden, grobkörnigeren Partien enthalten besonders reichlich Kiese und werden dadurch zuweilen geradezu unbrauchbar. Am häufigsten tritt großkristalliner Kalkspat als Lagerart in Nestern und Adern auf und wird zuweilen von Hornblende, Chlorit, Granat und Epidot begleitet. Der Eisenstein wirkt stark auf die Magnetnadel, zeigt indes meist nur einfachen Magnetismus. Wenige Stücke sind, selbst nach langem Liegen an der Luft, polar. Es ist dies erklärlich durch die Störungen, welche die vielen fremden, eingesprengten Mineralien hervorbringen. Analysen des Eisensteines haben ergeben:

	B. Grundmann 1855		Durchschn.-Anal. 1875	
	I	II		III
Eisenoxydul	79,49	79,61		76,27
Kieselsäure	3,18	3,22		15,02
Tonerde	5,94	5,94		0,28
Schwefelkies	6,99	7,23	Schwefel	0,43
Kohlensaurer Kalk	4,40	4,00		3,41
			Magnesia	3,43
			Phosphor	(Spuren)

Eine ebenfalls von B. Grundmann angestellte Analyse der alten Schlacken ergab:

Kieselsäure	32,82
Kalk	6,82
Eisenoxyd	48,55
Tonerde	9,14
Magnesia	2,71

Spuren Schwefel und Kohlenstoff.

Was die Lagerungsverhältnisse anbelangt, so bilden die Magneteisenerze untergeordnete Einlagerungen innerhalb der Gesteine der Erzformation, besonders zwischen Kalk und Biotit- oder Hornblendeschiefern. Die Lager sind (nach Berg) nicht schichtenartig ausgebildet, sondern stellen unregelmäßige, meist steile, bald einzeln, bald geschart auftretende, im Streichen und Fallen unbeständige Erzmassen dar, die bald mächtig anschwellen, bald bis zum völligen Auskeilen verdrückt sind. Die bauwürdigen Partien sind im Mittel 2—3 m mächtig, indessen sind 5—7 m Mächtigkeit nicht selten, ausnahmsweise wächst die Mächtigkeit bis zu 10 m. Meist sind die Erzlager scharf gegen das Hangende und Liegende abgesetzt, während im Streichen oft eine Vertaubung zu erzfreiem Gestein stattfindet. Die Zahl der Lager beträgt auf der Bergfreiheitgrube 10, die hangenden liegen mehr im Nordosten, die liegenden mehr im Südwesten. Im Hangenden herrschen Kalksteinlager (bis zu 10 m Mächtigkeit) vor, die liegendsten Schichten führen viel Schiefer und sind arm an Erzen. Die Erzlager werden mehrfach von Verwerfungsklüften durchsetzt; ganz abweichend von diesen sind die bekannten Riegelbildungen: schwebende, bis zu 2 m mächtige Gänge eines grobkörnigen, pegmatitähnlichen, aus Quarz, Glimmer und Feldspat bestehenden Gesteines. Die Riegel streichen Nordsüd und fallen 14 bis 20° Ost ein, sie verursachen keine Verwerfungen, werden dagegen ihrerseits verworfen.

In genetischer Hinsicht wurde das Schmiedeberger Vorkommen früher zu den regionalmetamorph veränderten Lagerstätten gerechnet, die Bergsche Arbeit weist es zu den kontaktmetamorphen Lagerstätten. Nach der Ansicht des genannten Forschers erfolgte beim Hervorbrechen des bei Schmiedeberg porphyrartig ausgebildeten Zentralgranites zur Karbonzeit eine weitgehende Abgabe von Kieselsäure aus den Amphiboliten und Biotitschiefern an die Kalksteine, wodurch einerseits eine stellenweise bedeutende Konzentration der Eisenerze in den ersteren, andererseits eine Umwandlung der

Kalkgesteine in Kalksilikate eintrat. Die Riegelbildung ist nach Bergs Ansicht wahrscheinlich als eine flüssige Injektion — eine eruptive Nachwirkung des Hervorbrechens des porphyrartigen Granites — aufzufassen, für sicher jünger als den Magnetit hält er die Kiese, die auf der Bergfreiheitgrube sämtliche Gesteine meist als feine Äderchen durchsetzen. Die vielen kleineren Verwerfungen der Schmiedeberger Erzformation entstanden nach ihm möglicherweise im Tertiär.

Ich habe bei einer Befahrung der Bergfreiheitgrube die Ansicht gewonnen, daß den Bergschen Ausführungen im allgemeinen zuzustimmen ist. Die Annahme einer Abgabe von Kieselsäure aus den Amphiboliten und Biotitschiefern an die Kalksteine beim Hervorbrechen des Zentralgranites erscheint mir plausibel; ebenso halte ich die Auffassung der Riegelbildungen als eruptive Nachschübe des granitischen Magmas für richtig; dagegen kann ich nicht der Anschauung desselben Autors beipflichten, daß vor der Eruption des Granites Eisenerze (Spateisenstein) nur in geringer Menge, wenn überhaupt, vorhanden gewesen zu sein brauchen. Ich halte die Magneteisensteine von Schmiedeberg für ursprünglich normale Sedimente, mögen sie nun dynamometamorph oder kontaktmetamorph verändert sein. Auch auf die schönen Untersuchungen Klockmanns über kontaktmetamorphe Magnetitlagerstätten (Ztschr. f. prakt. Geol. 1904, **12**, 73—85) ist an dieser Stelle hinzuweisen.

Der Bergbau von Schmiedeberg soll — ebenso wie der von Kupferberg — von dem Bergmeister Laurentius Angel um 1148 begründet worden sein. Die Blütezeit des Bergbaues fällt in die Mitte des 16. Jahrhunderts; um 1563 standen elf Hämmer in Betrieb, welche jährlich ca. 3000 Ztr. Schmiedeeisen von ausgezeichneter Qualität darstellten. Die Arbeiten der Alten haben sich bis zur Tiefe von 60 Lachtern verfolgen lassen, wahrscheinlich sind sie noch tiefer eingedrungen. Während des 30jährigen Krieges kam der Bergbau zum Erliegen. Unterm 12. Juni 1746 wurde die Stadt Schmiedeberg von Friedrich dem Großen zu einer freien Bergstadt erklärt, aber wiederum erlag der Bergbau. Die Anregung zur Wiederaufnahme gab 1783 der Minister von Reden, indessen erst 1811 trat man dem Projekt näher. Es wurde eine Hütte, bestehend aus einem Luppenfeuer, Frischfeuer und Frischhammer angelegt — wiederum mit schlechtem Erfolge. Die alten Schlacken (vgl. oben Analyse) finden sich besonders in sieben großen Halden, welche bei den Resten eines alten Blauofens auf dem linken Ufer der Eglitz oberhalb des Stollenmundloches beginnend, sich bis nach Ruhberg hinabziehen. Erst im Jahre 1854 wurde der Betrieb von der Vorwärtshütte bei Waldenburg wieder aufgenommen und vom Jahre 1880 ab von der Königs- und Laurahütte mit gutem Erfolge fortgeführt. Von 1856—1876 wurden jährlich etwa 100000 Ztr. Erz gefördert, seit 1880 ist das Werk wieder in schwunghaftem Betriebe. In dem 1899 abgeschlossenen Betriebsjahre förderte die Bergfreiheitgrube 27000 t Eisenerz mit einem Eisengehalt von 50—60%. Zurzeit ist die Erzformation im großen Stile nur in der Bergfreiheitgrube (bis zu 395 m Teufe) aufgeschlossen, man kann jedoch nach den Erfahrungen auf der alten Vulkangrube schließen, daß auch dort die Verhältnisse ähnliche waren. Die Förderung der Jahre 1900, 1901 und 1902 betrug 34115, 32150 und 30075 t. Im Jahre 1903 wurden 33150, im Jahre 1904 35009 t Eisenerz gefördert.

Das Roteisenerzvorkommen im Glimmerschiefer von Reinerz.

Beyrich, Geognosie d. G. s. v. Reinerz, Ztschr. d. geol. Ges. 1851, **3**, 378. — J. Roth, Erläut. zur Karte Niederschles. 1867, 240—241.

Das Vorkommen der Eisenerze in der Gegend von Reinerz beschränkt sich auf den Distrikt vom Weistritztal zwischen Bad und Stadt Reinerz in nordwestlicher Richtung über den Ratschenberg bis zum Granit bei Hallatsch und Tschischnei hin. Die Erze (Roteisenstein) brechen teils im Glimmerschiefer, teils sind sie verbunden mit gangförmig auftretendem Quarz. Bei Reinerz am Eingange zum Hordistal zeigen sie sich in Berührung mit Kalkstein, bei Hallatsch und zwischen Hallatsch und Lewin stoßen sie an den Granit. Nach Beyrich (a. a. O.) ist das Vorkommen nicht lagerförmig, sondern gangartig, auch J. Roth hält das Vorkommen für epigenetisch.

Der Bergbau von Reinerz blühte im 14. Jahrhundert. Mit dem 30jährigen Kriege kam er zum Erliegen. In den 40er Jahren des 19. Jahrhunderts wurde er wieder aufgenommen, es wurden aber mit Versuchsarbeiten am Ratschenberge und in Keilendorf und mit Anlegung einer Hütte im Grunwalder Tale keine lohnenden Resultate erreicht, so daß der Betrieb bald wieder in Fristen kam (vgl. Birnbaum, Wand. i. Riesengeb. 1891, 105).

Die silurischen Rot- und Brauneisenerzvorkommen von Willmannsdorf bei Jauer.

v. Carnall, Die Eisensteine bei Willmannsdorf (Kreis Jauer), Berlin 1866, 8, 4°, auch Ztschr. d. d. geol. Ges. XIV, 1862, 10—13. — J. Roth, Erläut. z. Karte Niederschles. Geb. 1867, 45. —

Werner, Braunsteinlager in Schlesien (Willmannsdorf), Prov.-Bl. N. F. VII, 1868, 353—355. — F. Römer, Ein geolog. bemerkensw. Fund in der Eisensteingrube von Willmannsdorf bei Jauer, Jahresber. Schles. Ges. 1880, **58**, 130; vgl. 126. — v. Festenberg-Packisch, Met. Bergb. Niederschles., Wien 1881, 71—75.

Das Dorf Willmannsdorf, etwa drei Stunden westlich von Jauer, liegt im Gebiete silurischer Tonschiefer, die, stellenweise grüne Schiefer einschließend, meist steil von Osten nach Westen einfallen und von Norden nach Süden streichen. Überlagert werden dieselben von einer schmalen, der Zechsteinformation angehörigen Schicht, auf welcher die Kupferschieferzeche Stilles Glück bei Haasel baute. Carnall bezeichnete das dortige Erzvorkommen als entschieden gangförmig, während Festenberg-Packisch von Roteisenerzlagern spricht, die aber besser als Erzstöcke angesprochen würden. Die Vorkommen wurden durch drei Stollen aufgeschlossen. Der oberste-Gustavstollen befindet sich unmittelbar bei dem Dorfe Willmannsdorf, der tiefere-Karlstollen und der tiefste-Carnallstollen liegen hart an dem Wege von Willmannsdorf nach Seichau. Außerdem wurde noch an einem dritten Punkte: der Grube Friedrich in oberen Teufen Bergbau getrieben. Unmittelbar unter dem Rasen fanden sich stellenweise Nester eines manganhaltigen, glaskopfartigen Brauneisensteines. Das Hauptlager lag zwischen Karl- und Carnallstollen. Dieses Roteisenerzlager zeigte einschließlich eines sich abzweigenden Trumes von 1 m Stärke eine Mächtigkeit von 6—7 m. Der in den oberen Teufen vielfach auftretende Schwerspat geht hier mehr und mehr in Spat- und Brauneisenstein über. Das Hauptlager streicht von Ost nach West und fällt unter einem Winkel von 60° gegen Norden ein, was in der Tat für die Carnallsche Auffassung als Gang spricht, allein das kurze Aushalten im Streichen = 60 Lachter und die große Mächtigkeit sprechen, wie schon erwähnt, besser für die Annahme eines Erzstockes. Im Osten wird das Hauptlager von einem Basaltkegel abgeschnitten, gegen Westen zu verliert es sich allmählich im Nebengestein. Das Erz ist ein fester, teils dichter, teils glaskopfartiger und stalaktitischer Roteisenstein. Drusen mit Braunspat angefüllt kommen häufig vor. Stellenweise bricht Eisenglanz ein, selten mit deutlicher Kristallform. Ein konstanter Antimongehalt des Erzes (bis zu 0,1 %) ist bemerkenswert. Interessant ist an einer Stelle des Hauptlagers ein Konglomerat aus verschiedenen Gesteinsarten und starkem Flußsande mit Knoten von Eisenerz. Diese Trümerbildung entstand offenbar zur Tertiärzeit beim Hervorbrechen des Basaltes, in der Nähe des Basaltes wurde auch Braunkohle gefunden.

Das in etwa 400 m Entfernung vom Mundloche des Carnallstollens erschlossene Karllager fällt parallel den Gesteinsschichten gegen Westen unter einem Winkel von 70—80° ein und streicht von Norden nach Süden. Es besitzt eine Mächtigkeit von durchschnittlich 1 m und eine Längenausdehnung von etwa 100 m. Die dort gewonnenen Erze bestanden vorzugsweise aus Eisenglanz.

Nach einer Durchschnittsanalyse von Dr. Ziureck enthält der Willmannsdorfer Roteisenstein:

92,683 % Eisenoxyd mit Spuren von Mangan,
2,800 „ Tonerde,
4,517 „ Kieselerde.

Hieraus berechnet sich ein Eisengehalt von über 60 %. Als mittlerer Gehalt können 50 % angenommen werden.

Der Abbau des Erzes erfolgte mittels Firstenbaues. Das Vorkommen wurde erst im Jahre 1858 entdeckt, von da ab bis 1876 wurde das Erz auf der Vorwärtshütte bei Waldenburg verhüttet. Von da ab fand noch mehrere Jahre lang ein reger Absatz nach Oberschlesien statt, der aber infolge des Bezuges spanischer und schwedischer Kiese nach Oberschlesien aufhörte. Die durchschnittliche Förderung belief sich auf jährlich 150 000—200 000 Ztr. Um das Jahr 1890 machte man einen erfolglosen Wiederbelebungsversuch.

Das Brauneisenerzvorkommen in den silurischen Schiefern von Jänkendorf bei Rothenburg OL.

Glocker, Geogn. Beschreib. der Oberlausitz, Görlitz 1857, 145. — v. Rosenberg-Lipinsky, Die Erzfunde und ihre Lagerstätten zwischen Görlitz und Niesky, Ztschr. f. prakt. Geol. 1896, **4**, 213—217, daselbst auch ältere Literatur, vgl. auch Ztschr. f. prakt. Geol. 1896, **4**, 455.

Dieses Eisenerzvorkommen steht wahrscheinlich mit Kalksteinen in Verbindung, die im Schiefergebiete auftreten. Das Vorkommen ist als ein Lager anzusehen, möglicherweise handelt es sich um ein in Brauneisen umgewandeltes Kalklager, d. h. um eine metasomatische Verdrängung. Schon in den 50er Jahren des 19. Jahrhunderts wurde das Erz in größeren Massen an zwei Stellen nördlich von Jänkendorf ausgeschachtet und auf dem Hüttenwerke Keula bei Muskau verhüttet; 1860 aber hörte diese Gewinnung auf. Anfang 1896 wurde ein Schürfschacht angesetzt; mit diesem wurde zunächst eine Lettenlage durchteuft, welche viele Bruchstücke von Kieselschiefer, gelbem Eisenocker und Knollen von zum Teil in Brauneisen übergegangenem Kalkstein umschloß; bei 6 m traf man dann auf derbes anstehendes Erz, welches bei 0,96 % Phosphor und 0,3 % Mangan durchschnittlich 40—50 % Eisen enthielt. Der Fund wurde unter dem Namen Eisenhut eingemutet. Auf den Feldern um das Vorkommen herum fand man ausschließlich Bruchstücke von Kiesel- und Quarzitschiefer. Das Vorkommen ging noch 1896 käuflich an die Aktiengesellschaft der Friedenshütte in Oberschlesien über.

Die karbonischen Kohlen- und Toneisensteine der Waldenburger, Landeshuter und Neuroder Gegend.

v. Carnall, Ztschr. d. d. geol. Ges. VII, 1855, 298 und IX, 1857, 11. — Herter u. Porth, Wochenschr. Schles. Ver. f. Berg- u. Hüttenwes. 1859, 1, 297—299. — J. Roth, Erläut. zur Karte niederschles. Geb. 1867, 332—333. — v. Dechen, Die nutzb. Min. u. Gebirgsart. im Deutschen Reich, Berlin 1873, 565—566.

Auf der Grube Emilie-Anna bei Gablau gewann man vortreffliche Kohleneisensteine. Der Eisenstein bildete drei bis vier, stellenweise auch fünf voneinander getrennte Bänder, zwischen denen Schiefertonschichten und mehr einzeln die Steinkohlenbänke lagen. Man gewann aus dem Quadratlachter Abbau 17—18 t (zu 7 1/2—8 Ztr. Gewicht) Kohleneisenstein und 7—8 t Steinkohlen. Bei Neuweißstein bei Waldenburg kam ein Flöz von Kohleneisenstein und tonigem Sphärosiderit von 52 cm im Liegenden eines Kohlenflözes und im höheren Zwischenmittel eine Lage mit Nieren von tonigem Sphärosiderit vor. Auf der Grube Gustav bei Schwarzwaldau bei Landeshut bildete derber, körniger Spateisenstein ein aus 3—4 Bänkchen von 2—4 Zoll bestehendes Flöz, aufliegend auf einer unreineren Kohle und bedeckt von festem Schieferton. Im Hangenden des Gotthelf-Grubenfundflözes ebendaselbst wurde der Spateisenstein 10—15 Zoll mächtig. Sphärosiderit kam häufig vor, fast nur in Form größerer oder kleinerer Knollen („Wacken") eingelagert in Flözmittel oder auch im Hangenden und Liegenden der Flöze. Bei Volpersdorf bei Neurode fanden sich nach Dechen Sphärosideritnieren im Hangenden und Liegenden des 1. Kohlenflözes, eine bis 16 cm starke Lage von Kohleneisenstein im Hangenden des 8. Flözes, dann in dem Mittel des 11. Flözes, im Hangenden des 13. Flözes, im Hangenden des 16. Flözes, im Mittel des 18. Flözes, dessen Hangendes aus einem Flöze von Spateisenstein von 5—6 cm bestand, im Hangenden und Liegenden des 21. Flözes, welches als Mittel eine Lage von Kohleneisenstein von 34 cm einschloß, und im Hangenden und Liegenden des 24. Flözes, so daß in diesem Flözzuge 13 verschiedene Lagen und Niveaux von Eisenstein bekannt waren, die man besonders auf der Rudolph-Grube abbaute. Auch bei Schlegel bei Neurode traten sehr viele Sphärosideritnieren auf.

Gegenwärtig gewinnen besonders folgende Steinkohlengruben zeitweilig Eisensteine: Im Neuroder Revier: die Ruben-Grube in Buchau, die Rudolph-Grube in Volpersdorf und die Johann-Baptista-Grube in Schlegel; im Waldenburger Revier: die Abendröte-Grube bei Kohlau, die Karl-Georg-Viktor-Grube bei Neu-Lässig, die Glückhilf-Friedenshoffnungsgrube bei Hermsdorf, die Fuchsgrube bei Weißstein und die kons. Fürstensteinergruben bei Waldenburg. Im Jahre 1900 wurden aus den niederschlesischen Steinkohlengruben 6842 t Eisensteine gefördert, 1901 5855 t, 1902 6004 t, 1903 5922 t und 1904 9059 t, letztere im Werte von 79 102 Mark.

Die rezenten Raseneisenerzvorkommen.

Schles. Eisen zu Mallmitz bei Sagan, Bresl. Samml. I, Sept. 1717, 61—65. — Joh. Chrn. Kundmann, Von dem Eisenwerk zu Mallmitz bei Sagan, Rariora nat. et artis, 1737, 263—270. — Schulz, Beitr. z. Gesch. d. Eisenhämmer in der Oberlaus., N.-Laus. Mon.-Schr. 1805, I, 44—57; II, 48. — Summar. Geschichte des städt. Eisenhüttenwerkes zu Ober-Leschen bei Sprottau von 1788—1822, Sagan 1823. — L. A. Th. Holscher, Eingegangene und noch bestehende Eisenhammerwerke im Rothenburger Kreise, N.-Laus. Mag. XXI, 1843, 64—69. — Glocker, Geogn. Beschr. d. Oberlausitz, Görlitz 1857, 371—374. — H. Fiedler, Die Miner. Schles., Breslau 1863, 35. — v. Dechen, Die nutzb. Min. u. Gebirgsart. im D. Reiche, Berlin 1873, 596.

Die Raseneisensteine finden sich in sumpfigen Niederungen in der Nähe der Torfmoore und stehenden Gewässer, bisweilen als ausgedehnte Lager. Sie haben einen Eisengehalt von 25—30 % und finden sich wenige Fuß unter der Erde, teils auf Diluvium ruhend, teils im Sande, teils nesterförmig in Tonen eingelagert. Die wichtigsten Punkte der Gewinnung waren nach Fiedler: Rietschen, Spree, Zibelle bei Rothenburg; Rauden, Lippen, Rachlau, Hohenbocka, Guteborn und Arnsdorf bei Hoyerswerda; Greulich, Rückenwaldau, Hinterheide, Neuhammer, Modlau bei Bunzlau; Reisicht, Konradsdorf, Samitz, Vorhaus, Göllschau, Bärsdorf bei Goldberg; Hartliebsdorf und Deutmannsdorf bei Löwenberg. v. Dechen führt im Regierungsbezirk Liegnitz an:

An dem Ochel und am schwarzen Graben in den Kreisen Grünberg und Neusalz, von Schönaich an bis Wartenberg und Neusalz, ferner bei Prittag, Saabor, Kessel, bei Herzogswaldau, Alt-Tschau und Lessendorf. Weniger Ausdehnung besaßen die Ablagerungen am Queiß, Bober und an der Sprottau in den Kreisen Sagan und Sprottau bei Hermsdorf, Puschkau, Mallmitz, Oberleschen und Lauterbach; im Kreise Bunzlau bei Greulich.

Im Jahre 1858 wurden in Niederschlesien 166 890 Ztr. Raseneisenerz verschmolzen, im Jahre 1872 wurden im Regierungsbezirk Liegnitz 227 643 Ztr. Raseneisensteine gefördert. Seit dieser Zeit ist der Abbau stetig zurückgegangen, Ende der 70er Jahre ruhte er fast völlig.

Sonstige Eisenerzvorkommen.

Von sonstigen Eisenerzvorkommen seien erwähnt:

Die — wohl kontaktmetamorphen — Magnetitvorkommen im Glimmerschiefer des Schwarzenberges und am Moltkefelsen bei Schreiberhau (Traube, Min. Schles. 1888, 138; Kosmann, Jahresber. Schles. Ges. 1889, 93—94 und Schneider, Wand. i. Riesengeb. 1892, 114), die Magnet- und Brauneisenerzvorkommen im Glimmerschiefer zu Heudorf, im Klessengrund und zu Johannisberg bei Wilhelmsthal, zu Seitenberg und Schreckendorf bei Landeck (J. Roth, Erläut. z. Karte Niederschles. 1867, 216 und v. Dechen, Nutzb. Min. u. Gebirgsart. i. D. Reiche 1873, 544), die Eisenglimmerschiefer von Ober-Schmottseiffen bei Löwenberg (Fiedler, Min. Schles. 1863, 31), die Brauneisenerzvorkommen von Baumgarten bei Bolkenhain (Fiedler a. a. O., 34), auf Serpentin an der Haberlehne bei Volpersdorf bei Neurode, auf der Oberfläche des Gabbro zu Grochau bei Frankenstein, endlich das Vorkommen von tonigem Brauneisenstein im Senon bei Wehrau am Queiß im Bunzlauer Kreise (v. Dechen a. a. O., 544 u. 589).

Schwefelkies.

Das Schwefelkiesvorkommen in den Talkschiefern von Rohnau bei Kupferberg.

Websky, Ztsch. d. d. geol. Ges. V, 1853, 390. — v. Festenberg-Packisch, Met. Bgb. Niederschles. 1881, 25 und 65—66.

Die Kieslager der Morgensterngrube von Rohnau südlich von Kupferberg gehören dem Gebiete jener Partie von Grünschiefern an, die sich zwischen die Hornblendeschiefer von Kupferberg im Westen und die Kulmgrauwacke von Landeshut im Osten einschiebt (vgl. Kupferberg unter Kupfererzen). Sie bilden eine h. 12 streichende Divergenzzone einer Reihe unbestimmt begrenzter Talkschieferstöcke, welche aus dünnschieferigem, bald glimmerartigem, bald specksteinähnlichem Talk mit eingelagerten, oft gewundenen, flach linsenförmigen Quarzkörnchen bestehen und eine bis 15 % steigende Beimengung von rundlichen nadelgroßen Schwefelkieskriställchen enthalten. Die Lagerstätte, welche eine Mächtigkeit von 20—30 Lachter besitzt, ist nicht gleichmäßig mit den Schwefelkiesen imprägniert. Es kamen vielmehr häufig zwischenliegende taube Glimmerschiefermittel vor, die man beim Abbau stehen ließ. Der Abbau wurde früher teils unterirdisch, teils als Tagebruch, gegenwärtig wird er ausschließlich als Tagebruch geführt. Er begann am Ende des 18. Jahrhunderts. Man verarbeitete das Erz zu Schwefel, Kupfer- und Eisenvitriol und zu Farben. Nach mehrmaligem Besitzwechsel gingen Grube und Hütte 1872 in den Besitz der Silesia zu Saarau über, wobei eine Rekonstruktion der im Jahre 1870 erbauten Aufbereitungsanstalt und der Hütte erfolgte. Seit Errichtung dieser Aufbereitungsanstalt belief sich die Produktion auf jährlich 500 000 Ztr. roher Erze, aus denen 60—70 000 Ztr. Schlieche dargestellt wurden. Von 1891—1903 ruhte der Betrieb. Seit 1904 ist er wieder aufgenommen; vor kurzem ist wieder ein neues Pochwerk dort eröffnet worden.

Sonstige Schwefelkiesvorkommen.

Von sonstigen Schwefelkiesvorkommen seien erwähnt: das Magnet- und Schwefelkieslager der Grube Friedrich Wilhelm im Glimmerschiefer des Schwarzenberges bei Schreiberhau (J. Roth, Erläut. zur Karte Niederschles. Geb. 1867, 24), die Lager im Dioritschiefer von Waltersdorf südlich von Kupferberg (v. Dechen, Nutzb. Min. und Gebirgsart. i. Deutsch. Reiche 1873, 680) und die tertiären Vorkommen in der Braunkohle und im Alaunschiefer von Muskau bei Rothenburg (vgl. N.-Laus. Monatsschr. 1804, I, 84—96; Glocker, Geogn. Beschr. d. Oberlaus. 1857, 254, sowie Dechen a. a. O. 685). Das Schwefelkiesvorkommen des Einigkeitsganges bei Kupferberg (Kiestrum) ist bereits bei Besprechung der dortigen Lagerstätten erwähnt worden.

Chromerze.

Die Chromeisenerzvorkommen im Serpentin in den Frankensteiner Bergen und am Zobten.

Glocker, Isis, Prag 1822, 419. — Derselbe, Beitr. zur miner. Kenntnis d. Sudetenländer, Breslau 1827. — Breithaupt, Charakteristik 1832, III, 234. — Derselbe, Handbuch 1847, III, 777. — Sandberger, Leonh. Jahrb. 1866, 389. — J. Roth, Erläut. z. Karte Niederschl. Geb. 1867, 108. — Bock, Über einige schles. Min. usw., Inaug.-Diss. Breslau 1868. — Websky, Über Grochauit und Magnochromit, Ztschr. d. d. geol. Ges. XXV, 1873, 394—398. — Kunisch, Chromeisenst. im Serpt. der Groch. Berge, südw. v. Frankenst., Jahresber. Schles. Ges. 1886, **64**, 133. — H. Traube, Die Min. Schles. 1888, 65 und 111. — Kosmann, Jahresber. Schles. Ges. 1887, 228. — Derselbe, Ztschr. d. d. geol. Ges. XLII, 1890, 794—795. — Derselbe, Ztschr. d. d. geol. Ges. XLIV, 1892, 359—362. — Chromerzfunde bei Frankenstein, Tonindustr.-Ztg. 1890, Nr. 48; Stahl und Eisen 1890, 1085; Österr. Ztschr. f. Berg- und Hüttenwes. 1891, 238; Berg- u. Hüttenm. Ztg. 1891, 19 u. 1892, 453—455. — H. Traube, Beitr. z. Min. Schles., Ztschr. d. d. geol. Ges. XLVI, 1894, 50—57.

In dem Serpentin der Grochauer Berge südwestlich von Frankenstein findet sich Chromeisenstein in großen Knollen in der Einsattlung zwischen Grochberg und den Hartekämmen bei den alten Schanzen, eingebettet in eine schalenartig abgesonderte, berggrüne Gangmasse, die sich in feinen Verästelungen in den Chromeisenstein selbst hineinzieht. Glocker teilte in seinen Beiträgen zur min. Kenntn. der Sudetenländer 1827 mit, daß der Chromeisenstein am Harteberg in einem 3 Fuß mächtigen Gange anstehend entdeckt worden sei. In der Nähe der Fundstätte finden sich auch Geschiebe des Erzes, wie bei Riegersdorf und Kühnheide. Bock (s. o. Lit.) nannte das Grochauer Chromeisenerz „Magnochromit", weil es sich durch hohen Magnesiagehalt auszeichnet. Die Zusammensetzung für den Magnochromit ergab:

$$Al^2O^3 = 24{,}39$$
$$Cr^2O^3 = 33{,}25$$
$$FeO = 12{,}47$$
$$MgO = 11{,}41$$
$$\overline{81{,}52}$$

Der fehlende Rest, nämlich 5,71 % SiO^2, 5,22 % Al^2O^3, 1,14 % FeO, 6,87 % MgO und 2,57 % H^2O kommt nach Websky (s. o. Literatur) dem „Grochauit", d. i. der Gangmasse des Magnochromites, zu, der die Zusammensetzung besitzt:

SiO^2	= 28,20
Al^2O^3	= 24,56
FeO	= 5,27
MgO	= 30,94
H^2O	= 12,15
	101,12

Der Grochauit bildet schalenförmig abgesonderte Aggregate von dunkelgrüner Farbe, in kleinen Drusen sind bisweilen millimetergroße, sechsseitige Täfelchen auskristallisiert, die nach der Basis spaltbar sind, das Mineral steht den Chloriten nahe.

Im Serpentin des Schwarzenberges bei Tampadel am Zobten wurde auf Langseifersdorfer Gebiet ein direkt zutage tretender Block von Chromeisenstein gefunden. Seine Mächtigkeit betrug 6 m, bei 8 m Teufe stieß man auf eine Verwerfung. Das Erz wurde zwar später durch einen weiter südlich angelegten Schacht wieder erreicht, aber der Betrieb wurde wegen der ungünstigen Wasserverhältnisse aufgegeben. Nach einer von Laszczynski (bei Traube, Ztschr. d. d. geol. Ges. 1894, 52—53) angestellten Analyse ist die Zusammensetzung dieses Chromites:

Cr^2O^3	= 41,23
Al^2O^3	= 24,58
Fe^2O^3	= 2,28
FeO	= 16,99
MnO	= 0,58
MgO	= 14,77
	100,43

Nach dem hohen Magnesiagehalt ist also das Mineral, ebenso wie der Grochauer Chromit, als Magnochromit zu bezeichnen. Der Chromgehalt ist für die Chromausbeutung zu gering, das Erz wurde deshalb nicht hierfür, sondern zur Darstellung feuerfester Ziegel benutzt.

Der Chromit von Tampadel ist allenthalben mit einem vielleicht dem Grochauit identischen Minerale verwachsen. An den Salbändern gegen den Serpentin, der im vorliegenden Falle wohl aus Diallag hervorgegangen ist, tritt mehr oder weniger stark verwitterter Talk auf mit Einlagerungen von dichtem Feldspat. Auf der Chromitlagerstätte kommen außerdem noch Kämmererit, Rutil, wohl auch Dolomit und selten Chalkopyrit vor.

Im Serpentin des Zobtengebirges ist Chromit (Chromspinell) ein nie fehlender Gemengteil; der Gehalt an Chromit beträgt (vgl. Traube, Beitr. zur Kenntn. d. Gabbros usw., Inaug.-Diss., Greifswald 1884, 34, 36, 40) durchschnittlich ca. 0,6 %. Es bleibt deshalb weiteren Untersuchungen vorbehalten, die Frage zu entscheiden, ob der Chromit der in Rede stehenden Vorkommen ein primäres Differentiationsprodukt darstellt, oder ob er erst bei der Umwandlung des Diallaggesteines zu Serpentin gebildet wurde.

Uranerze.

Vorkommen von Wolfshau bei Krummhübel und von Kupferberg-Rudelstadt.

Fiedler, Min. Schles. 1863, 36—37, 65. — v. Dechen, Nutzb. Min. u. Gebirgsart. i. D. Reich 1873, 673. — Traube, Min. Schles. 1888, 23, 236—237.

Im Pegmatit des Rabensteines zu Wolfshau findet sich Uranglimmer, Uranpecherz eingewachsen in Orthoklas, ferner Uranocker und Uranophan. Auf der Grube Einigkeit zu Kupferberg tritt in einer Granitapophyse Uranpecherz und aus seiner Zersetzung hervorgegangen Uranophan auf, dessen chemische Zusammensetzung, berechnet nach der Analyse von Grundmann (vgl. Websky, Ztsch. d. d. geol. Ges. XXII, 92), lautet:

SiO^2	=	17,08
Al^2O^3	=	6,10
U^4O^6	=	53,33
CaO	=	5,07
MgO	=	1,46
K^2O	=	1,85
H^2O	=	15,11
		100,00

Anmerkung: Zu Rohrlach bei Hirschberg fanden sich im Eisenbahneinschnitt im Granit des Hummelberges in einem Neste von mit zersetztem Orthoklas vermengtem Eisenglanz blätterige Aggregate von gelblichgrünem Autunit.

Kobalterze.

Die Kobalt-Arsen-Zinnvorkommen in den Chlorit- und Glimmerschiefern von Querbach und Giehren südlich von Friedeberg am Queiß.

Nachricht von dem Kobaltbergb. u. dem Blaufarbenwerke zu Querbach, Bergm. Journ., 2. Jahrg., 1789, **2**, 783—816. — Geschichte des schles. Blaufarbenwerkes u. des im Jahre 1780 eingericht. Blaufarbenhandels, Prov.-Bl. 1789, **9**, 419—432. — Fr. Kapf, Beitr. zur Gesch. d. Kobalts, Kobaltbergb. u. d. Blaufarbenwerke, Breslau 1792, 160. — Leonhard, Top. Min. 1843, 321. — Websky, Ztschr. d. d. geol. Ges. V, 1853, 433—435. — Steinbeck, Gesch. d. Schles. Bergb. 1857, 8—28. — v. Cotta, Lehre v. d. Erzlagerst. Freiberg 1861, 2. Teil, 223—224. — J. Roth, Erl. z. Karte d. Niederschles. Geb. 1867, 25—26. — v. Festenberg-Packisch, Met. Bergb. Niederschles. 1881, 8—13. — A. Groß, Der Bergb. bei Giehren und Querbach, Wand. i. Riesengeb. 1893, 83—84. — Fechner, Gesch. d. Schles. Berg- u. Hüttenwes. von 1741—1806; Ztschr. f. Berg-, Hütten- u. Salinenwes. 1901, 414—416; 1902, 265—268.

Giehren und Querbach liegen am Fuße des Iserkammes, 8 km von Friedeberg am Queiß entfernt, im Bereiche des schmalen Glimmerschieferbandes, welches den Gneisen nördlich des Iser- und Riesengebirgsgranitites eingelagert ist. Der Glimmerschiefer bildet am Kontakte mit Gneis eine 1 $^1/_2$—5 m mächtige Zone, welche sehr viel Granat-, Quarz- und Kalkspatadern und eine recht mächtige Lage von Zinn- und Kobalterzen enthält. Diese Zone besteht aus Quarz und Glimmerschiefer, welcher Eisenkies, Magnetkies, Arsenkies, Eisenglanz, Bleiglanz, Blende, Graukobalterz und Zinnerz fahlbandartig enthält. Kobalt und Zinn wurden gewonnen: bei Giehren baute man auf Zinn, bei Querbach vorzugsweise auf kobalthaltigen Arsenkies. Das Kobalterz fand sich teils sichtbar auf Quarz kristallisiert oder diesem imprägniert, teils unsichtbar als sehr feine Teilchen dem Schiefer, Granat oder Kies beigemengt. Das Zinnerz fand sich in der Regel unsichtbar dem Schiefer oder Granat beigemengt, oder auch mit dem Schwefeleisen verbunden. Der Glimmerschiefer von Giehren besteht nach Websky (s. o. Literatur) aus weißem und grauem Glimmer und grauen Lagen von dichtem gemeinem Quarz, welcher sich häufig mit weißer Farbe in linsenförmige Nester konzentriert; ein gewisser Erzgehalt scheint fast allenthalben durch die rostigen Überzüge angedeutet zu sein. Hin und wieder finden sich feine, oft körnig gruppierte Nadeln von Turmalin, wie unterhalb des

Kesselberges bei Giehren. Das Zinnerz wurde besonders in einem Quarzlager auf dem reichen Troste und Hundsrücken abgebaut. Bemerkenswert ist auch ein vielfach auftretender Oligoklasgehalt der Glimmerschiefer.

Der Bergbau bei Querbach wurde besonders auf kobalthaltige Arsenikkiese und auf Glanzkobalt betrieben; er soll seine reichste Erzführung in einem granatreichen Chloritschiefer gehabt haben, den man noch häufig auf der Halde der Maria-Anna findet. Der Chloritschiefer enthielt außerdem noch Eisen- und Kupferkies, am häufigsten Arsenikkies. Die Halde der Maria-Anna liefert noch Kupferkies, Bleiglanz, Speiskobalt, Magnetkies, Blende in Quarzlinsen eingewachsen, und ausgezeichnete Kristalle von Automolit, begleitet von weißem Glimmer und bedeckt von Zinkblende.

Die Vorkommen von Giehren und Querbach sind genetisch von hohem Interesse. Ich kenne die Vorkommen nicht aus eigener Anschauung, habe aber nach den vorliegenden Beschreibungen durchaus den Eindruck, daß es sich hier um eine Kontaktlagerstätte handeln müsse. Der Mineralbestand dieser Vorkommen weist entschieden auf pneumatolytische Exhalationen eines Schmelzflusses hin, und das nähere Studium dieser Lagerstätten dürfte vielleicht zu einer Bekräftigung der bereits mehrfach geäußerten Annahme einer ursprünglich schmelzflüssigen Natur der schlesischen Gneise führen.

Der Giehrener Bergbau blühte besonders im 16. Jahrhundert von 1572—1590. Die ergiebigste Zeche in jener Zeit war der schon erwähnte Hundsrücken. Die Produktion belief sich bis 1590 durchschnittlich auf 700 Ztr. pro Jahr. Innerhalb 14—15 Jahren sollen 5000 Ztr. Zinn dargestellt worden sein. Im 17. Jahrhundert wurde der Bergbau wieder aufgenommen. Als die bedeutendsten Zechen werden genannt: die St. Johannes-Zeche und der schon erwähnte „reiche Trost". Von 1698—1727 ruhte der Giehrener Bergbau. Im Jahre 1729 machte der damalige Grundherr Graf Schaffgotsch den Versuch, den Bergbau im Hundsrücken wieder zu beleben, doch schon 1766 verzichtete die Grundherrschaft auf allen Bergbaubetrieb. Und auch die Versuche unter preußischer Herrschaft zur Wiederbelebung schlugen fehl.

Die Aufnahme des Kobaltbergbaues von Querbach fällt in das Jahr 1769. Am 14. Oktober dieses Jahres wurde Graf Schaffgotsch mit der Fundgrube Maria-Anna belehnt und der Grubenbetrieb wurde sofort kräftig in Angriff genommen. Schon im Jahre 1773 wurde ein Blaufarbenwerk errichtet. Man unterschied drei

Sorten von Erzen, nämlich Scheideerze: Quarz mit Glanz- oder Speiskobalt; Granaterze: Anhäufungen von Granat mit eingesprengtem Glanzkobalt, und Mißpickelerze: Quarz mit eingesprengtem Speiskobalt in Begleitung von Arsenikkies, Kupferkies, Schwefelkies, Bleiglanz, Blende. Nach Verhieb der oberen Erzmittel mußte man zum Bezug fremden, namentlich sächsischen Materiales schreiten, die Ergiebigkeit der Grube verminderte sich: 1790 erhielt man erst aus 300—500 Ztr. Erz einen Zentner Schliech, seit 1818 wurde das Verhältnis erheblich ungünstiger, 1842 wurde der Betrieb des Blaufarbwerkes eingestellt, 1843 die Grube totgefahren.

Das Kobalt-Manganerzvorkommen bei Rengersdorf in der Ober-Lausitz.

v. Rosenberg-Lipinsky, Die Erzfunde und ihre Lagerstätten zwischen Görlitz und Niesky, Ztschr. f. prakt. Geol. 1896, **4**, 213—217; das. auch ältere Literatur.

Das Vorkommen liegt am Heideberge zwischen Wiesa-Kodersdorf und Ober- sowie Nieder-Rengersdorf. Noch im 17. Jahrhundert stand auf dem Südabhange des Berges ein Quarzfelsen an, dessen Klüfte mit einem schwarzen Mineral angefüllt waren. Klaproth (vgl. Rammelsberg, Mineral-Chemie, Leipzig 1860, 184) bestimmte das Mineral als schwarzen Erdkobalt und bestimmte folgende Zusammensetzung:

Kobalt-Manganoxyd	= 19,4 %
Manganoxyd . . .	= 16,0 „
Kupferoxyd . . .	= 0,2 „
Kieselsäure . . .	= 24,8 „
Tonerde	= 20,4 „
Wasser	= 17,0 „
	97,8 %

Das Erz trat nierenförmig in Klüften und Drusen im Quarz auf und durchzog diesen in feinen Schnüren, oder es bedeckte die Klüfte in der Gangmasse als dichter Anflug. Das Vorkommen wurde erst 1872 auf seine Verbreitung untersucht und die Funde unter dem Namen Editha, Adele und Harriet eingemutet. Im Felde Editha auf dem Heideberge ging man mit einer einfallenden Strecke dem Quarz auf 6 m nach. Auch in dieser Stärke fand sich das Erz in Mitteln bis zu 60 cm Stärke vor. Der Quarz zeigte dort ein fast OW-Streichen bei südlichem Einfallen. Das Liegende bestand aus hellgrauem (wohl silurischem) Tonschiefer. Gefördert wurden aus diesem Bau 10 333 Ztr. Erz, welches auf nassem Wege in dem nahen Uhsmannsdorf verarbeitet wurde.

Das Erz enthielt durchschnittlich:

Kupferoxyd . . .	0,422 %
Eisenoxyd . . .	25,070 „
Mangansuperoxyd .	63,516 „
Kobaltoxyd . . .	3,912 „
Nickeloxyd . . .	2,873 „
Wasser	4,100 „
	99,893 %

Der Betrieb wurde 1879 eingestellt.

Nickelerze.

Die Nickelerzvorkommen von Frankenstein.

Glocker, Das Frankensteiner Gebirge, Beitr. z. min. Kenntn. d. Sud., Breslau 1827, **1**, 1—44. — J. Roth, Erläut. zur Karte Niederschles. 1867, 124—125. — Th. Liebisch, Hornblendegneis und Serpent. v. Frankenst., Ztschr. d. d. geol. Ges. 1877, **29**, 729 bis 734. — H. Traube, Inaug.-Dissertat., Greifswald 1884. — Kosmann, Die Nickelerze von Frankenstein, Berg- u. Hüttenm. Ztg. 1890, 111; Österr. Ztschr. f. Berg- u. Hüttenwes. 1890, 401; Glückauf 1893, 835, 863; Jahresber. Schles. Ges. 1890, II, 12—18; Ztschr. f. prakt. Geol. I, 1893, 240. — v. Foullon, Jhrb. Geol. Reichsanst. 1892; Österr. Ztschr. f. Berg- u. Hüttenwes. 1895. — Ebert, Schles. Nickelerze, „Der Berg- u. Hüttemann“, Dresden 1893, Nr. 26. — Aschermann, Beitr. z. Kenntn. d. Nickelerze von Frankenst., Inaug.-Diss., Breslau 1897, 42. — Nickelbergbau in Schlesien, Stahl und Eisen 1901, **21**, 1376. — Illner, Die Nickelerzvork. bei Frankenst. usw., Preuß. Ztschr. f. Berg-, Hütten- u. Salinenwes. 1902, **50**, 816—823 (m. Taf.). — Fechner, Gesch. d. Schles. Berg- u. Hüttenwes., Ztschr. f. Berg-, Hütten- u. Salinenwes. 1902, **50**, 307—310.

Das Nickelerzvorkommen von Frankenstein gehört dem Serpentin an, der sowohl nördlich von Frankenstein: bei Kosemitz, Zülzendorf, Gläsendorf, wie südlich von Frankenstein bei Baumgarten-Grochau auftritt. Dieser Serpentin ist als Umwandlungsprodukt eines Olivinhornblendegesteines aufzufassen. Die Nickelerze sind nickelhaltige Magnesiasilikate, sie sind geknüpft an das sogenannte „rote Gebirge“, eine eisenschüssige, schokoladenbraun bis rot gefärbte, vielfach stark quarzhaltige Gesteinsmasse, in der sich vielfach Schollen von Serpentin finden. Das rote Gebirge selbst enthält 0·5—1 %, stellenweise auch bis 3 % Nickel (Illner), bemerkenswert sind im roten Gebirge Partien von Amphibolit (Aschermann), und ganz besonders von Saccharit. Die Grenze zwischen rotem Gebirge und Serpentin ist nach Aschermann im Gegensatz zu Kosmanns und Foullons Auffassung niemals scharf, sondern stets findet ein allmählicher Übergang von der einen Gesteinsart in die andere statt. Die Nickelerze sind im ganzen roten Gebirge zerstreut, sie treten in (meist nur wenige Zentimeter mächtigen) Klüften, oder als sogenannte Knötchenerze auf. Die Klüfte setzen nach Kosmann auch in den anstoßenden Serpentin fort, sie vertauben aber hier und führen an Stelle des Nickelerzes Kerolith. Kosmann gibt für die Klüfte im allgemeinen ein NS.-Streichen an, Illner behauptet im Gegensatz hierzu, daß das Streichen ein sehr verschiedenes und an keine Regel gebundenes sei. Die Erze selbst sind grün gefärbte, gewöhnlich dichte, talkig oder steinmarkähnlich aussehende Massen, die je nach Zusammensetzung und Nickelgehalt Schuchardtit, Pimelith oder Garnierit genannt werden. Der Schuchardtit stellt apfelgrüne vorwiegend sehr weiche, talkige Minerale mit einem Nickelgehalt von 4—18 % dar. Der Pimelith ist der Hauptbestandteil der Knötchenerze, er ist ein hellgrünes Mineral von meist meerschaumartigem, dichtem Gefüge mit einem Nickelgehalt von 5—7 %. Der Garnierit tritt in Schnüren bis zu 15 mm Stärke, vornehmlich in den Pimelithschichten, auf, er ist dunkelgrün, hat einen Härtegrad von 3—4, muscheligen Bruch und besitzt einen Nickelgehalt von 15—18, in ausgewählten Stücken bis zu 27 %. Meist aber ist der Gehalt ein viel geringerer. Die Erze sind von kieseliger Gangart, Chrysopras, Chrysopal und tonig-kalkigen Substanzen meist stark durchsetzt.

Die Frage der Genese der Nickelerze ist für den Abbau von höchster Bedeutung. Kosmann nahm, wenigstens zuletzt, ebenso wie Illner, eine Zuführung des Nickelgehaltes durch aufsteigende Lösungen aus der Tiefe an, Foullon meint, die Erzkonzentration sei durch Lateralsekretion aus dem Serpentin zu erklären.

Ich habe nach einer Befahrung der dortigen Gruben den Eindruck, daß man für dieses Vorkommen der Lateralsekretionstheorie den Vorzug geben muß; man wird jedoch daneben noch zwei andere Momente: das der primären Differentiation und das der Dynamometamorphose stark betonen müssen.

Von größter Bedeutung ist die Frage, was das „rote Gebirge“

darstellt. Die Einlagerungen von Saccharit und Quarz darin scheinen entschieden darauf hinzudeuten, daß primäre Differentiationen des gabbroiden Magmas stattgefunden haben, deren basischer Pol durch (nickelhaltigen) Olivin und Hornblende gegeben wäre, die sich später zu Serpentin umwandelten. Mit dieser Annahme stimmen die Lagerungsverhältnisse, die allmählichen Übergänge des roten Gebirges in den Serpentin, die Amphibol- und Serpentineinlagerungen im roten Gebirge gut überein. Als zweites Moment trat dann die Dynamometamorphose hinzu, die eine Zerrüttung und Zerklüftung des Gebietes bewirkte und die Vorbedingungen für die intensiven Wirkungen der zirkulierenden Wässer schuf. Diese bewirkten die Umwandlung des Olivins und der Hornblende zu Serpentin und den anderen Magnesiasilikaten: den nickelfreien (Talk, Kerolith), wie den nickelhaltigen (Schuchardtit, Pimelith, Garnierit). Gleichzeitig mit dieser Umwandlung entstanden Quarz, Chrysopras, Chrysopal einerseits und andererseits Magnesit (besonders südlich von Frankenstein — die Selma-Grube bei Baumgarten — abgebaut), auch Magnetit bzw. Brauneisenerz. In den tonig-kalkigen Partien hat man wohl Umwandlungsprodukte der Feldspate und Hornblenden zu erblicken. Auf dynamometamorphe Wirkungen weist auch ganz besonders der entschieden breccienartige Charakter des roten Gebirges hin, welches nur in seinen sauren (Quarz-Saccharit-)Partien fest und widerstandsfähig, sonst aber mürbe und zerreiblich ist. Der Nickelgehalt ist also nach dieser Auffassung primär in dem gabbroiden Magma vorhanden.

Bereits seit 1740 baute man bei Frankenstein auf Chrysopras, den Friedrich der Große sehr schätzte, aber 1786 kam dieser Bergbau zum Erliegen (vgl. Meinecke, Über d. Chrysopras usw., Erlangen 1805). Den sogenannten „unreifen Chrysopras", den Pimelith, erwähnt bereits Glocker in seinem Grundriß der Mineralogie, aber erst seit 1889 wurden ausgedehnte Schürfarbeiten darauf angestellt. Gegenwärtig wird der Bergbau von der Gewerkschaft „Schlesische Nickelwerke" betrieben. Nördlich von Frankenstein liegen bei Kosemitz und Gläsendorf die Benno-Grube und die Martha-Grube, südlich von Frankenstein bei Baumgarten die Selma-Grube. Gegenwärtig gewinnt man das Erz auf der Martha-Grube. Seit 1901 begann auch der regelmäßige Betrieb der bei der Martha-Grube erbauten Martha-Hütte. Die Jahreserzeugung für 1901 betrug 114,29 t Nickel aus 9533 t Nickelerz. Vom 1. Januar 1902 bis 30. Juni 1902 sind 5689 t Erz verschmolzen und daraus 107,66 t Nickel hergestellt worden. Im Jahre 1903 wurden von der Martha-Grube 14056 t, von der Benno-Grube 11429 t, im Jahre 1904 von der Martha-Grube 13515 t Nickelerze gefördert.

Die zur Verhüttung kommenden Nickelerze haben nach Illner ungefähr folgende Zusammensetzung:

SiO^2 . . . . . = 60—65,4 %
MgO . . . . . = 8,5—12 %
Fe^2O^3 und Al^2O^3 = 6—8 % (Fe 4—5 %)
Ni. . . . . . = 2,3—3,5 %
Glühverluste . . = 8—15 %, hauptsächl. H^2O

Arsenerze.

Das Arsenerzvorkommen im Serpentin von Reichenstein.

J. Roth, Erläut. z. Karte Niederschles. Geb. 1867, 204. — M. Websky, Lotos XVII, 115, Prag 1867. — v. Zepharovich, Über die Erzlagerst. v. Reichenstein, Lotos XVIII, 115—126. — Rob. B. Hare, Die Serpentinmasse von Reichenstein und die darin vorkommenden Mineralien, Inaug.-Diss. Breslau 1879. — v. Festenberg-Packisch, Festschr. d. Ver. d. Ingen., Breslau 1888, 24. Bezüglich der sonstigen Literatur s. unter Gold S. 10.

Das wichtigste der dortigen Vorkommen ist das der Grube Reicher Trost. Dieses wird für gewöhnlich als eine innerhalb der dortigen Glimmerschiefer, in der Nähe von Kalkstein auftretende, stockförmige, ca. 80 Lachter mächtige Serpentinmasse bezeichnet, welche von goldhaltigen Arsenerzen ganz durchdrungen ist. Nach Pošepný (s. Literatur unter Gold) wird ein Kalksteinlager von 20—40 m Mächtigkeit im Glimmerschiefer mit einem südwestlichen Streichen und einem steilen Südostfall in der Gegend des Reichentrostschachtes durch einen Serpentingang von 3—5 m Mächtigkeit von Westen nach Osten durchsetzt, wobei aber nicht ausgeschlossen ist, daß nebstdem mehrere dünnere Serpentinadern die Kalkmasse durchschwärmen. Güttler (s. Literatur unter Gold) dagegen, sowie Hare und Festenberg-Packisch (s. oben Literatur) sprechen von einem Erzlager, bestehend aus Kalkstein und Serpentin, die den Glimmerschiefern konkordant eingelagert seien. Dieses Vorkommen besitzt eine Mächtigkeit von 10—40 m, eine streichende Ausdehnung von über 1200 m und setzt in unbekannte Teufe nieder. Der Kalkstein ist dolomitisch, blaugrau, er enthält viel Quarz, häufig findet sich in ihm auch ein grünes, weiches, zähes, serpentinähnliches Gestein, welches aus zum großen Teil zersetztem Glimmer, Kalkspat, Quarz und Feldspat besteht. Der Serpentin tritt in verschiedenen Varietäten auf. Die meiste Verbreitung besitzt eine durch Magneteisen schwarz gefärbte Varietät, die nach Wöhler (Ztschr. d. d. geol. Ges. XIX, 243) die Zusammensetzung besitzt:

MgO	= 36,24
Al^2O^3	= 1,43
SiO^2	= 37,16
H^2O	= 12,15
Fe^3O^4	= 10,66
$FeAs^2$	= 2,07
	99,71

Besonders gegen den Kalkstein zu wird die Farbe des Serpentines heller. Außer aus Kalkstein und Serpentin besteht das Vorkommen noch aus Diopsid-, Tremolit- und Chloritmassen, die sich besonders am sogenannten Kammgebirge finden. Die Arsenerze sind Arsenkies, ganz besonders aber Arsenikalkies, letzterer als Löllingit $FeAs^2$ mit rund 72 % Arsen, oder als Leukopyrit Fe^2As^3 (Zepharovich) mit 66,8 % Arsen. Das Erz durchsetzt die ganze Lagermasse nesterartig eingesprengt, es bildet bald derbe kompakte Massen, bald feinverteilte Imprägnationen. Außer den Arsenerzen brechen auch Magnetit und Magnetkies ein, untergeordnet kommen auch Bleiglanz, Kupferkies, Blende, Schwefelkies und Eisenglanz vor. Über den Goldgehalt des Arsenikalkieses vgl. unter Gold.

In genetischer Hinsicht war Websky (s. oben Literatur) der Ansicht, daß der Serpentin aus einem Feldspataugitgestein unter gleichzeitigem Kontakt mit einer Partie kristallinen Kalkes hervorgegangen sei. Er unterschied zwei Stadien der Umwandlung:

1. Eine Umwandlung des Kalksteines in Diopsid.

2. Eine Umwandlung beider Massen, sowohl des Feldspataugitgesteines, wie auch der Kontaktbildung, in Serpentin.

Hare (s. oben Literatur) behauptet im Gegensatz hierzu, daß der Serpentin den Glimmerschiefern konkordant eingeschaltet sei, und daß er das Umwandlungsprodukt eines Augithornblendegneises darstelle. Er beobachtet bei der Zersetzung des Augithornblendegesteines folgende zwei Umwandlungen:

1. Die Umwandlung der Hornblende und des Augites in faserige Mineralien derselben Gruppe, dieser in Kalkstein und Serpentin.

2. Die Umwandlung der Feldspäte in Kaolin und Epidot, aber auch in Serpentin.

Ich selbst habe bei einer Befahrung der Grube die Überzeugung gewonnen, daß es sich hier weder um einen Serpentingang, noch um Erzlager, noch um eine Konkordanz zwischen Serpentin einerseits und Kalkstein- und Glimmerschiefer andererseits handelt. Meiner Überzeugung nach hatte Websky auch hier wiederum, wie so oft anderswo, das Richtige getroffen. Das Serpentinvorkommen ist durchaus als stockförmig zu bezeichnen, sein Ursprungsgestein muß eruptiver Natur gewesen sein und muß den Arsengehalt (auch den Goldgehalt) primär mit heraufgeführt haben.

Über den Bergbau vgl. unter Gold. Ahrens (s. Literatur unter Gold) gab 1898 an, daß die Produktion an Arsenikalien in den letzten Jahren 1500 t arsenige Säure, 300 t Schwefelarsen und 50—100 t Arsen betrug. Im Jahre 1899 wurden 3256 t, im Jahre 1903 3530, im Jahre 1904 3526 t gewaschener Arsenerze (= ca. 15000 t Roherz) gewonnen.

Die Arsenerzvorkommen im Glimmerschiefer von Rothenzechau bei Schmiedeberg.

M. Websky, Ztschr. d. d. geol. Ges. V, 1853, 430. — J. Roth, Erläut. z. Karte Niederschles. 1867, 90. — v. Festenberg-Packisch, Met. Bgb. Niederschles. 1881, 24—25 und 66—69. — Kosmann, Jahresber. Schles. Ges. 1886 und Berg- u. Hüttenm. Ztg. 1891, 329.

Das Vorkommen von Rothenzechau gehört der Glimmerschieferauskeilung nordöstlich von Schmiedeberg an, die nordwärts streichend im Westen vom Granitit des Riesengebirges, im Osten von Hornblendeschiefern begrenzt wird. Als Einlagerungen im Glimmerschiefer treten dolomitische Kalke auf, die nach Kosmann (vgl. Sitzungsber. d. Ver. f. Gewerbefl. 1892, 253) für die Marmorgewinnung bedeutsam sind. Das Liegende der Dolomite bildet nach Websky ein aus Granat und einem Gemisch von Feldspat und Augit bestehendes Gestein, welches auch stängeligem Vesuvian ähnelnde Partien enthält. Der Glimmerschiefer selbst trägt von Rothenzechau bis nordwärts zum Ochsenkopf einen von dem gewöhnlichen Habitus abweichenden Charakter; er ist sehr quarzreich und von großer Festigkeit, durchzogen von kleinen Schüppchen schwarzen Glimmers und zerstreuten Feldspatkristallen. Nördlich von Kolonie Rothenzechau hart an der Grenze des Granites, der das Liegende bildet, liegt die Grube Evelinensglück. Sie baute auf einem quarzigen Talkschiefer, welcher Arsen-, Eisen-, Magnet- und Kupferkies derb, fein eingesprengt und in Kristallen führt. Als Seltenheit sind mikroskopische Zinnsteinkristalle gefunden worden, in der Nähe kam in derbem Quarz neben kompakten feinkörnigen Arsenikkiesen auch Gilbertit vor. Weiterhin fand sich auch Bleiganz in der Nähe. Das Talkschiefervorkommen ist 3 m mächtig, es setzt gangartig in h. 3,1 streichend und unter 70—80° gegen Südost einfallend im Glimmerschiefer auf. Die Erzmittel stellen kurze, aber mächtige Gangtrümer dar, die Mächtigkeit beträgt 1—2,5 m. Das Haupterz ist Arsenikkies, dessen chemische Zusammensetzung nach Potyka Pogg. Ann. CVII, 302) lautet:

$$\begin{aligned} As &= 44{,}02 \\ S &= 19{,}77 \\ Fe &= 34{,}83 \\ Sb &= \underline{0{,}92} \\ & 99{,}54 \end{aligned}$$

In genetischer Hinsicht wies bereits 1881 v. Festenberg-Packisch darauf hin, daß das Arsenerzvorkommen von Rothenzechau als Kontaktlagerstätte anzusprechen sei, eine Auffassung, die große Wahrscheinlichkeit zu besitzen scheint. In der Tat wird man den Erzgehalt des Vorkommens als Exhalationsprodukt des granitischen Magmas in die Schiefer hinein aufzufassen haben. Das Auftreten von Dichroitgneis am Ochsenkopf — übrigens auch das am Schwarzen Berge bei Schreiberhau — ist wohl als ein Beweis der Kontaktwirkung zwischen Granit und Glimmerschiefer anzusehen. Und die Analogie des Rothenzechauer Arsenvorkommens mit den am Kontakte zwischen Gneis und Glimmerschiefer belegenen Lagerstätten von Giehren und Querbach scheint eine Bestätigung für die bereits früher angedeutete Annahme einer ursprünglich schmelzflüssigen Natur der schlesischen Gneise darzustellen.

Der Bergbau von Rothenzechau ist gleichzeitig mit dem von Altenberg in dem ersten Viertel des 19. Jahrhunderts eröffnet worden. Im Jahre 1874 ging der Besitz der Werke aus den Händen der älteren Gewerkschaft in die Hand einer neugebildeten Gewerkschaft über. Gegenwärtig gehört das Vorkommen zur Bergbaugesellschaft Jüthe & Co. Es ist durch Stollenbau erschlossen. Die geförderten Erze wurden auf dem bei der Grube gelegenen Pochwerke verpocht und auf der sich anschließenden Arsenikhütte zu Arsenikalien (Weißmehl und Arsenikglas) verarbeitet. Nach Kosmanns Mitteilungen vom Jahre 1891 lieferte die jährliche Förderung 6000 Ztr. aufbereiteter Arsenerze. Vgl. auch unter Gold S. 11.

Das Arsen-Kupfer-Bleierzvorkommen im Silur von Altenberg bei Kauffung.

Liebisch, Granitporphyre Niederschles., Ztschr. d. geol. Ges. 1877, **29**, 722—729. — v. Festenberg-Packisch, Met. Bergb. Niederschles., Wien 1881, 25 u. 69—71. — Kosmann, Berg- u. Hüttenm. Ztg. 1891, 329 und Bresl. Gewerbebl., **33**. — v. Rosenberg-Lipinsky, Beitr. zur Kenntn. d. Altenb. Erzbergb., Jahrb. der preuß. geol. Landesanst. f. 1894, Berlin 1895, mit 1 Taf.; Ref. Ztschr. f. prakt. Geol. 1896, **4**, 75—76; daselbst auch sonst. Literatur.

Es handelt sich hier um gangförmige Vorkommen. Das Gebiet, in dem die Gänge aufsetzen, besteht aus nach Gürich (Ztschr. d. d. geol. Ges. 1882, XXXIV, 691) silurischen h. 1—2 streichenden grauen Tonschiefern, in denen Hornblendeschiefer, ferner glimmer- oder sericitreiche Varietäten und Kalke wechselnde Einlagerungen bilden. Hellgelbliche, rotbraun verwitternde Quarzporphyre durchsetzen gangförmig die Schiefer. Schiefer und Porphyre werden ihrerseits von Gangspalten durchsetzt, in denen — wie es scheint fast überall — ein Olivinkersantit (früher „grauer Porphyr" genannt) aufsetzt. Dieses Gestein nimmt auf der Grube „Bergmannstrost" meist die Mitte des Ganges ein und wird beiderseits von derben Erzmitteln begleitet, die ihrerseits gegen das Hangende und Liegende durch deutliche lettige Salbänder begrenzt werden. Der an einer Stelle bis zu 12 m Mächtigkeit ermittelte h. 7 streichende und mit 60—70° gegen Norden fallende Bergmannstrostgang besteht sonach in der Regel aus dem liegenden Salband, der liegenden Erzführung, dem Olivinkersantit, der hangenden Erzfüllung und dem hangenden Salband. Eine symmetrische Anordnung der Erze ist weder durch die Struktur, die eine massig verwachsene ist, noch durch lagenweise Wiederholung der Mineralien angedeutet.

Das Haupterz ist Arsenikkies, daneben kommen weiterhin in Betracht: Kupferkies, Schwefelkies, Fahlerz und Bleiglanz, während selten noch Antimonglanz, Zinkblende, Boulangerit, Epiboulangerit und Bournonit hinzutreten. Die Gangart ist hauptsächlich Quarz, selten Braunspat und Eisenspat. In dem Kersantit selbst ist von Pufahl Silber, Kupfer und Blei nachgewiesen worden. Die Erzmittel finden sich teils unter, teils im und über dem Kersantit. Der Arsenikkies besteht nach Glatzel aus:

$$\begin{aligned} S &= 20{,}25\,\% \\ Fe &= 34{,}35\ „ \\ Sb &= 0{,}05\ „ \\ As &= 43{,}38\ „ \\ \hline & \ 98{,}03\,\% \end{aligned}$$

Bekanntlich ist das Vorkommen außerdem auch silber- und goldhaltig. Nach Pufahl enthält:

Die Tonne Olivinkersantit: 3,31 g Silber und Spuren von Gold.

Die Tonne reiner Kupferkies: 0,849 kg Silber, 5 g Gold.

Die Tonne reiner Bleiglanz: 2,266 kg Silber, Spur Gold.

Ein Gemenge von Kupferkies, Bleiglanz und etwas Fahlerz enthält in der Tonne: 1,876 kg Silber und 1 g Gold.

Ebenso wie der Bergmannstrostgang streichen auch der Arnoldröschengang und die Gänge: Olga Wunsch, Wandas Hoffnung, Hermannsblick, Lüschwitzgrund und Wilhelm h. 6—7, während der Heinitzgang ein Streichen von h. 12 besitzt.

In genetischer Hinsicht hielt v. Festenberg-Packisch die Lagerstätte für eine „echte Kontaktlagerstätte"; Kosmann meint, daß das Empordringen des Porphyrs die Gangspalten aufgerissen hat, während das Material der im Liegenden befindlichen Kalksteine die basischen Lösungen lieferte, durch welche die Metallsalze der aufsteigenden metallischen Laugen gefällt wurden. v. Rosenberg-Lipinsky enthält sich genetischer Betrachtungen. Beyschlag ist in dem Referat der v. Rosenbergschen Abhandlung der Meinung, daß die Füllung der Spalte mit dem Olivinkersantit als ein vor der Erzbildung liegender Vorgang zu vermuten sei.

Ich möchte eher meinen, daß die Erze gleichzeitig mit dem kersantitischen Magma heraufgeführt wurden, ebenso wie ich bei den Kupferberger Vorkommen den Metallgehalt primär in den dortigen Porphyren suchen möchte. Schon Websky wies auf die Analogie des Altenberger nunmehr als Olivinkersantit bezeichneten Ganggesteines mit dem grauen Porphyr im Rudelstädter Revier hin. Die engen Beziehungen, die meiner Ansicht nach zwischen dem Erzgehalt des dortigen blauen Ganges und den grauen Porphyren bestehen, habe ich bereits bei Besprechung der Kupferberger Vorkommen hervorgehoben. Eine andere Frage ist die, in welchen Beziehungen das früher als grauer Porphyr, nunmehr als Olivinkersantit bezeichnete Gestein von Altenberg zu den rötlichgelben Porphyren (Quarzporphyren) steht. Natürlich kann hierüber nur eine eingehende mikroskopische Untersuchung sicheren Aufschluß geben. Ich möchte aber nicht unterlassen auf die Möglichkeit hinzuweisen, daß eine primäre magmatische Differentiation der dortigen Eruptivmagmen stattfand, deren basischen Spaltungspol Olivinkersantit und Erze, und deren sauren Spaltungspol die quarzreichen porphyrischen Gesteine darstellen würden.

Der Bergbau bei Altenberg ist uralt. Die Blütezeit fiel wohl in die Mitte des 13. Jahrhunderts. Im 17. Jahrhundert scheint der Bergbau erlegen zu sein. Gegen Ende des 18. Jahrhunderts empfahl die von Friedrich dem Großen eingesetzte Kommission die Wiedererschließung. Zu Anfang des 19. Jahrhunderts wurden auf Veranlassung der Familie Lüschwitz durch den Heinitzstollen die unbedeutenderen Gänge nordöstlich von Altenberg durchquert, der Bergmannstrostgang wurde durch den Oberstollen gelöst. Von 1815—1850 folgte eine Periode des Aufschwunges, in dieser Zeit wurde auch eine Aufbereitungsanstalt und eine Arsenhütte gebaut. Seit jener Zeit wechselte das Werk mehrfach den Besitzer. Bis vor kurzem befand es sich, wie das Rothenzechauer, in den Händen des Herrn Conrads in Lauban. Es wurden aus dem Bergmannstrostgange nach Rosenberg-Lipinsky nachstehende Erzmengen gefördert:

Von	1801—16 =	?	Ztr.
	1816—20 =	31 704	„
	1820—30 =	116 316	„
	1830—40 =	105 364	„
	1840—50 =	80 405	„
	1850—60 =	93 013	„
	1860—70 =	103 572	„
	1870—80 =	27 875	„
	1880—90 =	122 598	„
	1890—92 =	21 286	„
	Summa	702 133	Ztr.

Gegenwärtig beabsichtigt die Bergbau-Gesellschaft Jüthe & Co. in Magdeburg den Bergbau in großzügiger Weise auszugestalten. Sie hat umfangreiche Aus- und Vorrichtungsarbeiten unternommen, auch die Anlage von drei Schächten durchgeführt.

b) Fossile Brennstoffe

(Steinkohle, Braunkohle, Torf, Anhang: Graphit).

Steinkohle.

Das Niederschlesische oder Waldenburger Revier.

I. Allgemeine Schilderungen (Literaturangabe):

L. v. Buch, Entw. einer geogn. Beschr. v. Schles. 1802. — W. Schulze in Leonhards Taschenbuch 1812, 10—80. — K. v. Raumer, Das Gebirge Niederschles. usw., Berlin 1819. — Zobel und v. Carnall, Geogn. Beschreib. von einem Teile des niederschl., glätz. u. böhm. Gebirges, Karstens Arch. f. Min. 1831, **3**, 3—95, 277—361; 1832, **4**, 3—173. — v. Carnall, Geogn. Vergleich. zw. d. Niederschles. und Oberschles. Gebirgsformationen, Karstens Arch. f. Min. 1832, **4**, 303—361. — Beyrich, Über die Entwick. d. Flözgeb. i. Schles., Karsten u. v. Dechen, Arch. f. Min. 1844, **18**, 3—86. — Göppert, Über die Verschiedenh. d. Kohlenlager Ober- und Niederschles., Schles. Ges. f. 1846, 53—56; 1847. — v. Carnall, Über die Flözzüge d. Steinkohlengeb. auf d. Sekt. Waldenb., Ztschr. d. d. geol. Ges. 1858, **10**, 6—8. — Derselbe, Die geogn. Verh. im Waldenb. Steinkohlenbecken, Jahrb. Schl. Ver. f. Berg- u. Hüttenw. 1859, **1**, 24—25. — Huyssen, Das Steinkohlengeb. a. d. Ruhr u. d. schlesische, Jahresber. schles. Ges. 1863, 28—30. — Schütze, Das Niederschles. Steinkohlenbecken, in H. B. Geinitz, Die Steinkohl. Deutschl. usw. 1865, I, 209—226; 259—262. — J. Roth, Erläut. z. Karte Niederschles. 1867, 330—338. — v. Dechen, Nutzb. Min. u. Gebirgsart. i. D. Reiche 1873, 387—395. — Althans, Über Kartierungsarbeit., 53. Jahresb. Schles. Ges. 1875, 25. — A. Schütze, Geogn. Darst. d. Niederschles.-Böhm. Steinkohlenbeckens., Abhandl. z. Geol. Spez.-K. v. Preuß. III, 1882, **4**, 278. — v. Festenberg-Packisch, Entw., Lage u. Zukunft d. Niederschles. Steinkohlenbergb., Breslau 1886 (2. Aufl. Waldenb. 1892). — G. Gürich, Erläut. zur geol. Übersichtsk. v. Schles., Breslau 1890, 55—70. — E. Dathe, Geol. Beschr. d. Umgeb. v. Salzbrunn, Abhandl. preuß. geol. L.-Anst. 1892, Heft 13. — Derselbe, Übers. üb. d. geol. Verh. v. Niederschles., 5. Bergmannstag, Breslau 1892. — A. Schütze, Geogn.-bergm. Beschreib. d. beid. Waldenb. Bergreviere, Waldenburg 1892. — E. Althans, Die geol. u. bergbaul. Kartenwerke Schles., Breslau, 5. Bergmannstag 1892. —

H. Friedrich, Das Waldenb. Bergland, Waldenburg 1894. — J. Partsch, Schlesien, eine Landesk. f. d. D. Volk, Breslau 1896, 82—92. — Dathe, Oder-Werk, Berlin 1896, 16—18. — F. Frech, Lethaea geognostica, Stuttgart 1899, 1. Teil, **2**, 2. Lief., 331—333. — G. Gürich, Mineralreich, Neudamm 1899, 650—651. — F. Frech, Über d. Bau der schles. Geb., geogr. Ztschr. 1902, 553.

II. Geologisch-Paläontologisches (Grenzen, Petrefaktenführung und Gliederung, Lagerungsverhältnisse, Verbreitung).

Vgl. Literatur unter „Allgemeine Schilderungen"; ferner:

Erdmenger, Die Fuchsgrube bei Waldenburg, Karst. Arch. f. Min. 1832, **4**, 218—252. — Göppert, Über die Bestreb. d. Schles. die Flora d. Vorwelt zu erläut., Karstens Arch f. Min. 1835, 232 bis 249. — Derselbe, Bemerk. üb. d. foss. Flora Schles., Karstens Arch. f. Min. 1835, 581—586. — v. Carnall, Die Sprünge im Steinkohlengebirge, Karstens Arch. f. Min. 1836, **9**, 3—217. — Beinert u. Göppert, Beschaff. u. Verh. d. foss. Flora i. d. versch. Steink.-Ablag. ein. u. dess. Rev. 1849. — Göppert, Über d. foss. Flora d. alt. Steinkohlenf., bes. i. Schl., Karstens Arch. f. Min. 1850, 43—59. — Beyrich, Die geol. Verh. d. böhm. Landest. d. Sektion Waldenb. d. geogn. Karte v. Niederschl., Ztschr. d. d. geol. Ges. 1856, **8**, 14—17. — Göppert, Der verstein. Wald v. Radowenz, Jahresber. Schles. Ges. 1857, **35**, 36—45. — Derselbe, Üb. d. versteint. Wälder im nördl. Böhm. u. in Schles., 36. Jahresber. schles. Ges. 1858, 41—50. — Herter und Porth, Steinkohlenf. bei Eckersdorf, Wochenschr. Schles. Ver. f. Berg- u. Hüttenw. 1859, **1**, 314. — Jokely, Steinkohlenablager. von Schatzlar usw., Jahresber. Reichsanst., Verhandl. 1862, 169—175. — Ferd. Roemer, Üb. d. Vork. v. Rhizodus Hibberti usw., Ztschr. d. d. geol. Ges. 1865, **17**, 272—276. — Geinitz, Üb. ein. selt. Verstein. aus d. unt. Dyas u. d. Steinkohlenf., N. Jhrb. f. Min. 1865, 390. — F. Roemer, Eurypterus Scouleri im Niederschles. Steinkohlengeb., Ztschr. d. d. geol. Ges. XXV, 562, u. 51. Jahresber. Schles. Ges. 1873, 38. — Feistmantel, Verstein. d. böhm. Steinkohlenablager., Paläontographica XXIII, 1875/76. — Stur, Die Flora d. Ostr. u. Waldenb. Schichten, Wien 1877, 1—336. — F. Roemer, Ein neues Gliedertier von der Ferdinandsgr. bei Glatz, 56. Jahresber. Schles. Ges. 1878, 54. — E. Weiß, Pflanzenreste aus d. niederschles. Steinkohlenbecken, Verbreitung d. lieg. u. hang. Flözzug. b. Waldenb., Ztschr. d. d. geol. Ges. 1879, 428. — Derselbe, Flora d. Radow. Schichten, ebd. 439. — Derselbe, Flora d. Schwadow. Schichten, ebd. 633. — Schütze, Ztschr. d. geol. Ges. 1879, **31**, 470ff. — F. Roemer, Reste d. Crustaceengattung Arthropleura aus d. schles. Steinkohlengeb., 58. Jahresber. Schles. Ges. 1880, 128. — E. Weiß, Vertik. Verbreit. v. Steinkohlenpflanzen, Ztschr. d. d. geol. Ges. XXXIII, 175. — Karsch, Ein Spinnentier aus d. schles. Steinkohle, Ztschr. d. d. geol. Ges. XXXIV, 1882, 556. — E. Dathe, Blätter Rudolfswaldau, Langenbielau und Neurode, Jhrb. geol. Landesanst. 1882, 45 u. 1887, 72. — Weiß, Sigillaria minima und Calymmotheca Haueri v. Waldenburg, Ztschr. d. d. geol. Ges. 1882, 818. — Derselbe, Einige Pflanzenreste a. d. Ruben-Grube bei Neurode, Jhrb. d. K. Pr. Geol. Landssanst. 1884, 1. — Derselbe, Foss. Pflanzen v. Salzbrunn, Ztschr. d. d. geol. Ges. XXXVIII, 1886, 914. — D. Stur, Die Karbonflora d. Schatzlar-Schichten: 1. Die Farne 1885, 1—418; 2. Die Calmarien 1887, 1—240. — Schütze, Aufn. i. d. Geg. v. Waldenb. u. Landeshut, Jahrb. geol. Landesanst. 1886, 67—71 und 1887, 87 bis 90. — E. Dathe, Die Diskordanz zw. Kulm und Waldenb. Schichten im Waldenb. Becken, Ztschr. d. d. geol. Ges. XLII, 1890, ebd. 1891, 277—282, ebd. 1892, 351—358 (vgl. Schütze ebenda, 140—148). — R. Althans, Riegelbild. im Waldenb. Steinkohlengeb., Sep.-Abdr. aus Jhrb. d. kgl. geol. Landesanst. XII (für 1891), Berlin 1892. — H. Potonié, Florist. Glied. d. d. Karbon u. Perm, Berlin 1896. — Derselbe, Pflanzenpaläontologie, Berlin 1898. — Weithofer, Schatzlar-Schwadow. Muldenflüg. d. niederschles.-böhm. Steinkohlenbeckens 1897. — F. Frech, Geol. Exkurs. i. Schles., Schles. Ges. Breslau 1899. — Derselbe, Über d. Rotlieg. u. das Karbon a. d. schles.-böhm. Grenze, Zentralbl. f. Min. 1900, 337. — Derselbe, Zur Geol. d. böhm.-schles. Grenzgebirges, Schles. Ges. f. vaterl. Kult., Breslau 1904 (mit Schmidt, Herbing, Flegel). — Gürich, Üb. das sog. Lepidophyllum Waldenburgense Potonié, Zentralbl. f. Min. etc. 1902, 233—239. — E. Dathe, Bericht üb. d. geol. Aufn. auf d. Blätt. Neurode u. Glatz im Jahre 1899, Jhrb. d. königl. preuß. geol. Landesanst. für 1899, Berlin 1900, CV—CXVI. — Derselbe, Kegel- u. brotförm. Sandsteinkörper aus d. Steinkohlenform. d. Rudolph-Grube bei Neurode, Ztschr. d. d. geol. Ges. 1900, Heft 4, 73—75. — Derselbe, Der Porphyr d. Hochwaldes usw., Vortr. d. geol. Ges. 5. Nov. 1902. — Derselbe, Über die Verbreit. d. Waldenb. u. Weißstein. Schichten usw., sowie über das Vork. von Walchia usw., Ztschr. d. d. geol. Ges. 1902, **54**, Verh. 189—193 und 1903, **55**, Verh. 3—10. — Derselbe, Über die geol. Exkurs. in d. Grafsch. Glatz u. Waldenb. Gegend, Ztschr. d. d. geol. Ges. 1904,

Anlage. — A. Schmidt, Über neue den Sattelflözen äquivalente Steinkohlenfunde in der Grafsch. Glatz, Jahresber. Schles. Ges. f. 1902, 20—23. — J. Herbing, Über eine Erweit. d. Geb. d. produkt. Steinkohlenf. bei Landeshut i. Schles., Zentralbl. f. Min. 1904, 403—405. — W. Petrascheck, Zur neuest. Literat. üb. das böhm.-schles. Grenzgebiet, Wien 1904 (Jhrb. d. k. k. geolog. Reichsanst. 1904, **54**, Heft 3 u. 4).

Das niederschlesisch-böhmische Steinkohlenvorkommen stellt eine von Nordwest nach Südost gerichtete Mulde dar, die zwischen dem Eulengebirge im Osten, dem Riesengebirge im Westen, und dem Bober-Katzbachgebirge im Norden gelegen ist. Im Osten lehnt sich das Steinkohlengebirge noch innerhalb der Grafschaft Glatz in einem schmalen Streifen an den Gneis des Eulengebirges an, es verbreitet sich dann im Norden bei Waldenburg ganz beträchtlich. Im Westen, in Böhmen, nimmt es wieder einen schmäleren Streifen ein, indem es zugleich selbst den Saum des Beckens bildet, da hier ein aus älteren Gesteinsmassen bestehender äußerer Saum zur Tiefe gesunken und von Rotliegendem überdeckt ist. Der unterkarbonische Kulm — in welchem Kohlenkalklager mit Productus giganteus, Spirifer striatus und Goniatites sphaericus eingeschaltet auftreten — hat an der Ost- und Nordseite des Beckens große Verbreitung gefunden. Im Osten beginnt der Kulm bei Falkenberg in einem schmalen sich über Hausdorf und Volpersdorf erstreckenden und Gneis und Oberkarbon trennenden Streifen, um dann weiter südlich in der Gegend von Silberberg, Wartha und Glatz sich beträchtlich zu verbreitern. Das zweite, nördliche Kulmgebiet bildet größtenteils den Nordrand des Beckens, im Norden gegen die alten Schiefer des Bober-Katzbachgebirges, im Westen gegen die Ausläufer des Riesengebirges grenzend. Dieses Gebiet ist zwischen Freiburg, Salzbrunn, Ruhbank, Landeshut verbreitet, es zieht sich nach Westen bis in die Gegend von Schatzlar hin, während südlich dieses Ortes das Oberkarbon direkt an die Glimmerschiefer stößt. Im Osten keilt sich diese nördliche Kulmpartie unmittelbar nordöstlich von Waldenburg aus, und das Steinkohlengebirge tritt unmittelbar an den Gneis des Eulengebirges heran, den es in einem schmalen Saum begleitet, bis eben bei Falkenberg die östliche Kulmpartie dazwischentritt. Während die in Rede stehenden Kulmpartien den Ost- und Nordrand, das produktive Karbon selbst, wie erwähnt, den westlichen Saum des Beckens bilden, ist dieser Saum im Südosten unterbrochen: hier dringen die jüngeren Schichten des Rotliegenden und der Kreide (Heuscheuer, Adersbach und Weckelsdorf) über den zwischen Straußenei (nördlich von Cudowa) im Westen und Eckersdorf (halbwegs zwischen Glatz und Neurode) im Osten weggebrochenen Saum nach dem Inneren des Beckens ein. Bei Mittelsteine jedoch westlich von Eckersdorf ist nach neueren Untersuchungen mitten im Rotliegenden ebenfalls Karbon angefahren worden. Das äußerste Ende des nordöstlichen Flügels des Gürtels der produktiven Steinkohlenformation liegt bei Eckersdorf. Von hier aus begleitet die produktive Steinkohlenformation über Schlegel bis Neurode in einem schmalen, aber über eine Meile langen Zuge den Westabhang des Neuroder Gabbrozuges. Nach kurzer Unterbrechung durch das Rotliegende tauchen die Schichten in der Volpersdorfer und Ebersdorfer Gegend wieder zunächst in einer nach Nordwesten geöffneten kleinen Mulde empor, um dann in schmalem Streifen parallel den Gneisen des Eulengebirges nach Nordwesten zu streichen. Die größte Erweiterung des Karbongürtels bis auf 8 km Breite liegt um Waldenburg; gerade hier stellt sich auch der größte Flözreichtum auf zwei Flözzügen ein, innerhalb deren mitten aus dem Kohlenrevier die Porphyrkuppe des Hochwaldes emporsteigt. In der Gegend von Waldenburg greift das Steinkohlengebiet in einer weiten flachen Bucht tief in das nördlich vorgelagerte Kulmgebiet ein. Westwärts bei Landeshut folgt eine zweite flacherere Ausbuchtung, die bis in die Gegend von Liebau hin außerordentlich schmal (kaum 1 km breit) fortsetzt. Von hier aus verbreitert sich der Kohlengürtel wieder, um von Schatzlar ab in Böhmen über Schwadowitz und Hronow so weit südostwärts zu streichen, daß gerade seine Endspitze bei Straußenei (nördlich von Cudowa) wieder auf schlesisches Gebiet übergreift. Auf dem Gürtel der Kohlenformation, oder dicht neben ihm, liegen die wichtigsten, volkreichsten Orte des ganzen Beckens: Neurode, Niederwüstegiersdorf, Tannhausen, Altwasser, Waldenburg, Weißstein, Dittersbach, Hermsdorf, Gottesberg (auf der Porphyrinsel des Hochwaldes), Landeshut und Liebau. Als nordwestlichsten Punkt des Gürtels sah man früher Landeshut an, nach Herbings Untersuchungen (s. oben Literatur) reicht das Oberkarbon nordwestlich von Landeshut zum mindesten wohl 3 km weiter, als die bisherigen Karten angeben.

Was die Petrefaktenführung und Gliederung des Oberkarbons in Niederschlesien anbelangt, so fehlen durchaus Meerestiere. Das Revier gehört also zu dem limnischen oder Saarbrücker Typus. Tierische Reste sind darin nur sehr spärlich gefunden worden, wie einmal Zähne und Schuppen eines Fisches Rhizodus Hibberti Owen in der Rudolph-Grube bei Volpersdorf (vgl. Roemer oben Literatur 1865), spärliche Reste einer Spinne, einer Blattina und von Crustaceen (Arthropleura armata Jord. und Eurypterus Scouleri) in der Rubengrube bei Neurode (vgl. F. Roemer oben Literatur 1873, 1880 und Karsch 1882). Die Gliederung des niederschlesisch-böhmischen Kohlenbeckens beruht daher lediglich auf der eigenartigen Entwickelung der fossilen Flora. Die Grundlage zu ihrer Erkenntnis wurde durch die von Göppert und Beinert 1849 veröffentlichten Preisschrift: „Über die Beschaffenheit und Verhältnisse der fossilen Flora in den verschiedenen Steinkohlenablagerungen eines und desselben Reviers“ geschaffen, später sind die Untersuchungen von Stur und E. Weiß, in neuerer Zeit die von Potonié hervorzuheben. Schon Zobel u. v. Carnall reden von einem liegenden und hangenden Flözzug, die durch ein mächtiges flözleeres Zwischenmittel und den Porphyr des Hochwaldes voneinander getrennt erscheinen. Durch die Untersuchungen von Stur und E. Weiß wurde festgestellt, daß der Hangendzug namentlich in der Umgebung von Schatzlar entwickelt sei, und daß bei Schwadowitz und Radowenz in Böhmen noch zwei höhere karbonische Stufen vorhanden seien. So teilte Stur das Becken in vier Stufen:

1. Waldenburger Liegendzug = Waldenburger Schichten,
2. Waldenburger Hangendzug = Schatzlarer Schichten,
3. Schwadowitzer Schichten,
4. Radowenzer Schichten.

Einige der wichtigsten Gruben aus den verschiedenen Horizonten sind (vgl. Gürich, Mineralreich 651):

Radowenzer Schichten: Neue Gabe Gottesgrube bei Albendorf.

Schwadowitzer Schichten: Idastollen bei Petrowitz.

Hangendzug: Fuchsgrube bei Weißstein (Waldenburg), Rubengrube (Neurode), Prokopigrube (Schatzlar).

Liegendzug: Fixsterngrube (Altwasser), Rudolphgrube bei Volpersdorf (Neurode).

1882 führte auf Grund der Sturschen Gliederung Schütze die Einteilung für das ganze Revier durch, und die beifolgende von A. Schmidt (1904) zusammengestellte Tabelle gibt die Schützesche Gliederung — unter Vergleichung mit Oberschlesien und dem Saarrevier — wieder (siehe Tab. S. 64):

Endlich hat dann Dathe nachgewiesen, daß das flözleere Zwischenmittel (die Reichhennersdorfer Schichten) diskordant auf dem Waldenburger Liegendzuge lagert, und er hat diese Schichten mit dem Lokalnamen: Weißsteiner Schichten belegt. Und weiterhin gelang ihm der Nachweis des Vorhandenseins von Ottweiler Schichten in Niederschlesien, die, wie die Tabelle zeigt, früher ausschließlich vom böhmischen Flügel bekannt waren. Die Ottweiler Schichten sind nach seinen Angaben erstens südlich von Waldenburg in der Gegend zwischen Dittersbach und Steinau einerseits und Alt- und

		Niederschlesisch-Böhmisches Becken		Oberschlesien	Saarrevier
		Preußisch	Böhmisch		
Rotliegendes		Rotliegendes	Rotliegendes	—	Rotliegendes
Oberkarbon, Oberes	oberes	—	Radowenzer	—	obere Ottweiler
Oberkarbon, Oberes	mittleres	—	Hexenstein-Arkosen	—	mittlere Ottweiler
Oberkarbon, Oberes	unteres	—	Idastollener hangender Flözzug	—	untere Ottweiler
Oberkarbon, Mittleres	oberes	hangender Flözzug der Rubengrube	Xaveristollener liegender Flözzug	Karwin-Orzescher Schichten	obere und mittlere Saarbrücker
Oberkarbon, Mittleres	unteres	Waldenburger Hangend-Zug	Schatzlarer		untere Saarbrücker
Oberkarbon, Unteres	oberes	Reichhennersdorfer Sandsteine	—	Sattelflöze	—
Oberkarbon, Unteres	unteres	Waldenburger Liegend-Zug	—	Rybniker u. Ostrauer Schichten	—

Unterkarbon

Neuhain nach Langwaltersdorf-Fellhammer zu andererseits nachgewiesen worden; das zweite in der Grafschaft Glatz belegene Gebiet liegt einerseits an der Westseite des Eulengebirges von Volpersdorf über Köpprich und Hausdorf nach Mölke zu, andererseits an der Westseite des Gabbrozuges von Schlegel über Neurode nach Ludwigsdorf zu; die beiden letztgenannten Züge vereinigen sich nordöstlich von Ludwigsdorf und sind über Rudolfswaldau, Dörnhau bis Niederwüstegiersdorf zu verfolgen. Kohlenflöze fehlen den Ottweiler Schichten auf dem schlesischen Muldenflügel fast gänzlich.

Die Gliederung und Petrefaktenführung des Oberkarbons ist nach F. Frech (Zentralblatt für Min. usw. 1900, 338—340) von oben nach unten folgende:

Oberstes Karbon:

7. Radowenzer Schichten (= obere Ottweiler Schichten) mit fünf Flözen (das mächtigste 40 cm) bei Radowenz und mit Sigillaria *Brardi, Annul. stellata, *Callipteridium, Pecopteris *arborescens, *feminaeformis, *Odontopteris Reichiana und Calam. varians. Stigmaria ziemlich häufig.

6. Rote (flözleere) Sandsteine des sogenannten Versteinerten Waldes am Hexenstein mit verkieselten Stämmen von „Araucarites Schrollianus Goepp.“ (nach älterer Auffassung diskordant aufgelagertes Rotliegendes = mittlere Ottweiler oder Potzberger Schichten).

5. Obere Schwadowitzer oder Idastollener Schichten mit dem IV. Flözzug vom Idastollen bei Petrowitz = untere Ottweiler Schichten mit Alloiopteris grypophylla †, Pecopt. abbreviata und *Pluckeneti, Sphenophyllum longifolium.

Mittleres Oberkarbon:

4. Untere Schwadowitzer Schichten oder Xaveristollner (III.) und hangender Flözzug der Rubengrube (Neurode), hierher wahrscheinlich das Amalienflöz unweit Dittersbach, das 150 m (nach Dathe 1000 m) über der Hauptmasse der Waldenburger Schichten liegt = mittlere und obere Saarbrücker Schichten mit Annularia *stellata, *Ovopteris Schuhmanni, Alloiopt. Essinghi, Pecopteris *abbreviata und plumosa, Sphenopt. obtusiloba, Calamites arborescens. Mariopteris wird seltener.

3. Schatzlarer Schichten oder Hangender Waldenburger (II.) Flözzug mit der überaus reichen Flora der unteren Saarbrücker Schichten (Rhytidolepis, Mariopteris usw.). Liegende Flöze der Rubengrube bei Neurode, Prokopigrube bei Schatzlar, Fuchsgrube bei Weißstein. Die Hangendgruppe enthält im Juliusschacht 19 Flöze und besteht aus einer sehr flözreichen unteren (12 Flöze) und einer flözarmen oberen Zone, deren gesamte Mächtigkeit ungefähr das Doppelte der unteren beträgt. Die unteren 12 Flöze entsprechen einer Schichtenmasse von 120 m, darüber folgt ein flözarmes Sandsteinmittel von 110 m Mächtigkeit. Die darüber liegenden 7—8 Flöze enthalten das 4 m messende Bismarckflöz, die mächtigste Steinkohlenbildung des ganzen Gebietes.

Unteres Oberkarbon (= „Oberkulm“ Stur):

2. Großes flözleeres Mittel, Konglomerate und Sandsteine von Hartau und Reichhennersdorf mit dem porphyrischen Lakkolithen des Hochwaldes = Weißsteiner Schichten (Dathe) = Sattelflöze in OS.

a) Das große Mittel ist ca. 300 m mächtig; es enthält im hangenden Teil die Maximiliansgruppe mit 7—8 im Juliusschacht nicht bauwürdigen Flözen, die aber nach Westen zu bauwürdig werden. Die Maximiliansgruppe besteht aus Sandsteinen, Schiefertonen, Flözen und untergeordneten Konglomeraten und entspricht etwa den gewaltigen Sattelflözen in Oberschlesien.

b) Die liegende Gruppe des großen Mittels bilden massenhafte, meist sehr grobe Konglomerate, denen die Sandsteinlager und ein einziges nur 0,15 m mächtiges Flözchen eingelagert ist. Die Konglomeratanhäufung des großen Mittels ist als ein gigantischer Schuttkegel anzusehen, vor dessen Ablagerung die liegenden Schichten z. T. erodiert worden sind; die Wirkung dieser vorhergehenden Erosion offenbart sich in Form von regelmäßigen Rillen, welche die Oberfläche des höchsten Flözes zuweilen aufweist; an anderen Stellen sind die Flöze der Liegendgruppe teilweise entfernt. So beobachtet man unter den diskordant auflagernden Konglomeraten des großen Mittels in der David-Grube (am Hochwald) nur noch vier Flöze; auf der Böschung des alten Erosionstals stellen sich die übrigen Flöze allmählich wieder ein.

Versteinerungen: Neuropteris *Schlehani, *Mariopt. muricata, *Pecopt. dentata, Sphenophyllum † tenerrimum und † Asterocalamites scrobiculatus.

1. Waldenburger Schichten s. str. oder Waldenburger (I.) Liegendzug (= untere Ostrauer und Rybniker Schichten), enthält 20 Flöze und ist entsprechend der Lagerung am Außenrand des Beckens vielfach steiler aufgerichtet. Das mächtigste Flöz, das vierte (von oben), ist nur 1,10—1,25 m mächtig. Sohlentone und Sandsteine überwiegen, Konglomerate treten zurück. Fixsterngrube bei Altwasser und Rudolph-Grube bei Volpersdorf (Neurode) mit Sphenopt. elegans, divaricata und dicksonioides, Adiantites oblongifolius, Rhodea Stachei, Alloiopt. quercifolia, Sphenophyll. tenerrimum, † Asterocalamites scrobiculatus, Equisetites mirabilis, Lepidodendr. † Veltheimianum und Volkmannianum.

Was die Lagerungsverhältnisse anbelangt, so liegt das ganze Oberkarbon diskordant auf dem von der Gebirgsbildung steil aufgerichteten Unterkarbon (Dathe). Dagegen ist stellenweise eine lückenlose konkordante Verknüpfung mit dem Rotliegenden konstatierbar. Die Lagerung ist im allgemeinen flach, an den Rändern der Mulde bis 40 oder 50° auf kurze Strecken aufgerichtet und nur durch die merkwürdigen Riegelbildungen (Althans) etwas kompliziert. Riegel nennt man die unermittelten Unterbrechungen der Flöze und normalen Sedimente durch typische Konglomeratmassen, welche entweder ein beschränktes inselförmiges Auftreten oder eine gewisse Längsausdehnung zeigen. Nach Althans (vgl. Frech, Zentralbl. f. Min. 1900, 341) scheint die Erklärung, welche nicht tektonische Vorgänge, sondern Auskolkungen durch die Wildbäche und rasch veränderten Flußläufe der karbonischen Gebirgstäler herbeizieht, die einzige in Frage kommende zu sein. Die Lagerungsverhältnisse sind im allgemeinen einfach. Von Brüchen ist vor allem der schon erwähnte bedeutende (Parschnitz-Hronower) Bruch zu erwähnen, der das Absinken des ganzen alten Muldenrandes auf dem böhmischen Flügel bewirkte. Weniger bedeutsam sind die zahlreicheren kleinen Sprünge, die mit der Intrusion des Hochwaldporphyrs im Zusammenhang stehen. Durch die Auffindung von Apophysen, die der Porphyr des Hochwaldes sowohl an seiner Südwestseite bei Kohlau zum Hochberg, wie an seiner Südostseite von Ober-Hermsdorf bis zum Blitzenberg bei Fellhammer entsendet, Apophysen, welche beide die Waldenburger, Weißsteiner und Schatzlarer Schichten durchbrechen, gelang Dathe der Nachweis, daß der Porphyr des Hochwaldes mindestens vom Alter des obersten Oberkarbon, wahrscheinlich sogar von rotliegendem Alter ist. Daraus dürfte sich auch das Alter dieser Sprünge ergeben. Außer diesen Sprüngen besitzen zunächst zwei parallele NW-SO streichende Brüche Bedeutung, die den in die sudetische Richtung fallenden Flözgraben von Rothwaltersdorf-Volpersdorf schufen, dessen Verwurfshöhe Dathe (Jahrb. d. pr. geol. Landesanst. 1899, **20**, S. CXII) zu 1000 m annimmt. Ihm nahezu parallel läuft nach A. Schmidt (Z. Geol. d. böhm.-schles. Grenzgeb., Breslau 1904, 7—8) weiter südlich ein anderes Sprüngepaar, dessen einen bereits Schütze (Abhandl. z. geol. Spez.-K. Preuß. 1882, 213) kennt, während der andere nahe der Grenze der anstehenden Urschiefer durchsetzt. Diese Verwerfungen haben ebenfalls ein Absinken des Karbons zur Folge gehabt, so daß man hier von einem Eckersdorfer Flözgraben reden könne. Das Mittelsteiner Karbonvorkommen, welches derselbe Autor den Reichhennersdorfer Schichten zurechnet, faßt er als einen auf den südlich anstehenden Möhltener Urschiefern aufsitzenden keilförmigen Horst auf, der gegen NNO und gegen SW von divergierenden Brüchen begrenzt werde.

Die größte Verbreitung besitzt der Hangendzug. Ausschließlich tritt er auf von der Landesgrenze bei Liebau bis nach Gablau hin, ferner entlang dem Eulengebirge von Nieder-Wüstegiersdorf bis Hausdorf bei Neurode hin, endlich am Westabfall des Neuroder Gabbrozuges, wo ihm die liegenden Flöze der Ruben-Grube bei Neurode, die Johann-Baptista-Grube bei Schlegel und die Frischaufgrube bei Eckersdorf angehören. Von ganz besonderer Bedeutung ist sein Auftreten in der Waldenburger Steinkohlenmulde. Im westlichen Teil dieser Mulde bauen auf ihm die Gustav- und Gustav-Zubehörgrube in Schwarzwaldau, die kons. Abendrötegrube bei Kohlau, die Jenny-, Gewalt- und Elise-Grube bei Alt-Lässig und Gottesberg, die Karl-Georg-Viktor-Grube bei Neu-Lässig; im östlichen Teile der Mulde die Glückhilf-Friedenshoffnunggrube bei Hermsdorf, die kons. Fuchsgrube bei Weißstein, die kons. Fürstensteinergruben bei Waldenburg, die kons. Melchior-Grube bei Dittersbach (das Bismarck-Flöz!) und die Sophie-Grube bei Charlottenbrunn. Auf böhmischer Seite ist ausschließlich der Hangendzug — besonders stark bei Schatzlar (die Prokopigrube!) — entwickelt.

Weit geringer ist die Verbreitung des Waldenburger Liegendzuges. Er bildet zwischen Eulengneis und Unterkarbon einerseits und dem Gabbro von Neurode andererseits die Volpersdorf-Ebersdorfer Spezialmulde, die durch die Baue der Rudolph-Grube bei Köpprich und der zurzeit gefristeten Fortunagrube erschlossen ist. Außerdem tritt er in der Waldenburger Bucht auf, wir treffen seine Schichten im Felde der David-, David-Zubehör- und Reinhold-Grube bei Conradsthal, der Morgen- und Abendsterngrube zu Altwasser, der Wigand-Grube zu Hartau, der kons. Segen-Gottesgrube bei Altwasser und der kons. Cäsar-Grube zu Reußendorf.

Den unteren Schwadowitzer oder Xaveristollener Schichten gehören die hangenden Flöze der Ruben-Grube bei Neurode, der Wenzeslaus-Grube bei Hausdorf und der Amaliengrube bei Dittersbach an. Über die Verbreitung der oberen Schwadowitzer und der Radowenzer Schichten (beide zusammen als Ottweiler Schichten bezeichnet) in Schlesien ist schon vorher berichtet worden.

III. Mineralogisch-Petrographisches (Gesteinsbeschaffenheit, Kohlenbeschaffenheit, Erzführung).

Außer der schon erwähnten Literatur ist noch hervorzuheben:

Beyrich, Altersbez. d. Melaphyrs u. rot. Porphyrs im Waldenb., Ztschr. d. d. geol. Ges. 1850, **2**, 266—267. — Beinert, Die verschob. u. zertrümm. Kieselgesch. im östl. Revier d. Niederschles.-Waldenb.

Steinkohlengeb., Denkschr. Schles. Ges. 1853. — v. Carnall, Über zerquetschte Kiesel im Steinkohlengeb. v. Waldenb., Ztschr. d. d. geol. Ges. 1854, **6**, 662—663. — H. Rose, Über das von R. Weber aufgefund. Vork. von Nickel- und Chromoxyd in d. Schiefertonen und Brauneisenst. von Volpersdorf. Ztschr. d. d. geol. Ges. 1857, **9**, 187—188. — Herter u. Porth, Gabbro als Geschiebe im Steinkohlengeb., Wochenschr. Schles. Ver. f. Berg- u. Hüttenwes. 1859, **1**, 2. — Dieselben, Die Eisensteine d. Waldenb. Kohlengebirges, ebenda, 1859, 297—299. — Huyssen, Üb. d. unweit Waldenb. entdeckte Quecksilbervork., Jahresber. Schles. Ges. 1863, 30. — Streng, Bemerk. über den Serpentinfels und d. Gabbro von Neurode, N. Jahrb. f. Min. 1864, 255—277. — Websky, Über Diallag, Hyperst. u. Anorth. im Gabbro v. Neurode, Ztschr. d. d. geol. Ges. 1864, **16**, 530—542. — G. Rose, Gabbroform. b. Neurode, Ztschr. d. d. geol. Ges. 1867, **19**, 7 u. 270. — Eck, Gequetschte Kiesel aus ein. Konglom. der Steinkohlenform. von Neurode, Ztschr. d. d. geol. Ges. 1869, **21**, 251. — Th. Liebisch, Die min. Zusammens. d. Gest. v. d. Ostseite d. Schäferberges bei Gottesberg, 52. Jahresber. Schles. Ges. 1874, 31. — Derselbe, Die Granitporphyre Niederschles., Ztschr. d. d. geol. Ges. 1877, **29**, 722. — Derselbe, Kaolin a. d. Steinkohlengeb. b. Neurode, Jahresber. Schles. Ges. 1881, 271. — E. Nöggerath, Unters. üb. d. Heizkr. d. Steinkohl. Niederschles., Waldenburg 1881. — A. P. Coleman, The melaphyres of Lower Silesia, Inaug.-Diss. Breslau 1882. — Dathe, Variolite der Gabbrogruppen in Schlesien, Ztschr. d. d. geol. Ges. 1882, **34**, 432. — H. Traube, Beitr. z. Kenntn. d. Gabbros usw., Inaug.-Diss. Greifswald 1884. — Kosmann, Die Kaolinitformat. auf d. Steinkohlengr. Ruben b. Neurode, Jahresb. Schles. Ges. 1885, 120. — Derselbe, Brandschiefer v. Neurode (Boghead), Jahresber. Schles. Ges. 1887, 195. — H. Traube, Min. Schles., Breslau 1888, 220—221. — Th. Poleck, Zusammensetz. v. Wettergas. aus d. Waldenb. Revier, 74. Jahresber. Schles. Ges. f. 1896, Naturw. Sekt. 24—25. — P. Heimann, Beitr. z. Kenntn. d. Gabbrozuges bei Neurode usw., Halle 1897. — Dathe, Verbreit. der Variolitgerölle in Schles., Ztschr. d. d. geol. Ges. 1901, **53**, Verh. 1—4. — Fr. Schwackhöfer, Die Kohlen Österr.-Ung. u. Preuß.-Schles., Wien 1901. — Mineralkohlen Österreichs, Festschrift, Wien 1904.

Hellfarbene Konglomerate und Sandsteine sind die herrschenden Gesteine; zu ihrem Aufbau ist fast lediglich Quarz in Geröllen und als gröberer und feinerer Sand verwandt worden; spärlich beteiligt sich daran noch Kieselschiefer, noch seltener Quarzitschiefer;

hier und da enthält das Konglomerat auch Gneis und Glimmerschiefer, bei Hausdorf und Ebersdorf auch Gabbrostücke. Nicht selten sind die Kieselgeschiebe zertrümmert und wieder verkittet, ja mit Spiegelflächen versehen, ein Beweis für die Bewegungen, welche die Ablagerungen erfahren haben. Die Quarzgerölle sind oft bis kopfgroß. Durch Feinerwerden des Kornes gehen die Konglomerate in (ebenfalls hellfarbene) Sandsteine über. Die Sandsteine wechsellagern in der Regel mit Konglomeratbänken, aber keines von beiden Gesteinen herrscht auf weite Strecken vor, sondern es findet immer auf kurze Entfernung ein Auskeilen des einen oder anderen statt. Die Schiefertone treten sehr zurück und sind fast stets die Begleiter der Kohlenflöze; sie sind im feuchten und frischen Zustande von blaugrauer Farbe, im verwitterten aber meist hellgrau; sie sind glimmerführend und dünn- bis geradschiefrig. Nur an einzelnen Stellen, wie im Felde von „Segen Gottes", ganz besonders aber auf der Ruben-Grube bei Neurode, kommen feuerfeste Tone vor. Die Produktion hieran auf der Ruben-Grube betrug 1901 ca. 68 000 t, 1902 desgl., 1903 ca. 61 000 t. Häufig enthält der Schieferton knollenförmige Einlagerungen von Sphärosiderit. Technisch wichtiger sind Blackbandvorkommen, die früher besonders auf der Emilie-Anna-Grube bei Gablau und bei Volpersdorf ausgebeutet wurden; aber auch gegenwärtig werden zeitweilig aus verschiedenen Gruben des Waldenburger und Neuroder Reviers Eisensteine gefördert (vgl. unter Eisenerze S. 38).

Ein Hauptcharakteristikum des niederschlesischen Steinkohlengebirges ist sein Reichtum an Porphyren, die in Gängen, Lagern und Stöcken auftreten. Von den Porphyren treten Quarzporphyre durchaus gegen Felsitporphyre zurück. Die Felsitporphyre zeigen eine aus Orthoklas und Quarz innig gemengte, dichte Grundmasse, in welcher diese beiden Mineralien durchaus nicht häufig und stets nur in geringer Größe und unregelmäßiger Form ausgeschieden sind; Magnesiaglimmer fehlt nicht ganz und tritt am häufigsten im Felsitporphyr des Fixsternflözes auf. Die Grundmasse ist von rötlichbrauner bis fleischroter, in der Umgebung von Gottesberg und an einigen Stellen der Baue der Glückhilfgrube von weißer Farbe. Eine regelmäßige Absonderung ist nirgends vorhanden. Der Felsitporphyr bildet innerhalb des Beckens die größten Erhebungen: den Hochwald (850 m), den Hochberg (709 m), den Schwarzenberg (848 m) und das Sandgebirge (743 m). Porphyrit (früher mit dem eigentlichen Melaphyr vereinigt) tritt am Rande und innerhalb der Felsitporphyrmassen in dem Zuge von den Butterbergen bis zum Sandgebirge auf. Auf dem Ostrande dieses Zuges treten auch die bekannten Konglomeratporphyre (Beyrich) auf, die durch das Eindringen des Porphyrs in die Konglomerate entstanden, Gesteine, welche in Porphyrmasse eingebacken mehr oder weniger zahlreiche Geschiebe (namentlich von Quarz) enthalten. Als einen Olivin-Melaphyr bezeichnet Dathe das bekannte Gestein von der Ostseite des Schäferberges bei Ober-Hermsdorf. Über das Alter der Eruptivgesteine vgl. unter „Lagerungsverhältnisse“ S. 67.

Die Steinkohle selbst ist meist geschichtete Schieferkohle; Pechkohle, Faserkohle und Kannelkohle treten nur in ganz untergeordneten Partien auf. Bezüglich des Heizwertes, des Verkokungs- und Vergasungswertes ergaben Untersuchungen (s. Nöggerath, oben Literatur) folgendes Gesamtdurchschnittsresultat:

Zusammensetz. d. aschenhalt. Kohle				Ein Pfund d. aschenhalt. Kohle gibt		Koks aus der aschenfreien Kohle %
Kohlenstoff %	Wasserstoff %	Sauerst. u. Stickst. %	Asche %	Wärmeeinheiten	Pfund Dampf	
79,71	5,17	9,32	5,78	7655	7,94	69,1

	Erzielte Dampfmenge von 100° Temperatur per 1 kg Kohle und Wasser von 0° bei Anwendung von		Kohlenverbrauch pro Std. und qm Rostfläche bei Anwendung von	
	Planrost-feuerung	Generator-feuerung	Planrost-feuerung	Generator-feuerung
Niederschlesien .	7,89	9,64	44,98	61,33
Im Vergleich hierzu erzielten:				
Königin-Luisen-grube O/S. .	7,29	8,42	64,68	75,96
Die Schatzlarer Kohlenwerke .	4,58	—	73,11	—
Die Ostrauer Kohlenwerke .	7,56	9,81	59,73	72,14

Es ergaben Analysen niederschlesischen Kokses:

	Probe I	Probe II	Probe III
Asche . .	9,58 %	6,64 %	8,62 %
Wasser . .	0,03 „	0,07 „	0,05 „
Kohlenstoff	88,42 „	90,82 „	89,14 „
Wasserstoff	0,28 „	0,65 „	0,29 „
Schwefel .	0,29 „	0,21 „	0,22 „
Phosphor .	0,003 „	0,003 „	0,003 „

Aus den Jahren 1892—1900 veröffentlicht Schwackhöfer (s. o. Literatur) 46 Analysen niederschlesischer Kohlen. Die Mächtigkeit der Flöze ist namentlich im Liegendzuge gering, und oft werden die Flöze noch durch Zwischenmittel getrennt; ihre größte Mächtigkeit beträgt in der Regel 1—1$^1/_2$ m, seltener sind Flöze, die 2—3$^1/_2$ m Stärke aufweisen. Die Flöze halten zwar auf einige Erstreckung aus und sind oft durch mehrere Grubenfelder nachzuweisen, aber keines läßt sich auf weite Erstreckung verfolgen, so daß man von wirklichen Leitflözen nicht reden kann. Die Zahl der Flöze beträgt 65, von denen 31 mit einer Gesamtmächtigkeit von 42 m abbauwürdig sind. Die Kohlenmulde ist am vollständigsten und mit dem größten Kohlenreichtum zwischen Schwarzwaldau und Charlottenbrunn entwickelt. Von hier in südöstlicher Richtung vermindert sich die Mächtigkeit der Formation sehr bedeutend, wird erst bei Mölke und Hausdorf mächtiger und nimmt dann im allgemeinen bis Eckersdorf an Kohlenreichtum zu. Zwischen Liebau und Landeshut treten nur sehr schwache Flöze auf. Berühmt ist die Anthrazitisierung der Steinkohle in der Fixsterngrube bei Altwasser im Kontakt mit Porphyr. Die hangenden Flözgruppen enthalten im allgemeinen mehr Backkohlen als die liegenden, der Fallwinkel ist im allgemeinen auf den liegenden Flözen ein größerer. Der Bergbau hat wegen des steileren Einfallens der Flöze am Rande der Mulde mit größeren Schwierigkeiten zu kämpfen.

Bezüglich der Erzführung des Steinkohlengebietes ist zu bemerken, daß die Kohle häufig Pyrit (Albendorf bei Landeshut), seltener Galenit (Straußenei, Neurode), Kupferkies, Blende als dünnen Anflug (Ruben-Grube bei Neurode) enthält. Die Einlagerungen von Sphärosiderit und besonders von Blackband sind schon erwähnt worden. Bezüglich des Quecksilbervorkommens vom Schäferberge zwischen Gottesberg und Hermsdorf, sowie der bekannten Blei- und Silbergänge von Gottesberg, auf denen früher mehrere Jahrhunderte hindurch ein ergiebiger Bergbau umging, vgl. unter „metall. Mineralien" S. 16 u. 19. Gegenwärtig gewinnt man nur noch zu technischen Zwecken am Plautzenberge den Baryt, der das Gangmittel der alten Erzgänge bildete.

IV. Geschichtlich-Ökonomisches.

Steinbeck, Gesch. d. Schles. Bergbaues, Breslau 1857. — Gedicke, Gesch. d. schles. Bergbau-Privilegien, Ztschr. f. Bergrecht XV, 1874, 219—259. — v. Festenberg-Packisch, Entwick., Lage u. Zukunft d. Niederschles. Steinkohlenbergb., Breslau 1886. — R. Nasse, Die Kohlenvorr. d. eur. Staat. usw., Berlin 1893. — Fechner, Gesch. d. Schles. Berg- u. Hüttenwes. von 1741—1806, Ztschr. f. Berg-, Hütten- u. Salinenwes. i. Preuß. Staate 1900, 1901, 1902. — Festschrift zur Feier d. 25jähr. Bestehens des Vereins für die bergbaul. Interess. Niederschles., Waldenburg 1901. — Fr. Frech, Lethaea geogn., 1902, II, 446. — Derselbe, Über Ergiebigk. und voraussichtl. Erschöpf. d. Steinkohlenlager, Stuttgart, E. Schweizerbart. — O. Simmersbach, Die Steinkohlenvorr. d. Erde, Stahl und Eisen 1904, 1347—1359.

Der Steinkohlenbergbau bei Waldenburg ist vielleicht so alt wie der sächsische, — die erste Urkunde über ihn rührt vom 20. September 1594 her —, aber er ist lange Zeit unbedeutend gewesen. Er hob sich erst in der zweiten Hälfte des 18. Jahrhunderts. Als Graf Reden 1780 die Oberleitung über das preußische Bergwesen übernommen hatte, bestanden in Niederschlesien 31 verliehene Steinkohlenwerke, von welchen 26 betrieben wurden. Die Jahresförderung betrug 25317 t mit einem Geldwert von 98760 Mk. Im Jahre 1791, wo Oberschlesien kaum die ersten Anfänge einer Steinkohlengewinnung aufzeigen konnte, wurden in Niederschlesien bereits 83540 alte Tonnen (à 7 Ztr.) im Werte von 316509 Mk auf 30 Gruben durch 529 Arbeiter gefördert. Seitdem stieg die Förderung allmählich, so daß bereits im Jahre 1818 240150 t im Wert von 964866 Mk. auf 32 Werken durch 1550 Arbeiter gewonnen wurden. Auf dieser Höhe hielt sich die Förderung nahezu unverändert bis Ende des vierten Jahrzehnts des 19. Jahrhunderts. Seitdem aber entwickelte sich bei Waldenburg und Altwasser, namentlich durch die Porzellanmanufaktur, ein reges industrielles Leben. 1851 wurden schon von 36 Werken 400032 t im Werte von 2214447 Mk. gefördert. Der Weiterbau der Eisenbahn Breslau-Freiburg bis Waldenburg im Jahre 1854 wirkte außerordentlich förderlich auf die Produktion, so daß 1861 schon etwa 756000 t im Werte von rund 4250000 Mk. gefördert wurden, also nahezu eine Verdoppelung der Produktion gegen 1851 erzielt worden war. Das nächste Jahrzehnt brachte gar nahezu eine Verdreifachung der Produktion hervor: infolge des Prager Friedensschlusses, der den Anschluß an das österreichische Eisenbahnnetz bewirkte, sowie der Weiterführung der Freiburger Bahn bis Hirschberg-Görlitz. So stieg die Produktion 1871 auf 1970000 t im Werte von rund 13670000 Mk. Während Niederschlesien bis zu dieser Zeit in der Produktionssteigerung mit Oberschlesien gleichen Schritt gehalten hatte, blieb es seitdem zurück. 1881 wurden in Niederschlesien rund 2700000 t, 1891 3400000 t, 1901 4700000 t Steinkohlen gefördert. Die Produktion im Jahre 1902 betrug 4569686, im Jahre 1903 4920180 t. Die Eröffnung der Eisenbahnlinie Dittersbach-Glatz im Jahre 1881 hob sehr die Bedeutung der Neuroder Gruben.

Bezüglich des Kohlenvorrates hat 1890 das Breslauer Oberbergamt in den nördlichen Bergwerksfeldern des preußischen Anteils 935 Millionen Tonnen als vorhanden ermittelt. Davon gehen ab 100 Millionen Tonnen, die in den Sicherheitspfeilern stehen bleiben. Hieraus berechnete R. Nasse, daß von 1890 an der Vorrat des niederschlesischen Beckens noch für 250 Jahre ausreichen würde. F. Frech (Lethaea II, 446) kommt zu derselben Schätzung, indem er einerseits die Produktionssteigerung (von 1890—1900 um ca. 25%), andererseits aber auch die in den durch Bohrungen noch gar nicht erschlossenen tieferen (inneren) Teilen des Beckens vorhandenen Kohlenvorräte in Betracht zieht.

Steinkohlenvorkommen in der Kreide bei Wenig-Rackwitz bei Löwenberg, bei Ullersdorf, Ottendorf und Neuen bei Bunzlau.

v. Dechen, Das Flötzgebirge am nördl. Abfalle d. Riesengeb. 1838. — E. Beyrich, Üb. d. Lag. der Kreideform. i. Schles. Geb., Abh. Akad. d. Wissensch. Berlin 1855, **26**, 57—81. — E. F. Glocker, Geogn. Beschreib. d. Oberlaus., Görlitz 1857, 205. — A. Kunth, Üb. die Kreidemulde bei Lähn, Ztschr. d. geol. Ges. 1863, **15**, 714 bis 745. — R. Drescher, Üb. d. Kreideb. d. Geg. v. Löwenberg, Ztschr. d. d. geol. Ges. 1863, **15**, 291—366. — Klocke, Die tonigen Schichten, welche die Kohle der Kreideform. bei Ullersdorf begleiten, N.-Laus. Mag. 1864, XLI, 260—265. — A. Kunth, Überquaderkohle in Niederschles., Ztschr. d. d. geol. Ges. 1864, **16**, 603 (vgl. auch 1863, **15**, 654—655). — v. Dechen, Nutzb. Min. Deutschl., Berlin 1873, 428. — E. Weiß, Senone Kohlen von Klitschdorf a. Qu., Ztschr. d. geol. Ges. 1878, **30**, 221. — G. Williger, Die Löwenb. Kreidemulde usw., Jahrb. geol. Landesanst. 1881, 55—124. — Traube, Min. Schles., Breslau 1888, 220.

Es wurden im senonen Quadersandstein der dortigen Gegend drei Flöze einer durch Ton verunreinigten Steinkohle mit zusammen 97—115 cm Mächtigkeit innerhalb einer Gebirgsmächtigkeit von 10 m erschlossen. Die Flöze fallen mit 5—15° ein und halten auf weite Erstreckung aus: gegen West bis Gießmannsdorf und Siegersdorf, gegen Ost bis Kroischwitz und Hohlstein. v. Dechen gibt die geförderte Kohlenmenge für 1872 auf 40686 Ztr. Steinkohlen an. Das Steinkohlenwerk König Wilhelm bei Ullersdorf bei Naumburg a. Qu. förderte 1886 2722 t im Werte von 24389 Mk. Der Betrieb auf König Wilhelm wurde 1894 eingestellt, in welchem Jahre noch eine Förderung von 1497 t im Werte von 14595 Mk. zu verzeichnen ist.

Braunkohle.

Die niederschlesische Braunkohlenformation.

C. G. Weimann, Über den Braunkohlenbergbau bei Grünberg, Übers. Arb. Schles. Ges. 1841, 72—75; 75—80. Vgl. 1843, 112 bis 114. — Duflos, Analyse d. Laasaner Braunkohle, Übers. Arb. Schles. Ges. 1844, 227. — F. W., Das neueste große Braunkohlenlager in Schlesien (Laasan), Carlo's Allg. Schles. Monatsschr. 1844, 35—37; vgl. Übers. d. Arb. Schles. Ges. 1844, 224—227. — Göppert, Das Braunkohlenlager bei Laasan, v. Leonhard u. Bronn, N. Jhrb. f. Min. 1845, 351. — Rimann, Das Braunkohlenbergw. zu Schmarker bei Stroppen, Prov.-Bl. 1846, 52—54. — Ludwig, Braunk. u. Basalt bei Bremberg, Ztschr. d. d. geol. Ges. 1849, **1**, 256—259. — Zobel, Üb. d. Braunkohlenablag. bei Poppelwitz u. Wilschkowitz im Nimptscher Kreise, Übers. Schles. Ges. f. 1848, 59—62, 1849. — Göppert, Üb. einen im Braunkohlenlager in Laasan entdeckten Stamm, Arb. Schles. Ges. 1849, I, 34—36. — Derselbe, Beitr. z. Tertiärflora Schles., W. Dunker u. H. v. Meyer, Paläontographica 1852, II, 257—285. — K. v. Oeynhausen, Tertiärflora v. Canth, Ztschr. d. d. geol. Ges. 1852, **4**, 525. — Göppert, Üb. die Braunkohlenflora d. nordöstl. Deutschl. ebd. 1852, 484 bis 496. — Derselbe, Üb. die Tertiärflora d. Umgeg. von Breslau, 30. Jahresber. Schles. Ges. 40—42. — Derselbe, Die tertiäre Flora von Schossnitz i. Schles., Görlitz 1855. — Derselbe, Üb. die Braunkohlenform. i. Schles., Jahresber. Schles. Ges. f. 1856, 27—28. — Beyrich, Üb. d. Alter d. Niederschles. Braunkohle usw., Ztschr.

d. d. geol. Ges. 1855, **7**, 300—301. — Derselbe, Zusammens. d. nördl. Tertiärs 1856, 8—12 u. 16. — Glocker, Geogn. Beschreib. d. Oberlausitz, Görlitz 1857, 228—240. — Göppert, Üb. d. Braunkohlenablag. v. Hennersdorf bei Jauer, 35. Jahresb. Schles. Ges. 1857, 24. — Jäckel, Üb. d. Basalte Niederschles. ebd. 1857, 24 bis 35. — Braunkohle bei Penzig, Wochenschr. Schles. Ver. f. Berg- u. Hüttenwes. 1859, **2**, 29. — Braunkohlengrube bei Lentsch im Kreise Neisse, Schles. Wochenschr. 1860, **2**, 265. — v. Carnall, Üb. Braunkohle u. mergelart. Basalttuff bei Hennersdorf, Ztschr. d. d. geol. Ges. 1862, **14**, 13—14. — Kunth, Braunkohlengrube bei Lauban, Ztschr. geol. Ges. 1863, **15**, 654—655. — Fiedler, Min. Schles., Breslau 1863, 8—11. — Roth, Erläut. z. Karte Niederschles., Berlin 1867, 370—378. — Zincken, Physiogr. d. Braunkohlen 1867, 764—773. — Roemer, Geol. Oberschles. 1870, 411 bis 418 u. 529—530. — Giebelhausen, Braunkohlenbild. d. Mark Brandenburg u. d. nördl. Schles., Ztschr. f. Berg-, Hütten-, Sal-Wes. i. Preuß. 1871, **19**, 45. — Friedrich, Geogn. Beschreib. der Südlausitz usw., Zittau 1871 (Schulprogramm). — Orth, Geogn. Durchforsch. d. schles. Schwemmlandes, Berlin 1872, 21—29. — v. Dechen, Nutzb. Min. Deutschl., Berlin 1873, 429—512. — F. Roemer, Die Ergeb. eines Bohrloches 1 $^1/_2$ Meilen südl. v. Breslau, 54. Jahresber. Schles. Ges. 1876, 35. — P. Trippke, Beitr. z. Kenntn. d. schles. Basalte, Ztschr. d. d. geol. Ges. 1878, **30**, 427. — F. Roemer, Eine Walnuß (juglans) aus dem tert. Braunkohlenlag. d. Georg-Felix-Grube bei Weigersdorf unweit Görlitz, 57. Jahresber. Schles. Ges. 1879, 183. — Gürich, Tiefbohr. b. Breslau, 62. Jahresber. Schles Ges. 1884, 234. — Derselbe, Ein. Bohr. i. d. Nähe v. Breslau, 63. Jahresber. Schles. Ges. 1885, 121. — Kunisch, Die neueste Tiefbohr. im Weichbilde v. Breslau, ebd. 1884, 253. — Berendt, Die märk.-pomm. Braunkohlenform., Jhrb. geol. Landesanst. 1883, 643. — Derselbe, Tertiär im Bereiche der Mark Brandenburg, Sitzungsber. Akad. d. Wiss. 1885. — Derselbe, Geogn. Skizze der Geg. v. Glogau, Jhrb. geol. Landesanst. 1885, 355. — Engelhardt, Schriften d. phys.-ökon. Ges., 27. Jahrg. 1886, 93. — Jäkel, Diluv. Bild. im nördl. Schles., Ztschr. d. geol. Ges. 1887, 277. — Kunisch, Üb. die zwei jüngsten Tiefbohr. v. Breslau, 65. Jahresber. Schles. Ges. 1887, 253. — Gürich, Erläut. z. Karte Schles., Breslau 1890, 147—150. — Schröder, Gedenkblatt d. Grünberger Bergb. 1890. — G. Berendt, Lagerungsverh. d. norddeutschen Braunkohlenablag., Ztschr. geol. Ges. 1892, **44**, 335—340. — v. Rosenberg-Lipinsky, Verbreit. d. Braunkohlenform. im nördl.

Schles., Berlin 1892, Schade; Ref. Ztschr. f. prakt. Geol. 1894, 2, 98—99. — O. v. Gellhorn, Die Braunkohlenhölzer in der Mark Brandenburg (Jahrb. pr. geol. Landesanst. 1893). — O. Hermann, Die wichtigst. Result. d. neuen geol. Spezialaufnahm. i. der Oberlaus., Vortrag i. Görlitz, Naturf. Ges. 1895. — Partsch, Schles., eine Landeskunde, Breslau 1896, 153—155. — Die Lage der Braunkohlenindustrie in der Lausitz, Glückauf XXXVIII, 1902, 363. — Berendt, Pos. Flammenton im Kreise Militsch, Monatsber. d. Geol. Ges. 1903, Nr. 3. — Bergbau in der Görlitzer Heide, Schles. Ztg. 1903, Nr. 60. — Heinicke, Beschreibung der oberen (miocänen) Braunkohlenform. innerh. d. Görlitz-Ostritz-Seidenberger Beckens, Braunkohle 1903, I. Jahrg., 537—542, 549—553, 561—564. — Derselbe, Beschreib. d. ob. tert. Braunkohlenform. zwischen Görlitz und Lauban, Braunkohle 1903, II. Jahrg. 189—195, 205—210. — Derselbe, Beschreib. d. Braunkohlenablag. bei Muskau usw. und im südl. Teile des Rothenburger Kreises usw., Braunkohle 1904, III, 137—140, 153—159, 197—204, 213—219, sowie 1905, III, 607 bis 612, 623—628, 639—642. — Kegel, Entwick. d. deutschen Braunkohlenbergbaues im vorigen Jahrzehnt, Braunkohle 1905, III, 593—599. — Michael, Üb. das Alter der subsudet. Braunkohlenformation, Juni-Protok. d. Geol. Ges. Jahrg. 1905.

Die Braunkohlenformation ist in Schlesien außerordentlich verbreitet, allenthalben stehen im nordwestlichen Teile der Provinz unter dem Diluvium tertiäre — miocäne — braunkohlenführende Schichten an. An vielen Punkten, wie bei Seidenberg, Marklissa, Frankenstein, Reichenstein, treten diese Bildungen hart an den Rand des Gebirges heran, in sein Inneres aber dringen sie nur ein, wo eine Bucht, wie die des Ölsetales (Langenöls, Krummenöls) zwischen dem Isergebirge und dem nördlich vorlagernden Tonschieferzuge sich öffnet. Das Braunkohlenterrain erstreckt sich in Schlesien von der Lausitz über den Bober bis nach Oberschlesien hin; als seine Südostgrenze kann man einen großen Bogen annehmen, der sich von Frankenstein über Patschkau, Neisse, Krappitz (hier an die oberschlesische Muschelkalkplatte stoßend) weiterhin über Konstadt nach Polnisch-Wartenberg hinzieht. Vornehmlich in den Flußtälern hat sich die Braunkohle abgelagert, ihr Ursprungsmaterial ist großenteils als Treibholz zu betrachten, das in den Flußtälern angestaut und angehäuft wurde, sporadisch sind auch Andeutungen für autochthone Bildung vorhanden. Das Braunkohlengebirge nähert sich stellenweise sehr der Oberfläche: bei Klettendorf, 1 Meile westlich von Breslau, ist es in einer Tiefe von 2 m angetroffen worden, die

Bohrungen in Breslau selbst erreichten es meist bei 30—40 m. Von bergmännischen Versuchen auf Braunkohle gibt Fiedler (s. oben Literatur) folgende an:

Blumenthal und Lentsch bei Neisse, Bremberg bei Liegnitz, Buchelsdorf bei Grünberg, Chrzumczütz und Chrzowitz bei Oppeln, Dambitsch bei Prausnitz, Geibsdorf und Langenöls bei Lauban, Goldberg, Grochau bei Frankenstein, Halbendorf, Heinersdorf, Hennersdorf bei Liegnitz, Ingramsdorf und Laasan bei Striegau, Lehmwasser, Matzkirch bei Leobschütz, Mahliau bei Trebnitz, Naumburg am Bober, Nenkersdorf bei Beuthen a. O., Polgsen bei Wohlau, Patschkau, Poppelwitz und Wilschkowitz bei Nimptsch, Rauske, Rosenberg, Rosenthal bei Breslau, Reichenbach, Rybnik, Schweinitz, Schloin, Schönau, Saarau, Schönwitz, Schwanowitz bei Brieg, Striese und Schmarker bei Stroppen. In der Oberlausitz: Muskau, Neudorf a. Qu., Wehrau, Teicha, Moholz, Prauske, Hermsdorf, Radmeritz.

v. Rosenberg-Lipinsky (s. oben Literatur) behandelt folgende Aufschlüsse, wobei er die wichtigen Vorkommen der Lausitz nicht in Betracht zieht:

1. Das Gelände von Polnisch-Wartenberg; 2. Die Trebnitzer Berge (mit den Gruben „kons. Albert" bei Siegda, seit 1850 und „kons. Otto" bei Schmarker, etwa seit 1870 im Betriebe); 3. Das Gelände zu Köben (Betrieb der Grube „kons Melanie" 1874—1878), 4. Das Gelände zu Raudten (Betrieb 1875—1881); 5. Das Gelände zu Suckau; 6. Die Dalkauer Berge (auf dem Zuge Nenkersdorf-Baesau-Gr.-Würbitz 1870—1890 Abbau) und der Freystädter Höhenzug (1861—1863 Betrieb bei Maerzdorf in dem Felde Emilie, 1864—1889 bei Naumburg in den Feldern Julius und Ferdinandswille); 7. Der Grünberger Höhenzug, a) der südliche Flözzug zwischen Droschkau und Reichenau; b) der nördliche Flözzug Grünberg-Lättnitz (das bedeutendste Vorkommen des in Rede stehenden Gebietes, seit 1841 bekannt und von dem Bergwerk „kons. Grünberger Gruben" bebaut).

Gegenwärtig sind folgende Braunkohlengruben in Schlesien im Betriebe:

1. Im Regierungsbezirk Liegnitz, zu dem auch die wichtigen Gruben der Oberlausitz gehören, in der der Schwerpunkt der schlesischen Braunkohlenindustrie liegt:

a) Im Kreise Grünberg die kons. Ferdinand-Grube in Droschkau, die kons. Grünberger Gruben in Grünberg und die niederschles. Kohlenwerke bei Grünberg.

b) Im Kreise Sagan die Gruben Augusteglück in Alt-Kleppen,

Conradi bei Ober-Hartmannsdorf, Hela bei Quolsdorf und die kons. Tschöpelner Braunkohlen- und Tonwerke.

c) Im Kreise Lauban O.-L. die Gruben Kaiser-Wilhelm in Ober-Lichtenau, Luise in Nieder-Schönbrunn, Reservefeld in Ober-Lichtenau und Vereinsglück in Lichtenau.

d) Im Kreise Görlitz O.-L. die Görlitzer Braunkohlenwerke Friedrich-Anna zu Moys bei Görlitz nnd die Joseph-Hermann-Grube in Troitschendorf.

e) Im Kreise Rothenburg O.-L. die Gruben Anna II in Krauschwitz, Karoline in Muskau, Dora bei Kollm, Hedwig bei Gablenz, Hoffnung in Weißwasser, Neustadt in Neustadt-Muskau, Philippine bei Weißwasser, Weißwasser in Weißwasser.

f) Im Kreise Hoyerswerda O.-L. die Gruben Else in Hosena und Saxonia in Zeißholz.

2. Im Regierungsbezirk Breslau:

a) Im Kreise Wohlau die Viktor-Grube in Peruschen.

b) Im Kreise Schweidnitz die Saarauer Gruben:

3. Im Regierungsbezirk Oppeln:

Die Lentschgrube zu Lentsch bei Neisse.

Dem Alter nach rechnete man die in Rede stehende Braunkohlenformation bisher zum unteren Miocän. (Die neueste Veröffentlichung Michaels (s. oben Literatur) stellt freilich die ältere, subsudetische Braunkohlenformation bereits zum Obermiocän.)

Die Petrefaktenführung beschränkt sich fast ausschließlich auf pflanzliche Reste. An der Zusammensetzung der Kohlenflöze beteiligten sich hauptsächlich Nadelhölzer, daneben sind aber auch mannigfach Laubhölzer nachgewiesen worden. Das von Göppert durchforschte Tonlager von Schossnitz bei Canth lieferte 139 Arten: neben den auch hier stark vertretenen Nadelhölzern viele Cupuliferen (Eichen und Buchen), Ulmaceen, Pappeln, Ahorn und Platanen, Weiden, Birken, Erlen. Auch die Gattung Liquidambar wurde gefunden. Die damalige Waldflora ähnelte der heutigen sehr, nur die Taxodien, ein Libocedrus und besonders eine in der Braunkohle von Striese bei Stroppen entdeckte Palme (Amesoneuron Nöggerathia) weisen auf wärmeres Klima.

Die Gliederung ist im allgemeinen wegen des Mangels an versteinerungsreichen marinen Zwischenlagen schwer; v. Rosenberg-Lipinsky unterscheidet im nördlichen Schlesien und auch darüber hinaus eine obere und eine untere Abteilung. Die obere Abteilung bildet ein blauer, oft gelb oder rot gefärbter, gips- und eisenoxydhaltiger, sehr fetter, fast glimmerfreier Ton ohne Kohlenflöze, den Rosenberg-Lipinsky nach Girard als Posener Septarienton bezeichnet. Da letzterer aber als Mitteloligocän unter der Braunkohlenformation liegt, so ist offenbar wohl der Posener Flammenton, das jüngste Glied des norddeutschen Jungtertiärs, gemeint. Für die untere Abteilung stellt ein hellgrauer, kohlenführender Letten die Leitschicht dar. In gewissen Lagen ist dieser glimmerhaltig, daher deutlich geschichtet, und wird durch Aufnahme von Sand „schluffig"; im Liegenden der Flöze scheint er stellenweise in reinen Quarzsand überzugehen. Oft treten in den Sanden auch Konkretionen (sogenannte Knollensteine) auf. Stellenweise beobachtete man in diesem Ton auch eine Kalksteinlage (Süßwasserbildung) mit Blattabdrücken. Durch Abnahme des Bitumengehaltes geht der graue Ton nach unten in feuerfesten weißen, sogenannten Flaschenton, über. Die Mächtigkeit beider Abteilungen zusammen dürfte 200 m betragen.

Die Gliederung der Vorkommen in der Lausitz bedarf noch stark der Aufklärung. Im allgemeinen ist auch hier (vgl. Heinicke oben Literatur) das Braunkohlenvorkommen mit plastischen, hellgrauen Tonen verknüpft, die vielfach mit sandigen Schichten wechseln. Die Vorkommen des Görlitz-Ostritz-Seidenberger Beckens scheinen auf Beziehungen zum Zittauer Kohlenbecken hinzuweisen. Andererseits bestehen Beziehungen zwischen den Braunkohlenablagerungen Schlesiens bezw. der Oberlausitz und denen der Mark Brandenburg, wenn auch die Braunkohlenbildungen der Mark vorwiegend aus sandigen Schichten bestehen.

Hinsichtlich der Lagerungsverhältnisse zeigen die nicht der Lausitz angehörigen Vorkommen im Streichen eine große Regelmäßigkeit, indem sie von Polnisch-Wartenberg an auf über 25 Meilen zunächst in NW-Richtung den Sudeten parallel laufen, bei Naumburg am Bober sich zurück nach O wenden und sodann ebenso regelmäßig nach NO zu verfolgbar sind. Dagegen weisen große Niveauunterschiede auf Bewegungen des Untergrundes hin, und weitere Unregelmäßigkeiten der Lagerungsverhältnisse sind auf Glacialwirkungen zurückzuführen, wodurch obere tertiäre Schichten abgetragen oder geschoben, gefaltet, überkippt und von abfließenden Schmelzwassern durchfurcht und auseinandergespült wurden.

Die Kohle tritt im nördlichen Schlesien in der unteren Abteilung meist in 4—5 Flözen auf, von denen jedoch nur das oberste bauwürdig ist. Die Mächtigkeit dieser bauwürdigen Flöze beträgt durchschnittlich 3—4 m, während sie bei den unteren Flözen selten einen Meter erreicht. In der Lausitz steigt die Mächtigkeit mitunter gewaltig an: bei Muskau bis zu 84 Fuß. Die Braunkohlen sind von guter Qualität. Fast alle Varietäten werden in unserer Provinz getroffen, am häufigsten die faserige oder holzförmige (bituminöses Holz) und die gemeine erdige Braunkohle. Bei Striese, Lehmwasser und Grünberg bildet bituminöses Holz die Hauptmasse. Eine Varietät der holzförmigen Braunkohle bildet die Nadelkohle von Muskau. Die erdige Braunkohle stellt eine lockere, leicht zerreibliche, spezifisch außerordentlich leichte Kohle dar, von gelblicher oder schwärzlichbrauner Farbe. Aus erdiger Braunkohle besteht großenteils das Vorkommen von Lentsch bei Neisse. Die pechartige Braunkohle oder Pechbraunkohle, die oft der Steinkohle täuschend ähnlich sieht, wird am häufigsten da zu finden sein, wo, wie bei Hennersdorf zwischen Goldberg und Jauer, eruptive Gesteine (Basalte) die Braunkohlenschichten durchbrochen und metamorphosiert haben. Hin und wieder tritt auch eine uliginöse Braunkohle oder Moorkohle, wie bei Muskau, auf.

Bezüglich der Erzführung ist vor allem der Alaunerde zu gedenken, die eine durch Ton verunreinigte, ganz von Schwefelkies und Gips durchdrungene Braunkohle ist. Das Hauptvorkommen von Muskau in der Oberlausitz ist schon bei den metallischen Mineralien erwähnt worden. Weiterhin sind Einlagerungen von Toneisensteinen in den Braunkohlentonen zu erwähnen, die besonders in Oberschlesien in der Gegend von Dammratsch bei Carlsruhe abgebaut wurden.

Die Produktion an Braunkohle in Niederschlesien betrug

im Jahre 1867:

Regierungsbezirk	Breslau	20 660 t
„	Liegnitz	234 210 t
	in Summa:	254 870 t

im Jahre 1887:

Regierungsbezirk	Breslau	11 481 t
„	Liegnitz	351 498 t
	in Summa:	362 979 t

im Jahre 1902:

Regierungsbezirk	Breslau	5 096 t
„	Liegnitz	846 967 t
	in Summa:	852 063 t

im Jahre 1903:

Regierungsbezirk	Breslau	5 019 t
„	Liegnitz	837 438 t
	in Summa:	842 457 t

im Jahre 1904:

Regierungsbezirk	Breslau	19577 t
„	Liegnitz	958670 t
	in Summa:	978247 t.

Der wichtigste Bezirk für die Braunkohlengewinnung ist, wie schon erwähnt, die Oberlausitz: die Kreise Lauban, Görlitz, Rothenburg, Hoyerswerda.

Torf.

Bericht über die Torfgräberei im Fürstent. Breslau, Schles. ökon. Samml. 1775, 4, 25, 15, 33. — Göppert, Üb. die Seefelder in der Grafsch. Glatz und die Torfgebilde auf denselben, Jahresber. Schles. Ges. 1854, 19. — Glocker, Beschreib. d. preuß. Oberlaus., Görlitz 1857, 387—390. — Fiedler, Die Min. Schles., Breslau 1863, 11—12. — Derselbe, Zusammenstell. d. diluvialen u. alluvialen Gebilde Schlesiens, Breslau 1864 (Progr. d. Realsch. z. heil. Geist f. Ostern, 1—24). — J. Roth, Erläut. z. Karte Niederschles., Berlin 1867, 387. — Aug. Meitzen, Der Boden u. d. landwirtsch. Verhältn. d. preuß. Staates, Berlin 1868. — Ramann, Literat. üb. Bildung des Torfes, N. Jahrb. f. Min., Beil.-Bd. X, 1895. — Partsch, Schlesien, Breslau 1896, 277—281. — G. Müller, Die Verbreitung d. deutschen Torfmoore, Ztschr. f. prakt. Geol. 1899, **7**, 205—206, 277; daselbst auch sonstige Literatur.

Die Torfbildung ist in Schlesien sehr verbreitet, im Flachlande sowohl wie auf den Gebirgen.

Im schlesischen Anteil der Oberlausitz sind (vgl. Partsch a. a. O.) deutlich zwei Moorgürtel im Norden und im Süden der Hoyerswerdaer, Neustädter, Uhyster und Muskauer Heide zu unterscheiden. Die Nordseite dieser Zone sandiger Kieferwaldungen begleitet das Moortal der Sornoschen Elster und das Moortal, welches von Neustadt an der Spree über Mühlrose, Thiergarten, Weißkeißel zur Neisse sich verfolgen läßt. Andererseits heftet im Süden jener großen Waldungen an die Teichlandschaften von Wittichenau, Uhyst, Tauer, Creba, Daubitz sich eine umfängliche Entwickelung von Mooren, die vom Weißen Schöps ostwärts zur Neisse bei Sänitz (im Süden von Priebus) herüberstreichen und von da etwa an der Grenze der Saganer und Görlitzer Forsten weiterziehen zur Tschirne. (Über die einzelnen Torflager der Oberlausitz vgl. Glocker a. a. O.) Namentlich aber beginnt oberhalb Sagan, wo sie in den Bober mündet, auf dessen rechtem Ufer das weite Bruchland der Sprotteniederung. Von ihren durch kräftige Grabenzüge in den letzten Jahrzehnten nachdrücklich entwässerten Torfflächen (Primkenauer Bruch, Krampfer Bruch) trennt der Kiefernwald der Primkenauer Heide den südlich benachbarten Greulicher Bruch, der die Moorniederung des Schwarzwassers eröffnet.

Jenseits der Katzbach liegen Moore am Kunitzer See bei Liegnitz, bei Nimkau (Kreis Neumarkt), dann im Flußgebiet der Jüseritz, der Weide, des Stobers und (nach Oberschlesien hinüberleitend) der Falkenberger Steine.

Von Mooren des höheren Gebirges sind zunächst die Seefelder in der Grafschaft Glatz zu erwähnen. Diese sind ein Plateau von etwa 354 Morgen Flächeninhalt, welches vollständig mit Torfmoor bedeckt ist. Unter der Pflanzendecke, die außer den gewöhnlichen Torfpflanzen noch einige seltnere einschließt, liegt eine etwa 3 Fuß mächtige Schicht von lockerem, faserigem, braunem Torf, und dann kommt eine etwa 12 Fuß mächtige Schicht von altem schwarzem Torf. Außer den Seefeldern sind im Gebirge noch zu nennen die Moore des Hirschberger Tales im Riesengebirge, ferner die Moore auf dem Kamme des Riesengebirges und auf dem Isergebirge.

Im ganzen überwiegen in Schlesien überhaupt und insbesondere in dem großen Moorland der Lausitz und der niederschlesischen Heide die Wiesenmoore mit ihren Cyperaceen und Juncaceen vor den Moosmooren, aber bisweilen treten doch auch reine Sphagnummoore auf, so das typische, mitten aufschwellende Hochmoor von Alt-Teich bei Muskau.

An vielen Orten — vor allem aber in Oberschlesien — findet sich auch der vitriolische Torf, aus dem durch Auslaugen und Kristallisieren Eisenvitriol gewonnen wurde. Bekannt ist das Vorkommen dieses Vitrioltorfes von Keula unweit Muskau in der Oberlausitz. Oft enthält der schlesische Torf außer Schwefelkies auch Einschlüsse von Raseneisenstein und Gips, letzteren zu Kaltwasser bei Liegnitz. Erdiger Vivianit (Blaueisenerde) fand sich im Torf von Reichenbach bei Görlitz, Greulich bei Bunzlau, von Münsterberg und von Petersdorf bei Sprottau.

Eine nennenswerte Gewinnung von Torf als Brennmaterial findet im Gebirge nirgends statt. In der ganzen Provinz ist die Torfgräberei unbedeutend; eine Statistik ihres Ertrages fehlt (vgl. Partsch a. a. O.).

Anhang: **Graphit.**

Vorkommen von Sackerau bei Münsterberg.

Zobel, Graphit in Schlesien und der Grafschaft Glatz, besond. zu Sakerau im Münsterberger Kreise, Übers. Arb. Schles. Ges. f. 1848, 54—58, 1848. — Derselbe, Karstens u. v. Dechens Arch. f. Min. usw. 1849, **23**, 178—207. — Traube, Min. v. Schles., Breslau 1888, 110.

Auf Grube Glückauf, in über dem Gneise lagernden Lettenschichten (wahrscheinlich auf sekundärer Lagerstätte) fand sich ein 2—4 m mächtiges Lager von Graphit; derselbe fand sich außerdem in einzelnen Nestern und mehr oder weniger mächtigen Lagen vermengt mit Kaolin und Limonit; die mächtigsten Lagen waren im Ausgehenden. Der Graphit war teils erdig, teils feinkörnig und blätterig.

Anmerkung: Auch zu Biebersdorf bei Reinerz im Glimmerschiefer befindet sich auf der Grube Emiliens Freude ein aufgelassener Graphitbergbau, ferner zu Silbitz und Petrikau bei Nimptsch.

---

c) Nutzbare Gesteine.

Allgemeine Literatur.

Fiedler, Min. Schles., Breslau 1863. — J. Roth, Erläut. z. Karte Niederschles., Berlin 1867. — v. Dechen, Nutzb. Mineral. und Gebirgsarten i. Deutsch. Reiche, Berlin 1873. — Traube, Min. Schles., Breslau 1888. — v. Festenberg-Packisch, Bergbau Niederschles., Festschr. z. 29. Hauptvers. deutsch. Ingen., Breslau 1888, 14—52. — Festschr. z. 29. Hauptvers. deutsch. Ingen., Breslau 1888, 53—83. — Gürich, Erläut. z. geol. Übersichtsk. v. Schlesien, Breslau 1890. — Derselbe, Die nutzb. Gest. Schles., Schles. Gewerbeblatt 1894, 36—37; Refer. Ztschr. f. prakt. Geol. II, 1894, 214. — Partsch, Schlesien, eine Landeskunde, Breslau 1896. — Ahrens, Schles. chem. Industrie, Breslau 1898.

1. Kaolin, Ton, Feldspat.

A. Heintz, Die Tonindustrie Schlesiens, Festschr. z. 29. Hauptversammlung deutscher Ing., Breslau 1888, 68—82. — Derselbe, Tonindustrie-Zeitung 1888, 38. — E. Richters, Unters. über die

Feuerbeständigk. d. Tone, 2. Aufl., Berlin 1897. — C. Bischof, Die feuerfesten Tone usw., 3. Aufl., Leipzig 1904, Quandt u. Händel. — Derselbe, Gesamm. Analys. der in der Tonindustrie benutzten Mineralien usw., Leipzig 1901, Quandt u. Händel. — H. Rösler, Beitr. z. Kenntn. einiger Kaolinlagerstätten, N. Jahrb. f. Min., Beilageband XV, 1902, 231—393.

Kaolin.

Die wichtigsten Schlesischen Rohkaolinlager werden bei Saarau im Kreise Schweidnitz und im Strehlener Kreise abgebaut. Dazu kommt das neuerdings gefundene Vorkommen von Kreisau (Kreis Schweidnitz).

Kaolinvorkommen von Saarau.

Nach E. Richters (a. a. O.) ist dieses Vorkommen des sogenannten weißen Saarauer Tones durch die Verwitterung von Granit entstanden und lagert am Orte seiner Bildung. Seine Entstehung aus Granit gibt sich aus seinen Bestandteilen zu erkennen: eigentlicher, rein weißer Kaolin, das Verwitterungsprodukt des Feldspates, ferner Glimmer, der stellenweise spärlich, an anderen Orten in bedeutender Menge vorkommt, und endlich durch die ganze Masse gleichmäßig verteilter, reiner, größtenteils sehr grobkörniger und scharfkantiger Quarz. Schon diese durchaus gleichmäßige Verteilung des Quarzes sowie seine Beschaffenheit machen es unzweifelhaft, daß wir es nicht mit einem sedimentären Gebilde zu tun haben. Weitere Belege für diese Ansicht liefern die im Tone vereinzelt vorkommenden Adern und Schmitze von reinem Quarz und reinem Kaolin, welche man in ähnlicher Form und Anordnung in den benachbarten Granitsteinbrüchen wiedertrifft. Den im Tone vorkommenden Kaolinadern entsprechen selbstverständlich solche aus unzersetztem Feldspat im Granit. Die Tonlager sind besonders nach der Tiefe zu sehr ausgedehnt; Bohrungen haben gezeigt, daß die Verwitterung des Granites, wenigstens stellenweise, bis 150 Fuß tief fortgeschritten war. Die Oberfläche des Lagers ist vielfach zerrissen und zerklüftet, zuweilen erhebt sich der Ton bis auf wenige Fuß unter die Oberfläche des Bodens, um dann plötzlich wieder 20 und mehr Fuß steil abzufallen. Die Farbe des Tones erscheint, wenn er feucht ist, etwas grau, wenn er trocken ist, rein weiß. Die Stücke sind leicht zerreiblich und fühlen sich sandig an; beim Zerreiben im

Mörser knirscht der Ton anhaltend; es enthielten 100 Teile des bei 120° getrockneten Tones:

	17,31 %	Tonerde
	0,56 „	Eisenoxyd
	0,46 „	Kali
	5,70 „	Wasser
	19,99 „	chem. geb. Kieselsäure
	55,89 „	Sand
in Sa.:	99,91 %	

Der abgeschlämmte, vom Quarze völlig befreite weiße Ton enthält in 100 Teilen:

	39,34 %	Tonerde
	1,28 „	Eisenoxyd
	1,04 „	Kali
	12,95 „	Wasser
	45,39 „	Kieselsäure
in Sa.:	100,00 %	

Dieser Ton ist ein außerordentlich wertvolles feuerfestes Material, die Kulmizschen Werke fertigen aus ihm jährlich über 2 Millionen Chamotten, welche hauptsächlich zum Bau von Puddel- und Schweißöfen usw. Verwendung finden.

Kaolinvorkommen der Strehlener Gegend.

Zobel, Über den Graphit von Sackerau, den Granit von Reumen und Deutsch-Neudorf, Übers. Arb. Schles. Ges. 1848, 56—58. — Sadebeck, Die Strehlener Berge, Breslau 1850. — Schuhmacher, Die Gebirgsgruppe des Rummelsberges bei Strehlen, Ztschr. d. d. geol. Ges. 1878, **30**, 427—520; das. auch sonstige Literatur.

Das Kaolinvorkommen von Sackerau wurde schon beim Graphit erwähnt. Östlich von Geppersdorf findet sich ein aus der Verwitterung des dortigen Granites hervorgegangenes Vorkommen. Es handelt sich dort um ein 17 m mächtiges zwischen Granit und Kalkstein gelegenes Lager von beträchtlicher Ausdehnung. Der Kaolin ist gelbgrau, gräulichweiß, bisweilen auch durch ein Pigment rötlich und er enthält häufig wasserhelle Quarzkörner und Glimmerblättchen, auch Gips. Ebenso ist bei Niclasdorf an der Südseite des Marienberges und am westlichen Ende der „Helle“ (Kolonie Hussinetz) der Granit stellenweise zu Grus zerfallen, der von Kaolinadern durchzogen ist. Heintz (vgl. Liter. S. 84) erwähnt als besonders wichtig das Vorkommen von Ruppersdorf östlich von Strehlen (30 m mächtig.)

Bischof (Analysen der in der Tonindustrie benutzten Mineralien, Leipzig 1901) teilt folgende Kaolinanalysen der Strehlener Gegend mit:

	Geppersdorf	Ruppersdorf a	Ruppersdorf b	Ruppersdorf c	Strehlen Rohkaolin geschlämmt
Tonerde . . .	36,69	38,86	39,12	39,34	37,54
Kieselsäure . .	49,42	47,43	48,54	46,21	46,70
Magnesia . . .	Spur	0,58	0,03	—	0,23
Kalk	0,09	0,77	1,35	Spur	0,08
Eisenoxyd . .	0,73	2,09	1,73	1,14	0,94
Kali	0,43	0,20	Spur	0,69	0,84
Glühverlust . .	12,70	10,72	9,53	12,49	12,60
hygrosk. Wasser	—	—	—	—	0,60
	100,06	100,65	100,30	99,87	99,53

Kaolinvorkommen von Kreisau (Kreis Schweidnitz).

F. B. Ahrens, Chemische Ztschr. 1903, **2**, 716.

In neuerer Zeit wurde in Kreisau auf primärer Lagerstätte ein mächtiges Lager roten Kaolins aufgefunden. Die recht vollständige Analyse ergab einen Natrongehalt von 1,76 % und beträgt die Eisenmenge nur 0,45 % (?) (Tonindustr.-Ztg. 1903, Nr. 199).

Anmerkung: Rösler (vgl. Liter. S. 85) führt noch das Vorkommen Weißvorwerk bei Tiefenfurth unweit Rauscha, Kreis Bunzlau, an.

Ton.

Die wichtigsten niederschlesischen Tonvorkommen gehören dem Karbon (feuerfeste Tone von Neurode, Schlegel, Altwasser), der Kreide (Gegend von Bunzlau, Naumburg, Sirgwitz), sowie der tertiären Braunkohlenformation (die Vorkommen der Oberlausitz, der blaue Saarauer Ton) an. Endlich sind noch die allenthalben im Diluvium auftretenden Ziegel- und Töpfertone zu erwähnen.

Die karbonischen feuerfesten Schiefertone von Neurode, Schlegel, auch von Altwasser.

G. vom Rath, Chemische Untersuch. einiger Grünsteine aus Schlesien, Pogg. Ann. 1855. — Streng, Bemerk. üb. den Serpentinfels und Gabbro von Neurode, N. Jahrb. f. Min. 1864, 255—277. — Websky, Über Diallag, Hypersthen und Anorthit im Gabbro von Neurode, Ztschr. d. d. geol. Ges. 1864, **16**, 530—542. — Schütze, Das niederschles. Steinkohlenbecken, bei Geinitz, München 1865. — G. Rose, Gabbroform. bei Neurode, Ztschr. d. d. geol. Ges. 1867, **19**, 7 u. 270. — Weiß, Ztschr. d. d. geol. Ges. 1880, **32**, 445. — Th. Liebisch, Kaolin aus d. Steinkohlengebiet b. Neurode, Jahresbericht Schles. Ges. 1881, 271 (Anal. Bodlaender). — Kosmann, Die Kaolinitformation auf d. Steinkohlengr. Ruben b. Neurode, Jahresbericht Schles. Ges. 1885, 120. — Lasaulx, Verh. naturh. Ver. d. preuß. Rheinlande und Westfalens 1886, 10. — P. Heimann, Beitr. z. Kenntn. des Gabbrozuges bei Neurode usw., Inaug.-Diss., Halle 1897.

Nach den Untersuchungen von P. Heimann sind die feuerfesten Tone der Neuroder und Schlegeler Gegend in der Hauptsache aus dem Feldspatgemengteil des dortigen Gabbros entstanden. Diejenigen Tone, die als Mittel innerhalb der Kohlenflöze selbst vorkommen, sind die reinsten. Das Fehlen jeglichen Sandes läßt erkennen, daß die dortigen Tone sehr durchgreifende Schlämmprozesse durchgemacht haben, wodurch eine gründliche Absonderung nach dem spezifischen Gewicht ermöglicht wurde. Die Mächtigkeit der feuerfesten Schiefertonflöze schwankt zwischen 0,2 und 20 m. Die Schiefertone in den einzelnen Flözen sind dem Äußeren nach voneinander nicht zu unterscheiden. Es sind derbe, steinharte Massen von dunkelblauer Farbe mit muschligem Bruch, die sich von dem gewöhnlichen Schieferton durch den geringen Grad der Schiefrigkeit, durch das Auftreten von schmutzig-zimtbraunen Körnchen von Kalkspat in Nadelkopfgröße und durch das Erscheinen von kleinen nierenförmigen Eisenknötchen, die gewöhnlich ganz klein sind, zuweilen auch Haselnußgröße erreichen, auszeichnen. Von Einlagerungen in den Tonflözen sind zu nennen: Sphärosiderite, Pharmakolith, Blende, Pyrit, Bleiglanz, Braunspat, Kalkspat, Schwerspat, Dolomit, Markasit, Titanit, Kobaltblüte, Speiskobalt, Glanzkobalt, besonders aber apfelgrüner bis schwach bläulichgrüner Pholerit, der Millerit, Pyrit, Kupferkies, Rotnickelkies enthält.

Analysen des feuerfesten Tones bei Neurode ergaben:

	I	II	III	IV	V
Kieselsäure . .	49,85	55,73	51,79	51,09	52,02
Tonerde . . .	45,60	42,69	46,53	46,24	45,77
Eisenoxyd . .	0,47	0,37	0,78	1,08	0,98
Kalk	1,19	0,28	0,10	0,66	0,36
Magnesia . . .	0,77	0,23	0,15	0,21	0,30
Kali	0,74	0,50	0,22	—	0,24
Glühverlust . .	1,87	0,43	0,57	0,64	0,83

I. Chem. Laborat. f. Ton-Industr., Berlin 1887.
II. Dasselbe 1887.
III. Dasselbe 1892.
IV. Prof. Dr. Stahlschmidt, Polytechn., Aachen 1893.
V. Chem. Laborat. f. Ton-Industr., Berlin 1893.

Die Tone besitzen den hohen Feuerfestigkeitsgrad des Seegerschen Kegels Nr. 35 (vgl. auch Bischof, Gesamm. Anal., Leipzig 1901, 36—37).

Es wurde schon bei Behandlung der Steinkohlenvorkommen erwähnt, daß die Produktion an feuerfesten Tonen auf der Ruben-Grube im Jahre 1901 ca. 68 000 t, im Jahre 1902 desgleichen, im Jahre 1903 ca. 61000 t betrug. Desgleichen wurde auch der feuerfesten Schiefertone der Gegend von Altwasser gedacht, besonders des Vorkommens im Felde von „Segen Gottes", wo ein braun- bis dunkelschwarzer feuerfester Ton in einer Stärke von 0,08—0,16 m ansteht (Dathe, Umgeb. v. Salzbr., Berlin 1892, 125), weiterhin sind die Gruben Morgen- und Abendstern zu erwähnen, von deren Tonen Bischof (vgl. Liter. S. 85) Analysen veröffentlicht. Es wurden an feuerfesten karbonischen Tonen gefördert:

1900 (die Gruben Ruben, Johann-Baptista, Rudolf, Cäsar) 122 511 t;

1901 (die Gruben Ruben, Johann-Baptista, Ferdinand) 85 546 t;

1902 (die Gruben Ruben, Johann-Baptista, Rudolf und Segen Gottes) 78 446 t;

1903 (die Gruben Ruben, Johann-Baptista, Rudolf, Segen Gottes, Ferdinand) 73 855 t;

1904 (die Gruben Ruben, Johann-Baptista, Rudolf, Segen Gottes) 89 975 t.

Die Tone der Kreideformation in der Gegend von Bunzlau, Sirgwitz, Naumburg am Queiß.

E. Beyrich, Üb. d. Lager. d. Kreideform. im Schles. Gebirge, Abhandl. königl. Akad. d. Wissensch., Berlin 1855, **26**, 57—81. — Drescher, Üb. d. Kreidebild. d. Geg. v. Löwenberg, Ztschr. d. d. geol. Ges. 1863, **15**, 291—366. — Kunth, Üb. d. Kreidemulde bei Lähn, ebenda, 714—745. — Williger, Die Löwenberg. Kreidemulde, Jhrb. geol. Landesanst. (Anh.), 1881, 55. — F. Roemer, Foss. Flora in Tonen d. Kreideform. bei Bunzlau, Jahresber. Schles. Ges. 1886, **64**, 117 und Ztschr. d. d. geol. Ges. 1889, **41**, 139.

Die in Rede stehenden Tone, die besonders in der Gegend von Tillendorf, Ottendorf, Ullersdorf, Siegersdorf, Tschirne abgebaut werden, gehören dem obersten Senon (Überquader) an, derselben Stufe, die schon bei den Steinkohlenvorkommen der dortigen Gegend erwähnt worden ist. Die Tone sind (vgl. F. Roemer a. a. O.) stellenweise reich an Farnen, Coniferen, Monokotyledonen und besonders auch an Dikotyledonen. Sie besitzen eine außerordentliche technische Wichtigkeit, indem sie die Grundlage der berühmten Naumburger und Bunzlauer Gefäßkeramik bilden. Der schmutzigrötliche Ton von Tillendorf bei Bunzlau besitzt nach E. Richters (vgl. Liter. S. 84) folgende Zusammensetzung:

100 Gewichtsteile des bei 120° C. getrockneten Tones enthielten:

20,97 %	Tonerde
1,35 „	Eisenoxyd
0,15 „	Magnesia
0,32 „	Kali
0,52 „	Natron
6,08 „	Wasser
27,31 „	chem. geb. Kieselsäure
42,20 „	Sand
in Sa.: 98,90 %	

Der weiße Ton von Ullersdorf westlich von Naumburg enthält nach Williger (a. a. O. 111):

SiO^2	= 56,45 %
Al^2O^3	= 29,50 „
Fe^2O^3	= 0,97 „
CaO	= 0,43 „
H^2O	= 10,88 „
in Sa.:	98,23 %

weitere Analysen (Tone von Naumburg, Tschirne, Wiesau) vgl. Bischof (Ges. Anal., Leipzig 1901, 67—68).

Die tertiären Tonvorkommen der Braunkohlenformation.

Literatur s. unter Braunkohle S. 75.

Das Vorkommen dieser Tone ist ebenfalls von großer technischer Bedeutung. Nach v. Rosenberg-Lipinsky (Braunkohlenform. im nördl. Schles.) ist die obere Abteilung des tertiären Schichtensystemes, wie schon bei Behandlung der Braunkohlen hervorgehoben worden ist, durch einen blauen, sehr fetten, fast glimmerfreien Ton charakterisiert. Er ist frei von paläontologischen Kennzeichen und von Braunkohle. Er enthält in seinen oberen Schichten viel Ausscheidungen von Kalk, Gips und Eisenoxyd und ist je nach dem Gehalte dieser Mineralien hell- oder dunkelblau, gelb oder rot gefärbt. Einige blaue Nuancen des Tons gehen beinahe ins Grüne über. Viele Schichten haben daher ein recht buntfarbiges Ansehen. Ferner wird der Ton zuweilen „schluffig", reine Sandschichten kommen jedoch selten zwischen demselben vor. Die aus dem Tone gefertigten Ziegel werden wegen ihres Eisengehaltes beim Brennen hellrot.

Die untere Abteilung dagegen ist charakterisiert durch einen viel feiner körnigen, glimmerhaltigen, grauen Ton, der nach unten zu durch Abnahme des Bitumengehaltes in äußerst wertvollen weißen Ton (sogenannten Flaschenton) übergeht. Die aus dem grauen Ton hergestellten Steine werden hellbraun.

Die Gliederung der für die Braunkohlengewinnung so bedeutsamen Tertiärvorkommnisse der Lausitz bedarf, wie schon hervorgehoben, noch stark der Aufklärung. Allenthalben baut man in der Oberlausitz tertiäre Tonvorkommen ab, sowohl im Norden, wo namentlich bei Muskau ganz vortreffliche Töpfertone Anlaß zu der bekannten dortigen Gefäßindustrie gaben, wie auch im Süden in der Görlitzer, Laubaner und Marklissaer Gegend, die den Sitz einer ausgedehnten Ziegelindustrie bilden.

Aber auch außerhalb der Lausitz ist Schlesien reich an technisch wichtigen tertiären Tonvorkommen, besonders hervorzuheben ist der bekannte blaue Saarauer Ton, der in der Gegend zwischen Saarau und Striegau (bei Rauske) abgebaut wird. Von diesem blauen Saarauer Ton teilt E. Richters (vgl. Liter. S. 84) zwei Analysen mit:

100 Gewichtsteile des bei 120° C. getrockneten Tones enthielten:

I		II	
35,70 %	Tonerde	32,66 %	Tonerde
1,01 „	Eisenoxyd	3,23 „	Eisenoxyd
1,11 „	Kali	0,50 „	Kalk
Spur	Kalk	1,56 „	Kali
19,49 „	Wasser u. org. Subst.	11,64 „	Wasser
38,29 „	chem. geb. Kieselsäure	36,21 „	chem. geb. Kiesels.
4,40 „	Sand	14,20 „	Sand
100,00 %		100,00 %	

Probe I entspricht einem sehr flußmittelarmen, Probe II einem flußmittelreicheren Ton.

Von sonstigen tertiären Tonvorkommen seien genannt: Laasan im Kreise Striegau, Ingramsdorf bei Schweidnitz, Poppelwitz und Wilschkowitz im Kreise Nimptsch (Töpferton), Tone von Brieg und Breslau.

Der blaue fette Ton von Laasan ist nach Bischof folgendermaßen zusammengesetzt:

Tonerde	33,98 %
Kieselsäure . . .	51,41 „
Magnesia . . .	0,24 „
Kalk	0,76 „
Eisenoxyd . . .	0,83 „
Kali	0,91 „
Natron	— „
Glühverlust . . .	11,56 „
	99,69 %

Von dem Brieger Ton veröffentlicht Richters zwei Analysen. 100 Gewichtsteile des bei 150° C. getrockneten Tones enthielten:

	I	II
Tonerde	16,96 %	16,48 %
Eisenoxyd . . .	3,70 „	2,58 „
Kalk	0,98 „	0,74 „
Magnesia . . .	1,22 „	0,98 „
Kali	1,89 „	1,43 „
Natron	0,50 „	0,40 „
geb. Kieselsäure .	21,14 „	22,32 „
Sand	48,31 „	50,16 „
Wasser	5,30 „	4,91 „
	100,00 %	100,00 %

Feldspat.

Nur in früheren Zeiten wurde Feldspat im Großen für die Porzellanfabrikation in Schlesien gewonnen. Zu nennen sind die Vorkommen im Hirschberger Kreise im Granit des Riesengebirges, auf Gängen und in großen nesterartigen Ausscheidungen bei Fischbach, Lomnitz, Schwarzbach, Schildau (v. Dechen, Nutzb. Min. Deutschl., Berlin 1873, 762).

2. Kalk und Zement, auch Gips, Magnesit, Flußspat, Schwerspat.

Kalk und Zement.

E. Schuhmacher, Über die Kalklager der Strehlener Gegend, Inaug.-Diss. Breslau 1878. — Tomel, Kalk- u. Zementind. Schlesiens, Festschr. z. 29. Hauptvers. d. Ingen., Breslau 1888, 61—67. — B. Schulze, Die Kalklager der Grafschaft Glatz, in „Der Landwirt" 1895, Nr. 61; vgl. auch Landw. Jahrbücher 1895, **24**, 865—881. — B. Kosmann, Die Verbreitung der nutzbar. Kalkst. im nördl. Deutschland, Mitteil. d. deutsch. Vereins f. Fabrik. v. Ziegeln usw., 27. Febr. 1896 (Sektion Kalk).

Der Schwerpunkt der schlesischen Kalk-, insbesondere Zementindustrie liegt nicht in Niederschlesien, sondern in Oberschlesien. In Niederschlesien ist die Kalkindustrie noch entwickelungsfähig Wir heben besonders folgende **Vorkommen** hervor:

In den kristallinen Schiefern: Im Reichensteiner Gebirge ein inselförmiges, 8 km langes Vorkommen, das sich von Seitenberg südlich von Landeck über Wolmsdorf, Kunzendorf, Eisersdorf bis in die Nähe von Glatz hinzieht (wird noch bei Marmorvorkommen erwähnt werden). Nördlich am Abhang des Reichensteiner Gebirges ein Kalksteinvorkommen von lokaler Bedeutung: die großartigen Brüche bei Reichenstein. In dem Gneise der Strehlener Berge die körnigen Kalke von Geppersdorf und Prieborn (letztere ebenfalls früher als Marmor gebrochen). Im Glimmerschiefer des Riesengebirges eine Partie, die sich südlich von Kupferberg über Rothenzechau (wichtiges Marmorvorkommen!) weiterhin über Schmiedeberg nach Süden bis nach Böhmen hinein in die Gegend von Freiheit-Johannisbad erstreckt.

Im Silur: Im Boberkatzbachgebirge, sowohl im nordwestlichen Teil des Gebietes vom Bober ab nordwestwärts, wie auch ganz besonders im Katzbachgebiet. Vom Kapellenberge auf der höchsten Höhe der Chaussee zwischen Hirschberg und Schönau zieht sich der

Kalksteinzug nach Osten, wendet sich vor Bolkenhain nordwärts und dann in scharfer Krümmung wieder nach Nordwest. Von ganz besonderer Bedeutung ist hier die Kalkindustrie bei Kauffung geworden. Hier stehen (vgl. Kosmann, Ver. z. Beförd. d. Gewerbefl., 7. Dez. 1896) in dem oberen Teil des Dorfes zu beiden Seiten der Katzbach hochragende Berge an, am rechten Ufer der dreigipflige Mühlberg (594 m), am linken Ufer der Kitzelberg (667 m). Nach Nordwest nimmt dieser Kalksteinrücken seinen Fortgang bis zum Eisenberg. Diese ganze Erhebung besteht aus weißem, leicht rötlichem Marmorkalkstein. Nach oberflächlicher Berechnung stehen im Mühlberge $2^1/_2$ Milliarden, im Kitzelberge bis zum Eisenberge 5 Milliarden Zentner Kalkstein an.

Auch die Kalke im Silur der Görlitzer Gegend (Ludwigsdorf, Hennersdorf) sind hier zu erwähnen, ebenso Kalkeinlagerungen im Silur der Grafschaft Glatz.

Im Devon: Zu Kunzendorf und Ebersdorf bei Neurode (vgl. Ztschr. f. prakt. Geol. 1894, **2**, 214), auch früher im Freiburger Devon.

Im Kulm: Zu Neudorf bei Silberberg.

Im Rotliegenden: In den Kreisen Neurode, Landeshut (Vorkommen von Albendorf und Schömberg vgl. Herbing, Zur Geol. d. böhm.-schles. Grenzgeb., Breslau 1904, 106—109), Jauer und Löwenberg.

Im Zechstein: Am Gröditzberg westlich von Goldberg, zu Haasel bei Goldberg und in der Löwenberger Gegend.

Im Muschelkalk: Kalkbrüche von Hartmannsdorf, Kreis Bunzlau (vgl. Nötling, Ztschr. d. geol. Ges. 1880).

Gips.

Gipsvorkommen im Zechstein von Neuland bei Löwenberg und von Haugsdorf.

Sandstein von Neuland, Provbl. 1819, **69**, 441. — J. Neumann, 7. Bullet. d. naturw. Sekt. Schles. Ges. 1825, 24. — Frenzel, Provbl. 1827, **85**, 121—127 (Anhang). — M. Hoffmann, Die sämtl. Gips-, Kalk- und Sandsteingruben usw. der v. Nostiz-Rieneckschen Herrschaften, Bunzlau 1832, 64.

Eingelagert in die Plattendolomite des dortigen Zechsteines findet sich ein Lager von derbem, feinkörnigem bis blätterigem, weißem bis rötlichem Gips, auf dessen Klüften auch wasserhelle Gipskristalle auftreten. Auch im Zechstein von Haugsdorf, Kreis Lauban, fand sich ein Lager von dichtem, feinkörnigem bis grobkörnigem Gips von weißer und rötlicher Farbe.

Magnesit.

Vorkommen von Baumgarten und Grochau südlich von Frankenstein.

Richter, De eo quod ad Frankenstein invenitur Magnesito, Inaug.-Diss., Breslau 1866. — J. Roth, Erläut. z. Karte Niederschles. Geb., Berlin 1867, 108—109. — Traube, Min. Schles., Breslau 1888, 136.

Im Serpentin von Grochau und besonders von Baumgarten südlich von Frankenstein tritt gang- und namentlich nesterförmig weißer bis schwach rötlicher Magnesit auf. Der Magnesit ist als ein Umwandlungsprodukt des Serpentins aufzufassen, er enthält häufig Quarz, Hornstein, Opal beigemengt, die ebenfals als Verwitterungsprodukte des Serpentins anzusprechen sind. Die technische Verwendbarkeit des Frankensteiner Magnesits beruht auf der Reinheit der aus ihm durch Säuren abgeschiedenen Kohlensäure, welche nicht, wie sonst in den meisten Fällen, durch bituminöse Substanzen verunreinigt ist. Infolge dieser Eigenschaft fand der Magnesit ausgedehnte Anwendung bei der Fabrikation künstlicher Mineralwässer. Die Analysen des Magnesites nähern sich der theoretischen Zusammensetzung dieses Minerales, hin und wieder wurden Spuren von Eisen und Mangan, auch etwas kohlens. Kalk darin gefunden. Bischof (Ges. Anal., Leipzig 1901, 125) veröffentlicht folgende zwei Analysen des Frankensteiner Magnesites:

	a	b
Magnesia .	46,00	48,00
Kalk . . .	0,60	0,70
Tonerde / Eisenoxyd	1,50	—
Kieselsäure .	4,50	5,25
Kohlensäure	46,00	50,00
	98,60	103,95

(m. s. Chemiker-Ztg. 1900). Vgl. auch unter Nickelerzvorkommen von Frankenstein S. 50.

Flußspat.

v. Dechen (Nutzbare Min. u. Gebirgsart. Deutschl., Berlin 1873, 773) erwähnt die größeren Flußspatpartien im Glimmerschiefer bei Schmiedeberg sowie die im Glimmerschiefer bei Klessengrund und Martinsberg am Glatzer Schneeberge im Habelschwerdter Kreise.

Schwerspat.

Hier ist die Barytgrube am Plautzenberge bei Gottesberg zu erwähnen, in der Schwerspat zu technischen Zwecken durch Stollenbetrieb in den im Porphyr aufsetzenden, 1—2 m mächtigen Barytgängen, auf welchen der alte Gottesberger Bergbau ehemals umging, abgebaut wird (vgl. Dathe, Ztschr. d. geol. Ges., Jahrgang 1904, 224).

3. Bau- und Pflastersteine (Granit, Sandstein, Marmor, Basalt, sonstige hierher gehörige Felsarten).

Rimann, Nachr. v. d. i. Schles. vorhand. Bruchsteinarten u. Steinbrüchen, Journ. f. Bauk. 1832, **5**, 105—119. — H. Koch, Die natürl. Bausteine der Prov. Schlesien, Zentralbl. f. Bauverw. VIII, 1888, 193—195, 210 (dazu 224, 283, 300). Vgl. II, 1882, 317. — Kosmann, Die Gesteine der schles. Marmorindustrie (Die Marmorarten d. deutsch. Reiches, Berlin 1888, 28—38). — Die Steinindustrie Schlesiens, Festschr. zur 29. Hauptvers. deutsch. Ingen., Breslau 1888, 53—60. — Herrmann, Steinbruchindustrie und Steinbruchgeologie, Berlin 1899 (Gebrüd. Bornträger). — Foerster, Baumaterialienkunde, Leipzig, Engelmann, 1903 Heft 1. — Wildner, Steinbruchindustrie in Deutschland, Hdb. d. Wirtschaftskunde Deutschl., Leipzig 1904, 180—196.

Granit.

Die wichtigsten schlesischen Granitvorkommen liegen einmal im Riesen- und Isergebirge (von Schmiedeberg bis Königshain bei Görlitz hin), zweitens in der Gegend von Striegau und Jauer, endlich in der Strehlener Gegend und am Zobten.

Der schlesische Granit besitzt außerordentliche Druckfestigkeit. Folgende Prüfungsresultate (Festschr. Ver. d. Ingen., Breslau 1888, 57) seien mitgeteilt:

	Spez. Gew.	Druckfestigk. pro qcm.
1. Kalthaus II, Kreis Jauer .	2,623	2240 kg
2. Kalthaus I, Kreis Jauer . .	2,610	2176 „
3. Niclasdorf bei Strehlen . .	2,612	2108 „
4. Groß-Rosen, Kreis Striegau	2,562	2032 „
5. Strehlener Stadtbruch . .	—	1950 „
6. Mühlberg bei Striegau . .	2,720	1780 „
7. Oberstreit bei Striegau . .	2,563	1755 „
8. Königshain bei Görlitz . .	—	1067 „
9. Fischbach bei Hirschberg .	—	1009 „

Die Granitvorkommen des Riesen- und Isergebirges und das von Königshain bei Görlitz.

G. Rose, Über den Granit des Riesengebirges, Monatsber. Berliner Akad. 1842, 247—254. — Derselbe, Granit und Granitit im Riesen- und Isergebirge, Monatsber. Berl. Akad. 1856, 444—449. — Neubauer, Granit von Königshain bei Görlitz, Ztschr. d. geol. Ges. 1879, **31**, 409. — Woitschach, Granitgebirge von Königshain in der Oberlaus., Inaug.-Diss., Breslau 1881. — Liebisch, Die im Granit d. Riesengeb. gangförmig auftret. Granitporphyre, 59. Jahresbericht Schles. Ges. 1881, 272 (vgl. Ztschr. d. geol. Ges. 1877, **29**, 722). — Klockmann, Beitr. z. Kenntn. d. granit. Gesteine des Riesengeb., Ztschr. d. geol. Ges. 1882, **34**, 373ff. — O. Herrmann, Die technische Verwertung der Lausitzer Granite, Ztschr. f. prakt. Geol. 1895, 433. — L. Milch, Beitr. z. Kenntn. d. granit. Gest. des Riesengebirges, N. Jahrb. f. Min., Beil.-Bd. XII, 1898, 115 bis 237 u. Beil.-Bd. XV, 1902, 105—204; das. auch ält. Literatur.

G. Rose unterschied die Hauptmasse des Riesen- und Isergebirges als aus Granitit bestehend von einem Granit, der an der Südwestseite des Hauptgranitites einen schmalen aber vier Meilen langen Zug (von Kratzau bis Przichowitz reichend) bilde, und ebenso nördlich vom Hauptgranitit im Gneis zwischen Hirschberg bis jenseits Weigsdorf an der Wittig und weiter westlich in die Lausitz fortsetze. L. Milch (a. a. O.) faßt seine Untersuchungen folgendermaßen zusammen: Der Granit des Riesengebirges baut sich wesentlich auf aus Kalifeldspat, Plagioklas, Quarz und Biotit, ist also seiner mineralogischen Zusammensetzung nach ein normaler Granitit oder Biotitgranit. Hornblende tritt in dem normalen Gestein nicht häufig und nur in geringen Mengen auf. Die Struktur ist in weiten Gebieten hypidiomorph-körnig, aber gewöhnlich durch die großen Dimensionen eines Teiles der Kalifeldspäte porphyrähnlich; relativ frühe Ausscheidung des Quarzes bringt Anklänge an die panidiomorph-körnige resp. poikilitische Struktur hervor. Als Strukturfacies spielen echt porphyrische Gesteine eine Rolle. Seiner chemischen Zusammensetzung nach gehört der Granitit in die Reihe der granitodioritischen Magmen. Als Konstitutionsfacies treten im Granitit auf: kieselsäurereichere Gesteine, kalkreiche zu den Dioriten hinüberführende Gesteinsteile, an zweiwertigen Metallen reiche zu den Lamprophyren hinüberführende Gesteinsteile, endlich tonerdereiche Gesteinsteile.

Das den Granitit des westlichen Riesengebirges (Isergebirges) im Süden begleitende Gestein, von G. Rose als Granit (im Sinne von „echter Granit", „Zweiglimmergranit") dem Granitit gegenübergestellt und als selbständig angesprochen, baut sich auf aus Kalifeldspat, Plagioklas, Quarz und Biotit, denen sich fast immer, aber nicht ausnahmslos, heller Glimmer beigesellt. Die dem Granitit und Granit gemeinsamen Gemengteile haben in beiden Gesteinen durchaus gleiche Beschaffenheit; besonders charakteristisch ist auch für den Kalifeldspat des Granites der Gehalt an Albiteinlagerungen. Der helle Glimmer des Granites erweist sich als Kaliglimmer, der niemals primär, sondern stets als Neubildung, in den meisten Fällen als Umwandlungsprodukt des Biotites, seltener des Kalifeldspates erscheint. Seiner primären mineralogischen Zusammensetzung nach ist somit der Granit Roses als normaler Granitit oder Biotitgranit zu bezeichnen. Die Strukturen, Strukturfacies und die chemische Zusammensetzung des Granites sind der des Granitites analog. Als Konstitutionsfacies im Granit treten kieselsäurereichere Gesteine und zu den Lamprophyren hinüberführende Gesteine auf. Für die Zusammengehörigkeit des Granites und des Granitites spricht auch das Vorhandensein einer gemeinsamen Kontaktzone. Alles in allem sind die von G. Rose unterschiedenen Granitarten des Riesengebirges petrographisch und geologisch ident, und die typischen Graniteigenschaften haben sich durch Einwirkungen nach der Gesteinsverfestigung im Granitit sekundär entwickelt.

Das Gebiet des Granites von Königshain unweit von Görlitz beginnt nach Neubauer (a. a. O.) beim Dorfe Liebstein, zieht sich an dem die linken Uferhöhen des weißen Schöps bildenden Tonschiefer bis Torga hin, tritt hier, den Limasberg zusammensetzend, etwas zurück und bleibt durch einen Streifen des Diluviums von den Tonschiefern getrennt. Von Ullersdorf wendet sich die Grenze über Seifersdorf und Arnsdorf nach Döbschütz hinüber, geht über Dittmannsdorf nach Biesig, Mengelsdorf und zieht sich um die Mengelsdorfer Berge und den nordwestlichen Teil des Kämpfenberges herum, um nunmehr über Ober-Königshain am Totenstein und Schwalbenberge vorbei nach Liebstein zurückzukehren. Der Granit wird der Hauptmasse nach aus grauem Quarz, gelblichweißem Orthoklas, schwarzem Glimmer und spärlichem Plagioklas gebildet. Das Gestein ist meist gleich- und grobkörnig, in frischem Zustande von grauer, oberflächlich in der Regel von braungelber Farbe; mehrfach erscheint es porphyrartig durch Ausscheidung von größeren Feldspatindividuen. Schriftgranit ist nicht selten in der Umgebung von Drusen. Stellenweise sind dem Granit großkörnige

Partien eingeschaltet, in denen häufig der Glimmer große, entweder in dicken Päckchen eingelagerte oder die Feldspäte kastenartig durchsetzende Blättchen bildet. Bemerkenswert ist der Reichtum an Drusen, die sehr mineralreich sind. Außerordentlich verbreitet ist der Mikroklin in Verwachsung mit Albit. Nach Woitschach (a. a. O.) ist die Frage, ob das Königshainer Granitgebirge ein selbständiges Gebiet sei, oder ob es mit dem Granit des Riesen- und Isergebirges im Zusammenhang stehe, schwer zu unterscheiden. Nach den Beobachtungen von G. Klemm und J. Hazard ist der Königshainer Granit jedoch zweifellos als ein jüngerer in dem Sockel des Lausitzer Hauptgranites aufsitzender Stockgranit erkannt worden. In seinem Bereiche liegen die Bruchdistrikte von Mengelsdorf-Döbschütz und Königshain-Attendorf mit zahlreichen Werksteinbrüchen. Herrmann (a. a. O.) rühmt seine Farbenbeständigkeit und Reinheit, andererseits aber ist er zäh und schwierig zu bearbeiten.

Die Granitvorkommen der Striegauer Berge.

Schulze, Leonhards Taschenbuch 1811, 105. — G. Assmann, Die Granitbrüche in Oberstreit bei Striegau, Z. f. Bauw. Berlin 1865, **15**, 251. — Becker, Inaugur.-Diss., Breslau 1868. — A. Schwantke, Die Drusenminer. d. Striegauer Granits, Leipzig, Veit u. Co. 1896; das. auch ält. Literatur.

Das Granitmassiv zwischen Striegau und Jauer hat ungefähr die Gestalt eines sehr stumpfwinkeligen Dreiecks. Die südwestliche Grenze gibt eine Linie von dem Galgenberge bei Tschirnitz über Girlachsdorf, Bohrauseiffersdorf und Eisdorf nach Striegau, die Ostgrenze bildet die Eisenbahn von Striegau bis Nieder-Gutschdorf, die Nordgrenze eine Linie von Nieder-Gutschdorf nach dem Galgenberge. Die höchsten Erhebungen sind der Streitberg (349 m) und die Tschechenberge bei Girlachsdorf (320 m). Der Granit ist mittelfeinkörnig und hellfarbig. Er besteht aus weißem Feldspat (vorherrschend Kalifeldspat, untergeordnet Plagioklas) grauem Quarz und schwarzem Magnesiaglimmer. Kaliglimmer fehlt fast völlig. Der Granit zeigt eine ausgezeichnete Absonderung und läßt sich darum vorzüglich zu Werkstücken verarbeiten. Abweichend von der normalen Ausbildung treten in ihm basische Konkretionen, Schlieren, Gänge und pegmatitische Ausscheidungen auf. Besonders in letzteren treten jene Hohlräume auf, in denen sich die zahlreichen Drusenmineralien abgesetzt haben.

Durch Steinbrüche ist der Granit an folgenden Punkten aufgeschlossen:

Bei Striegau am Windmühlen- und Schießberge; zwischen dem Bahnhof Striegau und dem Spitzberge; westlich von Gräben in den Fuchsbergen; zwischen Striegau und Pilgramshain in den Pilgramshainer Brüchen; bei Häslicht; bei Bohrauseiffersdorf; bei Dätzdorf; bei Girlachsdorf, am Galgen- und Rennerberge bei Poischwitz; am Charlottenberge bei Tschirnitz; zwischen Kalthaus und Tschirnitz (zu Kalthaus gehörig); bei Groß-Rosen; am Streitberge und in den Järischauer Bergen.

Der bei Striegau vorkommende Granit ist sehr verschieden. Während der bei Stadt Striegau und Gräben bei Striegau lagernde Granit, ähnlich dem Schiefer, in Tafeln gespalten werden kann und namentlich eine vorzügliche Platte liefert, ist der Granit vom Streitberge durch sein gleichmäßiges, feines Gefüge zu Werkstücken mit feinen Profilierungen geeignet. Der Granit bei Groß-Rosen und Kalthaus liefert dagegen wegen bedeutender Härte einen vorzüglichen Pflasterstein.

Granitvorkommen der Strehlener Berge.

Literatur siehe unter Kaolinvorkommen von Strehlen S. 86.

Der Granit der dortigen Gegend bildet ausgedehntere Massen am Galgenberge, westlich Strehlen, zwischen der Straße von Alt-Strehlen nach Mehltheuer und der Ohlau, auf der westlichen Abdachung des Molkenberges und östlich von Geppersdorf. Ferner setzt er den Marienberg bei Alt-Strehlen, sowie eine größere gangförmige Partie nordöstlich von Steinkirche zusammen und nimmt in den Gipfeln des Rummelsberges und des Kalinkeberges die höchsten Erhebungen des Gebirges ein. Die übrigen Vorkommnisse bestehen meist in kleineren Hervorragungen. Er ist überall von sehr ähnlicher Beschaffenheit, sowohl in Rücksicht der Gemengteile als der Struktur. Er enthält als wesentliche Gemengteile Orthoklas, Oligoklas, Quarz, schwarzen und weißen Glimmer; als zufällige: Hornblende, Titanit, Eisenkies. Der Granit ist meistens kleinkörnig, zuweilen feinkörnig, bisweilen den grobkörnigen sich nähernd. Diese grobkörnigen Abänderungen, welche jedoch nie so grobkörnig werden wie der Striegauer Granit, erhalten durch die größeren Orthoklaskörner ein etwas porphyrartiges Ansehen. Der berühmte Granit aus dem großen städtischen Bruch am Galgenberg von Strehlen ist für die dortigen Granite eine schon etwas grobkörnige Abänderung. Pegmatitische Gänge und Drusenräume sind auch beim Strehlener Granit zu beobachten. Die Granitlagerung bei Strehlen steht der bei Striegau in bezug auf Ausdehnung bei weitem nach. Der

Stein ist sehr gesucht wegen seiner schönen Farbe, Festigkeit und feinem Korn; er wird namentlich zu Pflastersteinen (Niclasdorf westlich von Strehlen) verarbeitet, eignet sich jedoch auch zu Werkstücken.

Granitvorkommen am Zobten.

Lüttwitz, Die Granitsteinbr. am Zobtenberge, Provbl. 1832, **95**, 336—338. — Mor. Sadebeck, Der Zobtenberg und seine Umgebung, Nova Acta Acad. Leop. Car., 1856, **25**, 2, 593—766.

Die nordwestliche Abdachung des Zobtengebirges von der Nachbarschaft der alten Steinbilder (Bär, Jungfrau mit dem Fisch) hinab nach Gorkau, Qualkau und Ströbel, sowie die Westseite um Krotzel bedeckt in mächtiger Entwickelung Granit. Er ist meist gleichmäßig körnig und besteht vorwaltend aus weißem Orthoklas, weißlichem Oligoklas, graulichweißem Quarz, sowie schwarzem und hellfarbenem Glimmer. Häufig wird er von weißen Quarzgängen durchsetzt, er ist wohl jünger als der Gabbro des Zobtens. Die Granitgewinnung ist hier verhältnismäßig gering, das Gestein eignet sich zu Platten und Werkstücken.

Sandstein.

Sandsteinbrüche finden sich im Karbon der Waldenburger Gegend, sowie im Rotliegenden der Kreise Neurode, Landeshut, Jauer, Löwenberg. Die wichtigsten schlesischen Sandsteinvorkommen gehören jedoch der Kreide: einmal im Bober-Katzbach-Gebiet (in den Kreisen Bunzlau, Löwenberg, Goldberg) und weiterhin in der Grafschaft Glatz, an.

Sandsteinvorkommen des Boberkatzbachgebietes (Bunzlau, Löwenberg, Goldberg).

Bezüglich der Literatur ist hier außer den schon mehrfach zitierten Arbeiten von Beyrich, Drescher, Kunth und Williger hinzuzufügen: Scupin, Die Glieder. der Schichten in der Goldberger Mulde, Ztschr. d. geol. Ges. 1903, **54**, Heft 3.

Als besonders technisch wichtig sind hier zu nennen die Kreidesandsteine von Warthau bei Bunzlau und von Plagwitz bei Löwenberg. Ersterer ist weiß, grau, gelb bis dunkel gefärbt, besitzt ein spez. Gewicht von 2,0, eine mittlere Druckfestigkeit von 270 bis 650 kg pro qcm und wird besonders beim Hoch- und Wasserbau verwendet; letzterer ist grau, weiß (selten gelb und rot), besitzt ein spez. Gewicht von ebenfalls 2,0, eine mittlere Druckfestigkeit von 600 kg pro qcm und findet beim Hochbau und Brückenbau Verwendung.

Sandsteinvorkommen der Grafschaft Glatz.

Geinitz, Verstein. v. Kieslingswalde, Dresden und Leipzig 1843. — Beyrich, Quadersandsteingeb. in Schlesien, Ztsch. d. geol. Ges. 1849, **1**, 390—392. — R. Michael, Cenoman und Turon bei Cudowa, Ztschr. d. d. geol. Ges. 1893, **45**, 195—244. — F. Sturm, Sandstein von Kieslingswalde, Jahrb. geol. Landesanst., Berlin 1900. — A. Leppla, Geolog.-hydrogr. Beschreib. d. Niederschlagsgebietes d. Glatzer Neiße, Abh. geol. Landesanst. Neue Folge 1900, Heft 32. — W. Petrascheck, Z. Geologie d. Heuscheuergebirg., Verh. k. k. geol. Reichsanst. 1903, Nr. 13. — K. Flegel, Heuscheuer und Adersbach-Weckelsdorf (Zur Geol. d. böhm.-schles. Grenzgebirges), Schles. Ges. Vaterl. Kult., Breslau 1904; das. auch sonst. Literatur. — F. Frech, Exkursionsführ. in die Grafsch. Glatz, Breslau 1904.

Von Sandsteinen der dortigen Gegend, die eine mehr als lokale Bedeutung besitzen, führt Foerster (Baumaterialienkunde S. 60) an:

1. Den Sandstein von Albendorf, gelblich, grauweiß, ein Material von sehr guter Wetterbeständigkeit, welches zu Hoch-, Brücken- und Wasserbauten Verwendung findet.

2. Den Sandstein von Cudowa, weiß, öfters gelb geflammt, spez. Gew. 2,3, Druckfestigkeit 1415 kg pro qcm, der dieselbe Verwendung findet.

3. Die Sandsteine von Friedersdorf und Höllenthal bei Reinerz, spez. Gew. 2,35, Druckfestigkeit 1082 kg pro qcm, zu Hoch- und Wasserbauten verwendet.

Marmor.

Marmorbrüche bei Kauffung, Jauersch. Wochenbl. 1812, 18, 19. — F. S. Scholtz, Proben von schlesischem Marmor und deren Fundorte, Übers. Arb. Schles. Ges. 1847, 53, 54. — Kosmann, Die Gesteine der schles. Marmorindustrie (Die Marmorarten d. D. Reiches, Berlin 1888, 28—38). — Derselbe, Die neuen Marmorbrüche von Rothenzechau und Wüsteröhrsdorf bei Landeshut, Sitzungsberichte Ver. f. Gewerbefleiß 1892, 253; Wand. i. Riesengeb. 1892, 146.

Kosmann (a. a. O.) führt von niederschlesischen Marmoren an: Im Archaikum die Vorkommen der Gegend von Landeck und Glatz (Seitenberg, Wolmsdorf und Kunzendorf), das Vorkommen von Prieborn bei Strehlen und das des Sauberges von Rothenzechau bei Landeshut; im Silur das Vorkommen des Kitzelberges bei Kauffung Kreis Schönau.

Vorkommen von Seitenberg bei Landeck.

Am westlichen Abfall des hohen aus Gneis und Glimmerschiefer bestehenden Gebirgsrückens, welcher im südöstlichen Zuge von Landeck zugleich die Grenze gegen Österreichisch-Schlesien bildet, setzt bei Seitenberg, 7 km südlich von Landeck, im Oberdorfe ein Kalksteinzug auf, dessen anstehende Felsen in den Brüchen am Kreuzberge und Schindlerberge erschlossen sind. Weiter in westlicher Fortsetzung hat man bei Wolmsdorf seit Jahr und Tag einen Kalksteinbruch eröffnet und ebenso wurde bei Kunzendorf (nicht zu verwechseln mit Groß-Kunzendorf südlich von Neisse Ob.-Schl.) die Gewinnung von Kalkstein in Angriff genommen. Die Mächtigkeit des Lagers beträgt 25 m, es wird von Hornblendeschiefer überlagert; der Marmor bricht ausgezeichnet bänkig, zeigt ein vorzügliches mittel- bis feinkristallinisches Korn, sowie ausschließlich hellere Färbungen, nur selten treten Einlagerungen von Glimmerschüppchen auf; das Material ist sehr dicht und wiegt ein Würfel von 30 cm Seite 83 kg. Besonders rein, schneeweiß, höchst feinkörnig, aber dennoch kristallinisch sind dolomitische Partien bei Kunzendorf.

Vorkommen von Prieborn bei Strehlen (im Gneis).

In Prieborn, 15 km südöstlich von Strehlen, von Gnadenfrei in der Luftlinie 30 km entfernt, wurde bis in die 50er Jahre hinein schwarzer und grauer Marmor in einem weit aufgeschlossenen Steinbruche gewonnen. Die teure Abfuhr hat den Bezug dieses Marmors unterbunden.

Das Vorkommen am Sauberge bei Rothenzechau (im Glimmerschiefer).

Der dortige Marmor ist höchst feinkörnig kristallinisch, von lichtgelber Färbung, ziemlich durchscheinend, so daß er im durchfallenden Lichte leicht rosa erscheint. Das Gestein hat im ganzen eine zuckerförmige Beschaffenheit und ist, ebenso wie der weiße Marmor von Kunzendorf, den Dolomiten zuzurechnen. Eine Analyse von Karsten (v. Festenberg-Packisch, Met. Bergb. Niederschles., Wien 1881, 68) ergab:

Kohlensaurer Kalk	55,80 %
Kohlensaure Magnesia	40,15 „
In Säure unlöslicher Rückstand .	3,70 „
	99,65 %

Das silurische Vorkommen des Kitzelberges bei Kauffung.

Der Kitzelberg liegt auf dem linken westlichen Ufer der Katzbach, über deren Spiegel er sich 300 m hoch erhebt. Der ganze Berg besteht fast nur aus Kalkstein von marmorfähiger Beschaffenheit. Den besten Aufschluß über die Lagerungsverhältnisse gewähren die Brüche am oberen südlichen Abhange des Berges, in welchen Friedrich der Große den für seine Prachtbauten in Potsdam erforderlichen Marmor brechen ließ. Der Kauffunger Marmor zeichnet sich durch höchst feinkörnig-kristallinische Beschaffenheit aus, er ist hellgrau bis rötlich, an anderer Stelle bes Berges kommen auch tiefschwarz gefärbte Lager vor.

Basalt.

Glocker, Beschreib. der preuß. Oberlaus., Görlitz 1857. — Jäckel, Über die Basalte Niederschlesiens, 35. Jahresber. Schles. Ges. 1857, 24—35. — H. Möhl, Die Basalte der preuß. Oberlausitz, Görlitz 1874. — P. Trippke, Beitr. z. Kenntn. d. Schles. Basalte, Inaug.-Diss., Breslau 1878. — Krusch, Bas. d. preuß. Oberlausitz zwischen Neisse u. Queiß, Jhrb. geol. Landesanst. 1894, **15**, 279.

Von niederschlesischen Basaltvorkommen sind als technisch wichtig die Vorkommen der Oberlausitz (Sproitz bei Niesky, Lichtenau, Lauban, Nieder-Linda, Lauterbach bei Görlitz) zu nennen, die zur Herstellung von Pflastersteinen, Schotter und Mosaik verwendet werden. Die früher bedeutende Anfertigung von Basaltpflastersteinen von Striegau (der Breite Berg) ist zurückgegangen. Auch in den Kreisen Jauer, Goldberg, Löwenberg sind Basaltbrüche zu nennen.

Sonstige hierher gehörige Felsarten.

Von sonstigen hierher gehörigen Vorkommen sind die mannigfachen Brüche von Grauwacke, Porphyr, Quarz, Diabas, Gabbro, Melaphyr zu nennen. Erwähnung verdient noch die Schieferindustrie im Laubaner Kreise, besonders zu Goldentraum in den dortigen Glimmerschiefern des Riesengebirges (Fama der Sudeten 1821, Nr. 25), ganz besonders aber das Vorkommen der Quarzitschiefer im Gneise von Crummendorf bei Strehlen. Letztere finden eine hohe und ausgedehnte Verwendung in Schweiß-, Puddel- und Kupolöfen. Sie sind behaubar und in Ziegelform beziehbar. Bischof (Gesamm. Analysen) veröffentlicht die Ergebnisse zweier Untersuchungen dieser Quarzitschiefer:

	a	b
Kieselsäure . .	91,400 %	88,14 %
Tonerde . . .	5,660 „	6,11 „
Magnesia . . .	0,012 „	— „
Kalk	0,034 „	— „
Eisenoxyd . . .	0,215 „	0,45 „
Kali	1,340 „	5,30 „
Glühverlust . .	0,900 „	— „
	99,561 %	100,00 %

Auch die tertiären Süßwasserquarzite der Braunkohlenformation, die sich allenthalben, besonders in der Gegend von Strehlen bis Falkenberg Ob.-Schl. hin, und von Bunzlau bis in die Lausitz hinein finden, mögen hier erwähnt werden (Göppert, Über Süßwasserquarz mit Pflanzenresten von Strehlen, 44. Jahresber. Schles. Ges. f. 1866, 52). Endlich hat man Silurschiefer von Schönau und Kulmschiefer von Bögendorf bei Schweidnitz versuchsweise zur Herstellung von Dachschiefern verwandt.

4. Edelsteine und Halbedelsteine.

Edelsteinkunden von Schrauf (Wien 1869), Groth (Leipzig 1887), Doelter (Leipzig 1893) und besonders von Max Bauer (Leipzig 1896). — v. Dechen, Nutzb. Min. u. Gebirgsart. i. D. Reiche, Berlin 1873. — Minerale Schlesiens von Fiedler (Breslau 1863) und H. Traube (Breslau 1888). — Hintze, Handb. d. Miner., Leipzig 1897.

Es muß darauf verzichtet werden, hier eine vollständige Aufzählung der einzelnen Fundorte der Edel- und Halbedelsteine zu geben, nur besonders charakteristische **Vorkommen** können genannt werden.

Korund (Sapphir, Rubin) fand sich in Geschieben im Goldsande bei Goldberg. Bekannt ist auch das Vorkommen von gemeinem Korund in Sapphir übergehend im Pegmatit des Rabensteines von Wolfshau bei Krummhübel.

Beryll fand sich besonders bei Striegau (Urbanscher Bruch) in Drusenräumen des Granites, in Pegmatitgängen des Gneises am Weinberge bei Langenbielau, bei Rosenbach unweit Gnadenfrei und bei Nieder-Peilau unweit Reichenbach. Auch zu Steinkunzendorf und Conradswaldau bei Schweidnitz, und als Seltenheit im Granit von Königshain bei Görlitz.

Spinell zu Goldberg im goldführenden Diluvialsand.

Chrysoberyll im Goldberger Diluvialsand und zu Kunsdorf bei Nimptsch.

Zirkon (Hyacinth) als Geschiebe im Goldberger Sande. Ferner in der Görlitzer Gegend (Königshain, Biesig, Döbschütz), im Basalt des Bremberges bei Jauer, im Granit von Striegau und zu Schreiberhau und Lomnitz bei Hirschberg.

Phenakit zu Striegau (vgl. Hintze, 74. Jahresber. Schles. Ges. 1896, II, 36, 37).

Opal, besonders häufig in dem Frankensteiner und Zobtener Serpentingebirge. Gemeiner Opal (Milchopal, Pechopal, Wachsopal, Prasopal) besonders zu Kosemitz, Thomitz, Baumgarten und Grochau bei Frankenstein, am Stein- und Johnsberge bei Jordansmühl und bei Schwentnig. Halbopal besonders bei Grochau. Hyalit namentlich am Zobten (Jordansmühl), in der Strehlener Gegend, im Basalt von Liebenau bei Liegnitz und Schlaupp bei Wohlau, in den Basalten und Graniten der Görlitzer Gegend, auch in denen der Striegauer Gegend.

Granat, Kalktongranat zu Gleinitz bei Jordansmühl (weißer Granat!), Geppersdorf bei Strehlen, Neudeck bei Glatz, Striegau, auf der Dominsel in Breslau; Eisentongranat an vielen Punkten in den schlesischen Bergen: besonders im Chloritschiefer von Querbach bei Löwenberg, im Eulengrund bei Wolfshau, an den Kochelwiesen bei Schreiberhau, zu Schwarzbach bei Hirschberg, bei Schmiedeberg, Landeck, Strehlen, Lampersdorf bei Schweidnitz, im Weistritztal; Kalkeisengranat auf der Magnetitlagerstätte von Schmiedeberg; Kalkchromgranat bei Jordansmühl.

Turmalin findet sich in Drusen des Striegauer Granites, sehr verbreitet im Eulengebirgsgneis und dessen Pegmatitgängen, besonders bekannt das Vorkommen von Langenbielau am Weinberge.

Türkis namentlich zu Stein und Damsdorf bei Jordansmühl auf Klüften eines Kieselschiefers.

Chrysolith fast in allen Basalten der Oberlausitz, und sehr häufig in denen Niederschlesiens (am Merzberg bei Friedeberg a. Qu., Hennersdorf bei Jauer, Lauterbach bei Görlitz, am Wingendorfer Steinberge bei Lauban, am Überscharberge und Graustein bei Landeck).

Cordierit am Ochsenkopf bei Kupferberg im Cordieritgneis und in demselben Gestein am Schwarzenberg bei Schreiberhau, im Eulengebirge, im Basalt der Landskrone bei Görlitz.

Cyanit im Goldsande von Goldberg, ferner zu Langenbielau, Habendorf bei Reichenbach, Weistritz bei Schweidnitz, Meffersdorf bei Lauban.

Andalusit besonders bei Landeck im Glimmerschiefer des Winklerberges und Krautenwalder Berges.

Staurolith ebenda.

Axinit in Drusenräumen des Striegauer Granites.

Titanit, besonders im Amphibolit bei Steinkunzendorf bei Reichenbach, bei Schmiedeberg auf Bergfreiheitgrube, im Granit von Guhlau bei Schweidnitz, im Granit bei Warmbrunn, im Granit des Rummelsberges bei Strehlen, im Syenit und Kalkstein von Neudeck bei Glatz und im Granitporphyr von Follmersdorf bei Reichenstein (Liebisch).

Vesuvian besonders zu Deutsch-Tschammendorf bei Strehlen und zu Jordansmühl bei Nimptsch, auch zu Alt-Kemnitz bei Hirschberg, Rothenzechau bei Schmiedeberg, Königshain bei Glatz.

Epidot zu Striegau, Hirschberg, Schmiedeberg, zu Friedeberg am Queiß, bei Zobten im Hornblendeschiefer des Engels- und Lämmelberges, sowie im Granit von Königshain bei Görlitz.

Diopsid fand sich besonders zu Reichenstein (Reiche-Trostgrube) und zu Kupferberg (Grube Einigkeit).

Quarz. Bergkrystalle fanden sich besonders ausgezeichnet in Drusenräumen der Ganggranite des Riesengebirges bei Lomnitz, Schwarzbach und Warmbrunn, auf Quarzgängen im Gneis und Quarzschiefer bei Crummendorf und Hussinetz im Kreise Strehlen, sowie auf Quarzgängen im Granit von Järischau bei Striegau; an denselben Orten und vielfach anderswo traten auch Citrine, Rauchquarze, Amethyste (letztere am häufigsten in Achatkugeln im Melaphyr) auf.

Chalcedon, hier ist besonders der durch Nickeloxyd grün gefärbten Varietät: des Chrysoprases zu gedenken, der sich auf Gängen im Serpentin bei Kosemitz und Tarnau im Kreise Frankenstein fand, eines Steines, der für Schlesien besonders charakteristisch ist und für den Friedrich der Große eine besondere Vorliebe hatte. Klaproth (Schrift. Ges. Naturf.-Freunde 1788, VIII, 2, 17—46) veröffentlichte folgende Analyse des schlesischen Chrysoprases:

Kieselerde . .	96,16
Tonerde . . .	0,83
Kalk	0,83
Eisenoxyd . .	0,08
Nickeloxyd . .	1,00
Wasser . .	1,85
	100,75

Vergl. ferner L. G. Meinecke: Über den Chrysopras und die denselben begleitenden Fossilien in Schlesien, Erlangen 1805.

Achat fand sich besonders mandelförmig in Porphyren und

Melaphyren, wie in dem Porphyr von Rosenau bei Schönau, in den Melaphyren der Löwenberger, Lähner und Schönauer Gegend, der Landeshuter Gegend (am Buchberge) und in denen von Dürrkunzendorf und Finkenhübel bei Glatz.

Malachit ist in größerer Menge nicht bekannt; er tritt nur vielfach als Überzug oder in kleinen strahlig-faserigen Partien auf.

Bernstein ist in vereinzelten Stücken an vielen Punkten im Diluvium gefunden worden, bisweilen an Stellen, die hoch über dem Spiegel der Ostsee liegen, wie bei Hermsdorf bei Hirschberg, Tannhausen bei Waldenburg. Große Stücke sind bekannt von Klein-Kletschkau bei Breslau und von anderen Punkten. Auch aus der Tertiärformation wird Bernstein angegeben, so von Petershain bei Niesky, Geibsdorf, Lichtenau bei Lauban, Rauschwalde bei Görlitz (Glocker, Beschreib. d. Oberlaus., Görlitz 1857). Vgl. auch Göppert, Übers. Arb. Schles. Ges. 1845, 136—138.

Serpentin bei Reichenstein (Hare, Inaug.-Diss., Breslau 1879), am Zobten und in den Frankensteiner Bergen, namentlich bei Kosemitz und Grochau (Liebisch, Ztschr. Geol. Ges. 1877, **29**, 729—734 und Traube, Inaug.-Diss., Greifswald 1884). Vielfach auch im Eulengebirge (Kalkowsky, Habilitat.-Schrift, Leipzig 1878, sowie Dathe, N. Jahrb. 1888, **2**, 168). Sonst besonders bei Schmiedeberg, Rothenzechau, Alt-Kemnitz bei Hirschberg, Volpersdorf, Köpprich bei Neurode. Über die ehemalige Benutzung vgl. Prov.-Bl. 1842, 111—116.

Nephrit bei Jordansmühl, Kreis Nimptsch, eingelagert zwischen Weißstein und Serpentin, sowie hellfarben im Serpentin selbst (H. Traube, N. Jahrb. 1884, Beil.-Bd. III, 412 und A. Sachs, Centralbl. f. Min. 1902, 385—396), ferner auch im Diopsidgestein des Fürstenstollens bei Reichenstein (Traube, Min. Schles. 1888, 148). Vgl. auch Hintze, Schles. Ztg. 1899, 21. Juni, Nr. 427. Ein diluvialer Nephritblock im Straßenpflaster von Breslau gefunden (Gürich, Centralbl. f. Min. 1901, Nr. 3, 71—73).

5. Phosphorite.

Phosphorhaltige Rohmaterialien für künstliche Düngemittel (ebenso wie übrigens auch stickstoffhaltige) fehlen in Schlesien (vgl. Ztsch. f. prakt. Geol. 1894, **2**, 214).

II

Oberschlesien

a) Metallische Fossilien.

Einleitung.

Der metallische Bergbau Oberschlesiens unterscheidet sich von dem Niederschlesiens durch seine Konzentration auf ein einziges Gebiet: auf die Erzvorkommen im Muschelkalk der Beuthen-Tarnowitzer Mulde. Während es sich in Niederschlesien um zahlreiche, aber — mit nur wenigen Ausnahmen — ökonomisch unbedeutende Erzlagerstätten handelt, stellt das genannte oberschlesische Zink-, Blei- und Eisenerzvorkommen in seiner engen räumlichen Verbindung mit der Steinkohle nicht nur für Schlesien, sondern für ganz Deutschland einen ökonomisch höchst bedeutsamen Faktor dar. Zink- und Bleierze finden sich in Oberschlesien abbauwürdig nur an der genannten Stelle, bei den Eisenerzen sind zwar die auch in anderen Formationen auftretenden Ton- und Brauneisensteine zu erwähnen, sie treten aber gegenwärtig völlig gegen die Brauneisenerze des Muschelkalkes zurück: letzere liefern etwa 99 % der Eisenerzförderung Oberschlesiens. Endlich müssen auch ein paar früher abgebaute Schwefelkiesvorkommen außerhalb der Muschelkalkformation genannt werden, gegenwärtig gewinnt man den Schwefelkies ebenfalls aus der Muschelkalkformation als Nebenprodukt bei der Förderung der Blei- und Zinkerze.

Auch in genetischer Beziehung ist ein Gegensatz zwischen dem Erzvorkommen der Beuthen-Tarnowitzer Mulde und der Mehrzahl der niederschlesischen Erzlagerstätten hervorzuheben. Während man in Niederschlesien den Metallgehalt primär großenteils in eruptiven Magmen zu suchen haben wird, schließt der geologische Aufbau Oberschlesiens, an dem sich Eruptivgesteine im erzführenden Gebiete nicht beteiligen, diese Annahme für die oberschlesischen Erzlagerstätten aus. Alle Beobachter sind darüber einig, daß ihr Metallgehalt primär mit wässerigen Lösungen verknüpft war, wenn auch bezüglich der näheren Umstände, unter denen sich das Erz hieraus absetzte, die Meinungen auseinandergehen.

Eisenerze (mit Ausnahme der Vorkommen im Muschelkalk).

Die karbonischen Kohlen- und Toneisensteinvorkommen.

Oeynhausen, Geogn. Beschreib. v. Oberschles., 1822, 120, 150, 164. — Cotta, Berg- u. Hüttenm. Ztg. 1860, Nr. 12. — Runge bei F. Roemer, Geol. v. Oberschles., Breslau 1870, 531—533. — v. Dechen, Nutzb. Min. u. Gebirgsart im Deutschen Reiche, Berlin 1873, 566. — Gaebler, Vork. v. Kohleneisenstein in oberschles. Steinkohlenflözen, Ztschr. f Berg-, Hütten- u. Sal.-Wes., 1894, **42**, 157—162, 407. — Partsch, Schles., eine Landeskunde, Breslau 1903, II, 1. Heft, S. 46.

Der Kohleneisenstein (mit 20 bis höchstens 35 % Eisen) hat für die Eisenindustrie geringe Bedeutung, weil er nur in spärlichen Mengen auftritt; da er auch nur in gewissen Steinkohlenflözen auftritt, kann er vielmehr gerade wegen seiner Seltenheit zur wissenschaftlichen Identifizierung dienen. Nur ganz ausnahmsweise fanden sich Flöze von Kohleneisenstein, wie zu Schwientochlowitz und zu Czernitz.

Wichtiger sind die tonigen Sphärosiderite, die in einzelnen Nieren und Broten, namentlich in den Schieferlagen der obersten Abteilung des Karbon, aber auch gelegentlich in tieferen Lagen vorkommen. Ihre Ausdehnung zwischen den Schiefertonschichten betrug stets nur wenige Meter. Die Hauptförderungen lagen im Beuthener Stadtwalde in der Gegend von Antonienhütte, Friedenshütte und Ruda, ferner in der Gegend von Zalenze und südlich davon im Myslowitzer Walde bei Janow; endlich auch in der Gegend von Orzesche, Dubensko und Ornontowitz. Hinsichtlich der Bildung dieser Sphärosiderite ist in Zalenze beobachtet worden, daß sie sich vorzugsweise über den flachen Einsenkungen der Steinkohlenflöze finden, nicht auf den zwischen denselben liegenden Erhebungen; es scheinen sich also die eisenerzhaltigen Lösungen an den tieferen Punkten konzentriert zu haben. Der Abbau der Sphärosiderite erfolgte dort, wo sie nahe über den Steinkohlenflözen lagen, zugleich mit der Gewinnung der Steinkohlen, wie auf den Gruben Antonsglück bei Dubensko, Leopold bei Ornontowitz und Cleophas bei Zalenze. An anderen Punkten aber, wie bei Zalenze, im Beuthener Stadtwalde, bei Orzegow, Neudorf, Kochlowitz, im Myslowitzer Walde, bei Ornontowitz, Belk und Mokrau, wurden die Erze durch einfachen Duckelbau gewonnen, indem an vielen Stellen kleine Schächte ohne Zimmerung zu 10 m Teufe angelegt wurden, aus denen man die

Erzbrote herausriß. Regelrechte Bergbauanlagen, wie sie bei Zabrze, Radoschau, Ida-Hütte versucht worden sind, haben sich bei der Zusammenhangslosigkeit der Lager nie als lohnend erwiesen.

Runge und v. Dechen (a. a. O.) erwähnen in der Steinkohlenformation auch noch das Vorkommen eines 8—17 cm starken Roteisensteinflözes bei Nieder-Radoschau, welches auf Sandstein ruhend von stellenweise sehr eisenschüssigem Schieferton bedeckt wurde. Es fiel mit 25 Grad gegen Nordost ein, das Erz wurde jedoch wegen allzuweiter Entfernung von allen Hütten nicht verarbeitet.

Im Jahre 1868 wurden aus der oberschlesischen Steinkohlenformation ca. 332000, im Jahre 1872 ca. 156000 Zentner Sphärosiderite gewonnen. Gegenwärtig ist die Förderung unbedeutend.

Die Toneisensteinvorkommen im Keuper.

Runge bei F. Roemer, Geol. von Oberschles., Breslau 1870, 533—534, vgl. auch ebenda 170—172.

In dem grauen Letten der oberen Keuperschichten (Rhätische Stufe) liegen in flachen Nestern und aneinander gereihten Nieren, zuweilen auch flözartig sich ausbreitend, 2—10 Zoll mächtig, in 2—3 verschiedenen Lagen übereinander schöne 30—40 $^0/_0$ige, zuweilen aber Schwefelkies führende Toneisensteine, die besonders in der Gegend von Kreuzburg, Landsberg, Pitschen abgebaut wurden. Der Abbau erfolgte mittels Schacht- und Streckenbetrieb und Strebbau, er wurde durch bedeckende und dem Letten eingelagerte wasserreiche Sandschichten erschwert. Die Schächte gingen bis zu 11 Lachtern nieder, die Erzablagerungen besaßen zuweilen Erstreckungen von 30—60 Morgen. Die Lagerstätten sind indes zum großen Teil in früheren Jahren durch Raubbau ausgebeutet worden. Runge hebt folgende Örtlichkeiten hervor: Bankau, Wilmsdorf und Goslau zwischen Kreuzburgerhütte und Landsberg, ferner Ludwigsdorf, Matzdorf, Loffkowitz, Josefsberg und mehrere andere Punkte östlich und nordöstlich von Kreuzburgerhütte.

Gegenwärtig besteht hier die Eisenerzförderung des Rittergutsbesitzers Gallinek zu Hellewald-Neudorf (die Hellewalder Estherienschichten!), vgl. Gallinek, 71. Jahresber. Schles. Ges. f. 1893, 32.

Die Toneisensteinvorkommen im Jura.

v. Oeynhausen, Geogn. Beschreib. von Oberschles. 1822, 364. — v. Carnall, Bergm. Taschenb. f. Oberschles. IV, 1847, 1—43. — Tamnau, Sphärosiderit von Ponoschau, Ztschr. d. geol. Ges. **14**,

1862, 539—540. — F. Roemer, Geol. von Oberschles., Breslau 1870, 195, sowie Runge, ebenda 534—535. — Michael, 72. Jahresber. Schles. Ges. 1894, 23 u. 24. — Rehbinder, Ztschr. d. d. geol. Ges. 1902, **54**, Prot. 107—110. — A. Schmidt, Das Helenenthaler Eisensteinvorkommen, Kohle und Erz 1905, 2. Jahrg., 117—120.

In der durch Ammonites Parkinsoni, Belemnites giganteus und Pholadomya Murchisoni gekennzeichneten mittleren Stufe des Braunen Jura treten, besonders in den Kreisen Rosenberg, Lublinitz und Kreuzburg, flözförmig und in fast söhliger Lagerung Toneisensteine auf. In der Regel liegen 3—6 Erzlager von 3—12 Zoll Mächtigkeit übereinander, welche durch Lettenmittel getrennt werden. Die Erze halten 20—45 % Eisen. Die Gewinnung erfolgte in den oberen Lagen durch Duckelbau, in den tieferen, in der Regel von wasserreichen Sandschichten überdeckten Lagen mittels küvelierter Schächte, Strecken und Strebbau. Die Schächte gingen bis zu 12 Lachtern nieder. Runge (a. a. O.) nennt folgende Örtlichkeiten: Ponoschau, Zborowski, Bieberstein, Wichrau, Bodzanowitz, Sternalitz, Krysanowitz und Koselwitz, ferner Liebsdorf, Sumpen, Jastrzigowitz, Paulsdorf und andere Punkte zwischen Lublinitz und Kreuzburgerhütte.

Das Vorkommen von Helenenthal bei Woischnik, Kreis Lublinitz, stellt nach A. Schmidt (a. a. O.) ein etwa 3 m mächtiges, in N 80 W streichendes und mit 12—15° gegen Norden einfallendes Flöz dar mit einem Eisengehalt von ca. 45 %. Der Autor ist geneigt das Flöz zum unteren Dogger zu stellen; obwohl nach seinen Berechnungen dort ein Vorrat von etwa 14500000 t Eisenerz vorhanden ist, ist das Erzlager wegen ungünstiger Transportverhältnisse zurzeit nicht abbaufähig.

Tertiäre Toneisensteinvorkommen.

a) Vorkommen in der Braunkohlenformation.

F. Roemer, Geologie v. Oberschles., Breslau 1870, 417, sowie ebendort Runge S. 535.

Des weiteren vgl. unter Niederschlesien, Braunkohle S. 75.

In der früher zum Oligocän, gegenwärtig zum Miocän gestellten schlesischen Braunkohlenformation treten in der Gegend von Kreuzburgerhütte, Carlsruhe und Oppeln häufig 2—3 durch Lettenmittel getrennte, auch lagerartig aushaltende Toneisensteinmassen ein, deren Mächtigkeit bis zu 1 Fuß steigt und deren Gehalt zwischen 18 und 35 % Eisen wechselt. Die Erze wurden teils durch Aufdeckarbeit und Duckelbau, teils aber auch durch strebartigen unterirdischen Abbau gewonnen und bis zu 12 Lachtern Teufe verfolgt. Mit zunehmender Mächtigkeit verringerte sich in der Regel der Gehalt und die Güte der Erze. Der Hauptort der Gewinnung war Dammratsch, nördlich von Kreuzburgerhütte, sie kamen aber auch vor in der Nähe der Kreuzburgerhütte bei Grabczok, Zedlitz, Neuwedel, Schubenik, Dombrowka, Tauenzinow und Brinitze; in der Gegend von Carlsruhe bei Gründorf und Krogullno, sowie auf dem linken Oderufer bei Bowallno, Scheppanowitz und Chmiellowitz in der Gegend von Oppeln.

b) Vorkommen im Miocän des Karpathen-Vorlandes.

Beyrich, Über d. Zushg. d. nordd. Tertiärbildungen, Akad. d. Wiss. Berlin 1855. — v. Heyden, Bohrregister in Ztschr. d. dtsch. geol. Ges. 1856, **8**, 537. — v. Carnall, Geogn. Karte v. Oberschles., 2. Aufl. 1857. — F. Roemer, Geol. von Oberschles., Berlin 1870, 407; ebendort Runge S. 535. — v. Dechen, Nutzb. Min. und Gebirgsart. im Dtsch. Reiche, Berlin 1873, 593. — Partsch, Schles., eine Landeskunde, II. Teil, Heft 1, S. 49.

In den wohl bereits dem Obermiocän zuzurechnenden und als Süßwasserbildung aufzufassenden Schichten von Kieferstädtel finden sich schöne und reine 30—40%ige Toneisensteine in zusammenhängenden bis 15 Zoll mächtigen horizontalen Flözen bei Stanitz und Kieferstädtel 1—1½ Meilen südwestlich von Gleiwitz, welche dort bis zu 10 Lachtern Teufe verfolgt und abgebaut worden sind. Im Jahre 1869 wurden hier gegen 35000 Ztr. Erze gewonnen, welche auf den Holzkohlenöfen von Kuznitzka mit 29,8% ausgebracht wurden. Allein vor einigen Jahrzehnten machte die Aufgabe der Wasserbewältigung die Arbeit unlohnend. Auf diese tertiären Erze stützte sich die alte Eisenindustrie des Raudener Klosters. Von sonstigen Örtlichkeiten nennt v. Dechen (a. a. O.) noch Pilchowitz, Latscha, Nieder- und Ober-Smolnitz, Barglowka, Wielepole und Budzin.

Die rezenten Raseneisenerzvorkommen.

Runge bei F. Roemer, Geol. von Oberschles., Breslau 1870, 535—536.

In den Wäldern bei Kreuzburgerhütte, bei Carlsruhe, Malapane, Sausenberg und Turawa und in den südlicheren Teilen Oberschlesiens bei Paprotzan im Kreise Pleß und bei Birawa im Kreise Cosel finden sich ausgedehnte Ablagerungen von Raseneisenstein (Wiesenerz) 6—12 Zoll mächtig und unmittelbar unter dem Moos und Rasen oder unter der Ackerkrume Nester von einigen Schritten Ausdehnung bildend. Ihr Gehalt wechselt zwischen 25—35%; sie wurden früher in größeren Mengen verschmolzen und lieferten ein phosphorreiches Roheisen, welches zur Herstellung einer körnigen und harten Decklage bei den Eisenbahnschienen verwendet wurde; allmählich jedoch, als die Anforderungen an die Güte des Roheisens sich steigerten, trat ihre Gewinnung in den Hintergrund. Erst seit der Einführung des Thomasprozesses suchte man sie wieder eifriger auf.

Schwefelkies (mit Ausnahme der Vorkommen im Muschelkalk).

Karbonische Schwefelkiesvorkommen.

Runge bei F. Roemer, Geol. v. Oberschles., Breslau 1870, 564.

Da die oberschlesischen Steinkohlen, sowie die die Kohlenflöze einschließenden Schiefertonschichten häufig sehr reich an Schwefelkiesen sind, so hat man schon früh in Oberschlesien Alaun produziert. Auf der Sackgrube bei Czernitz im Rybniker Kreise wurde der im Hangenden und Liegenden des 28—30 Zoll mächtigen Sackflözes aufsetzende, außerordentlich innig mit Schwefelkies imprägnierte, 20—30 Zoll mächtige Schieferton in den Jahren 1812—1823 zur Alaunfabrikation benutzt. Auf der Leopoldine-Grube bei Brzenskowitz, Kreis Kattowitz, waren es unreine, schieferton- und schwefelkiesreiche kleine Kohlen, deren Asche auf Alaun verarbeitet wurde. Später hörten diese Betriebe auf.

Rezente Vitrioltorfvorkommen.

Fiedler, Min. Schles., Breslau 1863, 11—12. — Runge bei F. Roemer, Geol. v. Oberschles., Breslau 1870, 563. — Wutke, Vitriolgewinnung im Bistum Neisse, Ztschr. d. Ver. f. d. Gesch. Schles. 900, **34**, 197—230.

Nordwestlich von Neisse bei Kamnig, Gläsendorf und Schmelzdorf fanden sich sehr ausgedehnte, bis zu einem Lachter mächtige Torflager, so reich an Schwefelkies, daß sie auf Vitriol verarbeitet wurden. Schon 1655 hatte Bischof Karl Ferdinand dem Neisser Bürger Moritz Binck zur Vitriolgewinnung bei Kamnig und Gläsendorf ein Privilegium erteit; seit Anfang des 19. Jahrhunderts aber betrieben diese Vitriolfabrikation die beiden Vitriolwerke zu Kamnig und Schmelzdorf. Ersteres produzierte 1868 2115 Ztr., 1869 1987 Ztr. Eisenvitriol. Von sonstigen hierher gehörigen Ortschaften nennt Fiedler (a. a. O.): Schmolitz, Reimen, Bechau und Beigwitz bei Neisse; Boitmannsdorf, Würben, Seiffersdorf, Schwedlich, Holdirsselber, Striegendorf und Endersdorf bei Grottkau.

Die Erzvorkommen des oberschlesischen Muschelkalkes.

I. Allgemeine Schilderungen:

v. Carnall, Entw. eines geogn. Bildes von Oberschles., Bergm. Taschenb. usw., Tarnowitz 1844, 100. — Derselbe, Niveau- und Lagerungsverh. der oberschles. Gebirgsformationen, ebenda, Jahrg. 1845, 1. — Derselbe, Verh. niederrhein. Ges. f. Nat.- u. Heilk. 1847. — Krug v. Nidda, Über die Erzlagerst. d. oberschles. Muschelkalkes, Ztschr. d. d. geol. Ges. 1850, **2**, 206. — Bischof, Lehrb. d. chem. u. physikal. Geol. 1863, 1864, 3 Bde., 2. Aufl. — Eck, Über die Format. des bunten Sandsteines und des Muschelkalkes in Oberschlesien 1865. — F. Roemer, Geol. v. Oberschles. (nebst dem Anhange von Runge), Breslau 1870. — v. Dechen, Nutzb. Min. und Gebirgsarten im Deutschen Reiche, Berlin 1873. — v. Groddeck, Lehre von den Lagerstätten der Erze 1879. — Roth, Allgem. und chem. Geol. 1879, **1**. — Sattig, Üb. die Erzablager. des oberschles. Muschelkalkes, Ztschr. Oberschles. Berg- u. Hüttenm. Ver. 1879, **18**, 212—220. — Kosmann, Oberschles., sein Land u. seine Leute 1888. — Gürich, Erläut. z. geol. Übersichtskarte Schles., Breslau 1890. — Althans, Die Erzformat. d. Muschelkalkes in Oberschles., 5. Allg. Bergmannstag zu Breslau 1892, S.-A. aus Jahrb. Geol. Landesanst. XII f. 1891, Berlin 1892. — Gürich, Mineralreich, Neudamm 1899. — Beyschlag, Über die Erzlagerstätten d. oberschles. Muschelkalkes, Ztschr. für prakt. Geol. 1902, 143. — Wysogorski bei F. Frech, Lethaea Mesozoica, 1903, Heft 1, 54—62. — Partsch, Schlesien, eine Landeskunde, II. Teil, Breslau 1903, 1. Heft, 46—50 und 50—83. — R. Beck, Lehre von den Erzlagerstätten, 2. Aufl., Berlin 1903, 579—583. — A. Sachs bei F. Frech, Führ. f. geol. Exkurs. n. Oberschles., Breslau 1904, 42—45. — G. Gürich, Mitteil. über die Erzlagerstätten d. oberschles. Muschelkalkes, Ztschr. d. d. geol. Ges. 1904, **56**, 3. Heft, 123—127; vgl. auch Kohle und Erz 1904, 145—150. — R. Michael, Über die oberschles. Erzlagerst., Ztschr. d. d. geol. Ges. 1904, **56**, 3. Heft, 127 ff.; vgl. auch Kohle und Erz 1904, 12. — F. Frech, Über d. Gebirgsbau Oberschles., Kohle u. Erz II, 1905, 51—56, 163—170.

II. Geologisch-Paläontologisches (Verbreitung und Grenzen, Petrefaktenführung, Lagerungsverhältnisse).

Vgl. Literatur unter „Allgemeine Schilderungen“; ferner:

Schulze, Beitr. z. Kenntn. d. oberschles. Gebirges, Leonh. Min. Taschenb. X, 1816, 112—158. — v. Oeynhausen, Versuch einer geogn. Beschreib. v. Oberschles. usw., Essen 1822. — Karsten, Über das erzführ. Kalksteingeb. in der Gegend von Tarnowitz, Abh. Berl. Akad. 1827, 1—27. — Mossler, Übers. Arb. Schles. Ges. 1831, 38. — Derselbe, Prov.-Bl. 1832, **95**, 14—24, 111—120; 1833, **98**, 313—319, 401—407. — Singer, Über die geogn. Verh. Oberschl., Übers. Arb. Schles. Ges. 1843, 94—112. — v. Buch, Über Terebratula Mentzelii von Tarnowitz, N. Jahrb. f. Min. 1843. — v. Carnall, Das aufgeschwemmte Gebirge in Oberschles., Bergm. Taschenb. f. Oberschles. II, 1845, 27—54. — Göppert, Zur Flora des Muschelkalkes (Sphaerococcites Blandowskianus), Übers. Arb. Schles. Ges. 1845, 149. — Oeynhausen, Sgb. Ges. naturf. Freunde, Berlin, April 1846. — Hammer, Beitr. zur geogn. Kenntnis von Oberschles., Übers. Arb. Schles. Ges. 1847, 54—56. — Mentzel, Übers. Arb. Schles. Ges. 1847, 59—61. — v. Meyer, Vorläuf. Übers. der in dem Muschelkalke Oberschles. vorkommenden Saurier, Fische, Crustaceen und Echinodermen, Übers. Arb. Schles. Ges. 1847, 61—68. — Dunker, Üb. die von ihm untersuchten, vom Oberhütteninspektor Mentzel zu Königshütte in dem oberschles. Muschelkalk entdeckten Mollusken, Übers. Arb. Schles. Ges. 1848, 70—74. — Grabowski, Flora v. Oberschlesien, Breslau 1849. — Krug von Nidda, Bohrloch bei Tarnowitz, Ztschr. d. d. geol. Ges. I, 1849, 448. — Encrinus gracilis aus Oberschlesien, Ztschr. d. d. geol. Ges. 1850, **2**, 8. — Beyrich, Petrefakten aus d. oberschles. Muschelkalke, Ztschr. d. d. geol. Ges. 1850, **2**, 253—256. — Scharenberg, Foss. Knochen aus d. Galmeigrube bei Scharley, Jahresber. Schles. Ges. 1854, **32**, 34—35. — v. Carnall, Erläut. zur geogn. Karte von Oberschles. 1857 (2. Aufl.). — Encrinus gracilis aus Oberschlesien, Ztschr. d. d. geol. Ges. 1858, **10**, 91. — Eck, Der Oppatowitzer Kalkstein des oberschles. Muschelkalkes, Ztschr. d. d. geol. Ges. 1862, **14**, 288—311. — Derselbe, Über den oberschles. Muschelkalk, Ztschr. d. d. geol. Ges. 1863, **15**, 648. — Vüllers, Bohrmuschelhöhlungen in Muschelkalkblöcken, Ztschr. Oberschles. Berg- u. Hüttenm. Ver. III, 1864, 53. — Roemer, Skelett einer Fledermaus im dichten Dolomit in Oberschlesien, Ztschr. d. d. geol. Ges. 1866, **18**, 14. — Althans, Kartierungsarbeit., Jahresb. Schles. Ges. 1875, **53**, 25. — Encrinus gracilis, Jahresber. Schles. Ges. 1883, **61**, 137. — Gürich, Neue Saurierfunde aus d. Muschelkalk von Oberschles., Jahresber. Schles. Ges. 1883, **61**, 167—169; 1884, **62**, 218—220. — Kunisch, Jahresber. Schles. Ges. 1883, **61**, 137; 1885, **63**, 90; Ztschr. d. d. geol. Ges. 1885, 528, 588. — Gürich, Der Boruschowitzer Mergelschiefer, 64. Jahresber. Schles. Ges. 1886, 137. — Derselbe, Encrinus gracilis, ebenda 132. — Derselbe, Marines Miocän bei Beuthen, Jahresber. Schles. Ges. 1886, 128. — Kunisch, Voltzia Krapitzensis, Ztschr. d. d. geol. Ges. 1886, **38**, 894. — Gürich, Paläontol. Neuigkeiten, 65. Jahresber. Schles. Ges. 1887, 222—228. — Kunisch, 66. Jahresber. Schles. Ges. 1888, 89—91, 101, 102. — Gürich, ebenda 89. — Kunisch, 67. Jahresber. Schles. Ges. 1889, 83, 93, 95—105. — Langenhan, 67. Jahresber. Schles. Ges. 1889, 83, 84. — Wossidlo, Das Tarnowitzer Plateau, Tarnowitz 1891. — Gürich, Ztschr. d. d. geol. Ges. 1891, **43**, 967—970. — Kunisch, 70. Jahresber. Schles. Ges. 1892, 13. — Michael, 71. Jahresber. Schles. Ges. 1893, II, 23; Ztschr. d. d. geol. Ges. 1893, **45**, 500. — Volz, Neue Funde aus dem Muschelk. Oberschles., Ztschr. d. d. geol. Ges. 1896, **48**, 976—982. — Schrammen, Beitr. zur Kenntnis d. Nothosauriden d. unteren Muschelk. in Oberschles., Ztschr. d. d. geol. Ges. 1899, **51**, 388—408. — Potonié, Lehrbuch der Pflanzenpaläontologie, Berlin 1899. — Zimmermann, Beitr. z. Kenntn. der Trias Oberschlesiens, Ztschr. f. prakt. Geol. 1900, 300—302. — Frech, Exkursionsführ. für den 13. deutschen Geographentag, Breslau 1901. — Derselbe, Über den Bau schles. Geb., Geogr. Ztschr. 1902, 553. — Michael, Zwei neue Pflanzenreste aus d. unter. Muschelkalk von Krappitz Ob.-Schl., Ztschr. d. d. geol. Ges. 1902, **54**, 106—107. — Volz, Proneusticosaurus usw., Paläontogr. 1902, **49**, 121—162. — Langenhan, Verstein. d. deutsch. Trias, Liegnitz 1903. — Scupin, Über Nephrotus chorzoviensis H. v. Meyer, Ztschr. d. d. geol. Ges. 1903, **55**, 465—474.

Der lange Zug der Muschelkalkformation, der von Krappitz an der Oder 80 km weit nach Osten bis Siewierz in Polen streicht, um von hier aus südostwärts nach Galizien fortzusetzen, erleidet in der Gegend zwischen Tost, Peiskretscham und Tarnowitz eine tiefe Auswaschung, die das ganze Muschelkalkgebiet in einen westlichen und einen östlichen Teil scheidet. Das Quellgebiet der Drama, des Flüßchens von Peiskretscham, kann man als die Grenze zwischen beiden ansehen. Der westliche, auschließlich kalkig ausgebildete Teil ist für den Bergbau wertlos, der östliche, teilweise dolomitisch ausgebildete Teil ist infolge seines Erzgehaltes nicht nur für Oberschlesien, sondern für unsere ganze Provinz von höchster wirtschaftlicher Bedeutung. Durch besonderen Reichtum zeichnet sich in ihm die Beuthen-Tarnowitzer Bucht aus. Den südlichen, östlichen und nördlichen Rahmen dieser Bucht bildet das Steinkohlengebirge. Im Osten und Norden bildet der Carbonzug die Grenze, der von Myslowitz nordöstlich über Zagorze und Dombrowa nach Golonog und von hier aus nordwestlich über Rogoznik nach Neudeck streicht.

Die Südgrenze bildet der Sattelflözzug von Sosnowice über Königshütte bis Bobrek (südwestlich von Beuthen). Nur die tieferen Glieder der Trias: der Buntsandstein (40 m) und der untere Muschelkalk bis zum sogenannten Sohlenstein (im ganzen 80—100 m) verkleiden in vollem Zusammenhange die Wände und den Grund der ganzen Hauptmulde. Die darüber auftretenden erzreichen Dolomite (50—60 m) zeigen dagegen eine Beschränkung auf zwei kleinere Mulden, welche eine Schwelle von Sohlenkalkstein trennt: die nordwestwärts schnell sich zur Tiefe neigende Tarnowitzer Mulde und die südlich angrenzende nach Osten streichende Erzmulde von Beuthen. (Vgl. Partsch, Schlesien, II. Teil, 1. Heft Oberschlesien.)

Die Erzvorkommen der Beuthener und Tarnowitzer Mulde gehören dem unteren Muschelkalk an. Schon von Eck rührt die Einteilung des oberschlesischen Muschelkalkes in eine untere — 150—200 m mächtige —, eine mittlere etwa 20 m mächtige und eine obere ca. 15 m mächtige Abteilung her.

Der mittlere Muschelkalk besteht (vgl. Wysogorski in Frechs Lethaea) aus braunen und weißen, vollständig versteinerungsleeren Dolomitmergeln; der obere Muschelkalk = Rybnaer Kalk (früher als Oppatowitzer Kalkstein bezeichnet) besteht aus grauen, in der Regel feingeschichteten Kalken, an seiner Basis finden sich auch dolomitische Ablagerungen. Charakteristisch für ihn ist das häufige Vorkommen des Ceratites compressus Philippi und Pecten discites. Außerdem enthält er viele Saurier (vornehmlich Nothosaurus) und Fischreste. Ferner Terebratula vulgaris, Spiriferina fragilis, Myophoria vulgaris, Corbula incrassata und andere. Unterlagert wird der untere Muschelkalk von dem etwa 40 m mächtigen Buntsandstein, der seinerseits diskordant auf dem unterlagernden Karbon ruht.

Was nun die Gliederung des unteren Muschelkalkes im erzführenden Gebiete anbelangt, so bilden seine unterste Stufe die Äquivalente des mitteldeutschen Wellenkalkes: der kavernöse Kalk und die Chorzower Schichten. Der kavernöse Kalk stellt einen wenige Meter mächtigen, versteinerungsleeren Schichtenkomplex aus braunem oder rötlichem kristallinem Kalk mit vielen Höhlungen dar. Die Chorzower Schichten stellen einen Komplex von ca. 75 m Mächtigkeit dar, hauptsächlich aus dünnen Bänken von mergeligem Kalk mit wulstigen Anschwellungen bestehend, welche mit festen kristallinen oder dichten Kalkbänken wechsellagern. Von großer Wichtigkeit sind die eingelagerten Bänke mit Dadocrinus gracilis und Dadocrinus Kunischi. Paläontologisch charakterisiert ist diese Abteilung des oberschlesischen Muschelkalkes durch das massenhafte

Vorkommen von Saurierresten: Nothosaurus, Cymatosaurus, Dactylosaurus, Proneusticosaurus, Placodus und Capitosaurus. Von Fischen sind häufiger: Saurichthys latifrons Frech, Saurichthys lepidosteoides Frech, Colobodus chorzowensis v. Meyer (Nephrotus) und Colobodus gogolinensis Kunisch (Dactyolepis). Von Wirbellosen kommen häufig Zweischaler, und zwar Myophoria vulgaris und Lima striata vor, während Gastropoden und Brachiopoden verhältnismäßig seltener sind, am häufigsten noch Terebretula (Coenothyris) vulgaris. Über den Chorzower Schichten folgen dann die Äquivalente des westdeutschen Schaumkalkes, eine Schichtenfolge von ca. 70 m Mächtigkeit, die im westlichen Teil des oberschlesischen Muschelkalkgebietes meist kalkig, in den erzführenden östlichen Mulden bei Tarnowitz und Beuthen aber dolomitisch entwickelt ist. Paläontologisch wird diese Abteilung durch das häufige Vorkommen von Spirigera trigonella, Spiriferina fragilis, Mentzeli, hirsuta, Rhynchonella decurtata und Encrinus aculeatus Beyr. charakterisiert. Dieser Schichtenkomplex zerfällt im erzführenden Gebiet in drei Teile: den blauen Sohlenstein, die erzführenden Dolomite und den Himmelwitzer Dolomit. Der blaue Sohlenstein ist ein etwa 5 m mächtiger, stark toniger, dichter, deutlich geschichteter und wenig zerklüfteter Kalkstein. Er enthält Spirigera trigonella, Waldheimia angusta, Coenothyris vulgaris und Encrinus sp. Wahrscheinlich ist er ein Äquivalent eines Teiles des Stylolithenkalkes von Goradze im westlichen Muschelkalkgebiet. Die erzführenden Dolomite von Tarnowitz-Beuthen, etwa 50—60 m mächtig, entsprechen den Terebratula (Encriniten-)Schichten des westlichen Muschelkalkgebietes und dem von Eck als Mikultschützer Schichten bezeichneten Horizonte. Endlich darüber der Himmelwitzer Dolomit, etwa 15 m mächtig, bestehend aus grauem oder rötlichem Dolomit, in dem Diplopora annulata in großen Massen vorkommt. Daneben findet sich noch Myophoria orbicularis, laevigata und vulgaris.

Die Tabelle auf S. 122 möge die Gliederung des Muschelkalkes in Oberschlesien veranschaulichen (nach G. Gürich).

Es ergibt sich also für die Beuthen-Tarnowitzer Mulde folgende Gliedernng des unteren Muschelkalkes von oben nach unten:

Schaumkalkäquival.	Himmelwitzer Dolomit	ca. 15 m mächtig
	Erzführender Dolomit	„ 50 m „
	Blauer Sohlenstein	„ 5 m „
Wellenkalkäquival.	Chorzower Kalk	„ 75 m „
	Kavernöser Kalk	„ 3—5 m „

Was die Lagerungsverhältnisse anbelangt, so fallen die Schichten der Beuthen-Tarnowitzer Mulde im Gegensatz zu dem flach nördlich einfallenden Hauptmuschelkalkzuge nach dem Mulden-inneren zu ein. Der Fallwinkel ist sowohl in der Beuthener, wie in der Tarnowitzer Mulde, abgesehen von ganz lokalen Unregelmäßigkeiten sehr flach; gewöhnlich ist er auch an den Rändern nicht steiler als 6°. Die Beuthener Triasmulde setzt in gleicher Entwickelung weit nach Südosten zu fort: mit Unterbrechung zwischen Myslowitz und Dlugoszyn ist sie über Chrzanow und Trzebinia bis nach Krzeszowice in Galizien zu verfolgen. Besonders die neueren Untersuchungen der geologischen Landesanstalt haben erwiesen, daß

		Westlich der Auswaschung	Östl. d. Auswaschung (Erzgebiet)	Mächtigkeit	
Oberer Muschelk.		Rybnaer Kalk		15 m	
Mittler. Muschelk.		Mittlerer Muschelkalk . . .		20 m	
Unterer Muschelkalk	Schaumkalk	Himmelwitzer (Nulliporen-) Dolomit .		15 m	160 m
		Kalke v. Mikultschütz Terebratel- (Encriniten) Bank	Erzführender Dolomit	50—60 m	
		Kalk von Goradze	Blauer Sohlenstein	5 m	
	Wellenkalk	Chorzower Kalk		75 m	
		Kavernöser Kalk		3—5 m	

das ganze hierhergehörige Muschelkalkgebiet von zahlreichen Sprüngen und Verwerfungen durchsetzt ist. Nach Beyschlag (vgl. Ztschr. f. prakt. Geol. 1902, **10**, 143) lassen sich deutlich zwei Verwerfungssysteme unterscheiden: das erste vortriadische störte nur das unterlagernde Karbon, das zweite, jüngere, in der Tertiärzeit entstandene verwirft auch die Trias unter gelegentlicher Wiederbenutzung der älteren Spalten. Von karbonischen Störungen ist vor allem die bekannte Orlauer Störung zu erwähnen, die zunächst südnördlich von Orlau über Rybnik bis Mikultschütz und dann weiterhin möglicherweise westöstlich von Mikultschütz über Rokittnitz, Miechowitz, Buchatz bis nach Bendzin in Polen verläuft, also mit dem Nordrande der Beuthener Mulde zusammenfallen würde. Ebenso aber trat dann im Tertiär (vgl. Michael, Ztschr. d. geol. Ges. 1904, **56**, 3. Heft, 129—130 und Kohle und Erz, 1904, Nr. 1, 7—15) eine Periode intensiver Störungserscheinungen auf. Die muldenförmige Lagerung des Beuthen-Tarnowitzer Gebietes selber ist zunächst nach

Michael eine Faltungs- und Versenkungserscheinung; benachbarte Gebiete, bei denen diese Erscheinungen ausblieben, erlitten durch die abtragende Wirkung der Denudation und Erosion zum Teil eine Freilegung bis auf den karbonischen Kern; so sind auch die kleineren inselförmigen Triaspartien im südlichen Oberschlesien (Mokrau, Nicolai, Lendzin, Krassow, Dzieckowitz) als Reste einer früher allgemeineren Triasbedeckung aufzufassen. Die gleichzeitig auftretenden Brüche und Verwerfungen verlaufen naturgemäß zunächst die Randgebiete betreffend dem Hauptstreichen der Mulden parallel, also einerseits der hercynischen Richtung der Beuthener Mulde, andererseits dem Nord-Südstreichen der Tarnowitzer Mulde. „Der Bau der Triasgräben ist selbst auf kurze Entfernungen hin mannigfaltigem Wechsel unterworfen, der neben echten schmalen Mulden einseitige Gräben längs einer Randverwerfung, oder doppelseitige Gräben als zwischen zwei Parallelverwerfungen abgesunkene Streifen, oder schließlich komplizierte, durch staffelförmiges Absinken hervorgebrachte Bruchzonen erkennen läßt, letztere insbesondere östlich von Beuthen im Felde der Samuelsglück-, Kramersglück-, und St. Stefanogrube. Ferner haben an den Grabenrändern tiefgehende Auswaschungen stattgefunden.“ Vielbesprochen wurde namentlich ein Sprung, der (vgl. Gürich, Ztschr. f. prakt. Geol. 1903, **11**, 204) im Felde von Jenny-Otto und Fiedlersglück ungefähr von Norden nach Süden streicht und auf eine Länge von 700 m bekannt ist. An dem einen durchörterten Punkt der Jenny-Otto-Grube hatte der Sprung eine Weite von 10 cm; er war mit Letten angefüllt, ohne jede Spur von Erzen; die östliche Scholle war hierbei um 5,4 m gegen die westliche abwärts verschoben.

III. Mineralogisch-Petrographisches (Nebengestein der Erze und diese selbst hinsichtlich ihrer Zusammensetzung, ihres Auftretens und ihrer Bildungsweise).

Vgl. „Allgemeine Schilderungen“, ferner:

Daubuisson, Du gisement et de l'exploitation d'une couche de galène près de Tarnowitz, Journ. des mines, XVII 1805, Nr. 101. — W. Schulz, Bemerkungen über das Vorkommen des Bleiglanzes, Brauneisensteines und Galmeis bei und um Tarnowitz. Hameln 1813, 221. (Vgl. Leonh. Min. Taschenb. 1816, **10**, 263—270.) — Krug v. Nidda, Über das Vork. des Hornbleierzes usw., Ztschr. d. geol. Ges. 1850, **2**, 126. — v. Carnall, Über Eisensteinlagerstätten im Muschelkalk Oberschlesiens, Ztschr. d. geol. Ges. 1850, **2**, 177—180.

— Websky, Die Bildung der Galmeilagerstätten in Oberschlesien, Ztschr. d. geol. Ges. 1857, **9**, 7—10. — Tantscher, Über den Charakter d. Galmeierzlagerstätte in Oberschlesien, 40. Jhrsber. Schles. Ges. 1863, 28. — Roemer, Brauneisenstein bei Chorzow, Jhrsber. Schles. Ges. 1866, 46—47. — Pietsch, Üb. das Vork. v. Zinkblende im Felde der Galmeigrube Cäcilie in Oberschles., Ztschr. f. Berg-, Hütten- und Salinenwesen 1873, **21**, 292. — Kosmann, Notizen über das Vork. oberschles. Mineral., Ztschr. Oberschles. Berg- u. Hüttenm. Ver., Juli 1882 und August u. Sept. 1883. — Althans, Neue Aufschlüsse von Blei- und Zinkerzen in Oberschles., 61. Jahresber. Schles. Ges. 1883, 136. — G. W., Die Entsteh. d. Erzlagerst. im oberschles. Muschelkalk, Ztschr. oberschles. Berg- u. Hüttenm. Ver. 1883, 214. — Arzruni, 61. Jhrsber. Schles. Ges. 1883, 161. — Cappell, Üb. die Erzführ. der oberschles. Trias nördl. v. Tarnowitz, Ztschr. f. Berg-, Hütten- u. Salinenwes. 1887, **35**, 99. — Traube, Min. Schles., Breslau 1888. — Bernhardi, Üb. die Bildg. der Erzlagerstätte i. oberschles. Muschelk., Ztschr. Oberschles. Berg- u. Hüttenm. Ver. 1889, 28. Jahrg., 47 u. 5. Deutsch. Bergmannstag, Kattow. 1892. — Kosmann, Die Verbreit. d. Blei- u. Zinkerzformat. d. Muschelkalkes in Oberschles., 66. Jahresber. Schles. Ges. 1889, 103—114. — Hoefer, Österr. Ztschr. f. Berg- u. Hüttenwes. 1893, Nr. 6 u. 7. — R. Wabner, Ztschr. f. prakt. Geol. 1893, **1**, 362—363. — Hintze, Handb. der Mineralog., Bd. I, Leipzig 1898. — Gürich, Zur Genese d. oberschles. Erzlagerstätten, Jhrsber. Schles. Ges., 6. März 1902 und Ztschr. f. prakt. Geol. 1903, **11**, 202—205. — A. Sachs, Die Bildung der oberschles. Erzlagerstätten, Centralbl. f. Min. usw. 1904, Nr. 2, 40—49. — Ders., Üb. ein Vorkommen von Jordanit in den oberschles. Erzlagerstätten, ebendort 1904, 723—725, sowie Kohle u. Erz 1905, 11—14.

Während die paläontologischen Verhältnisse des Nebengesteines der Erze bereits besprochen worden sind, möge hier nochmals eine kurze Zusammenfassung der petrographischen Verhältnisse folgen. Der zu unterst liegende kavernöse Kalk ist ein kristallinisch-spätiger Kalkstein, dessen Hauptcharakteristikum die häufig in ihm auftretenden Hohlräume bilden. Nicht selten sind diese mit Kalkspatkristallen in der Form des ersten spitzeren Rhomboeders bekleidet. Stellenweise sind die Hohlräume mit mulmigem Brauneisenerz angefüllt. Die badeschwammähnliche Struktur macht den kavernösen Kalk zu einer besonders wasserdurchlässigen Schicht. Namentlich in der Gegend von Radzionkau sind über roten Buntsandsteinletten Bruchstücke des kavernösen Kalkes zu beobachten. Der Chorzower Kalk besteht aus meist ziemlich dünn geschichteten, dichten oder kristallinischen Kalksteinen und Mergelkalken. Die einzelnen Schichten sind gewöhnlich durch dünne Lettenlagen voneinander geschieden. Der Mergelkalk ist meist grau, der reine Kalkstein grau bis rötlich und im Innern oft durch Bitumen blau gefärbt. Der Chorzower Kalk zeichnet sich im allgemeinen durch einen sehr geringen Magnesiagehalt aus, dagegen steigt die kieselsaure Tonerde bis auf 25 %. Außerdem enthält er zuweilen Phosphorsäure, Kali und mehr oder weniger Eisenoxyd und -oxydul. Nach einer Analyse von Duflos (vgl. Althans, Erzformat. d. Muschelkalkes in Oberschlesien, Berlin 1892) enthält ein Kalkstein aus den Steinbrüchen bei Chorzow:

Kohlensauren Kalk	92,902 %
Eisenhaltiges Tonerdesilikat . . .	6,423 „
Phosphorsäure	0,498 „
Kali	0,177 „
	100,00 %

Der Chorzower Kalk besitzt unter allen Schichtengruppen des Muschelkalkes in Oberschlesien die größte Verbreitung, besonders bekannt ist seine technische Verwendung für Kalkbrennereien und Bauzwecke in der Gegend von Lagiewnik, Chorzow, Michalkowitz, Scharley, Naclo und anderen Orten. Der blaue Sohlenstein verdankt seinen Namen dem Auftreten im Liegenden der meisten oberschlesischen Erzlagerstätten. Er ist dort, wo er durch Grubenbaue aufgeschlossen ist, meist ein toniger, dichter, so gut wie wasserundurchlässiger, deutlich geschichteter und wenig zerklüfteter Kalkstein mit wulstigen Schichtflächen und von graublauer, durch einen reichlichen Bitumengehalt hervorgerufenen Färbung. Zuweilen wird er dickbänkiger und ist dann gewöhnlich kristallinisch-körnig und von graugelber oder rötlicher Farbe. Der Tongehalt ist zumeist noch höher, als im Chorzower Kalk, nach Eck (vgl. Althans a. a. O.) steigt er bis zu 52 %. Der blaue Sohlenstein vom Spesschacht der Friedrichsgrube enthält nach Grundmann:

Kieselsäure	2,00 %
Tonerde	3,40 „
Eisenoxyd	Spuren
Magnesia	1,05 %
Kalk	51,80 „
Kali	0,58 „
Kohlensäure	40,00 „
	98,83 %

Infolge seiner nicht allzu großen Mächtigkeit ist der Sohlenstein über Tage nur an wenigen Punkten (Ptakowitz, am Trockenberge, Brzozowitz) deutlich aufgeschlossen, durch den Bergbau dagegen ist er auf große Erstreckungen hin bekannt geworden. An manchen Orten (besonders auf den Gruben Maria, Elisabeth, Apfel und Therese) waren in die Oberfläche des Sohlensteines tiefe Höhlungen und Schlote eingewühlt, die für die Erzführung von Bedeutung waren, ebenso sind vielfach Unterwaschungen des Sohlensteines (Matthias-Grube) nachgewiesen worden, die zu Einsenkungen des Sohlensteines führten, welch letztere man vielfach für sprungähnliche Gebirgsstörungen hielt.

Oft, aber nicht immer, tritt nun zwischen dem blauen Sohlenstein und dem erzführenden Dolomit eine schmale Schicht von sogenanntem Vitriolletten auf. Es ist dies ein wenige Zentimeter mächtiger Ton, der an vielen Stellen reich an Schwefelkies ist, oft auch schwebende Bleiglanzkristalle und Bruchstücke zu Glanzkohle umgewandelten Holzes enthält.

Der erzführende Dolomit bildet im frischen Zustande ein festes, kristallinisch-körniges Gestein von grauer Färbung, an dem kaum irgendwelche Schichtung wahrzunehmen ist. Er ist fast stets von einem Netz von Klüften durchzogen, die ihn in grobe Klötze zerteilen. An diesen ist meist eine beginnende Zersetzung zu bemerken, infolge deren er gelb bis braun, bisweilen ockerig erscheint. Dieselbe Farbe besitzt er fast stets in den oberen Schichten, sowie am Ausgehenden. Bei weitergehender Zersetzung besteht er nur noch aus nebeneinander gereihten sackartigen Klötzen, deren Zwischenräume mit den Zersetzungsprodukten erfüllt sind. Zuweilen ist er reichlich mit kleinen Drusen von glänzenden Dolomitspatkriställchen erfüllt. Auf den Kluftflächen kommen häufig Überzüge von kleinen Kalkspatkriställchen vor. Nur stellenweise und auf kurze Entfernungen hin ist an dem Dolomit eine grobe Bankung wahrzunehmen, von plattenförmiger Absonderung oder gar von deutlicher Schichtung ist, wie schon hervorgehoben, kaum etwas zu erkennen. Wenn es auch gelungen ist, den Dolomit paläontologisch mit den Terebrateln-(Encriniten-) Schichten und den Mikultschützer Schichten zu identifizieren, so ist doch im allgemeinen seine große Petrefaktenarmut hervorzuheben; und weiterhin handelt es sich bei ihm statt eigentlicher Versteinerungen vorwaltend nur um Steinkerne, wie sie beispielsweise in der früheren Borsigschen Eisenerzförderung dicht bei Tarnowitz (am katholischen Friedhofe, nördlich von diesem und südlich von der Chaussee nach Alttarnowitz) zahlreich gefunden worden sind. Die chemische Zusammensetzung ist außerordentlich wechselnd, im Durchschnitt kann man wohl einen Gehalt an Magnesiumkarbonat von 30—35 % und an Kalkkarbonat von 55—60 % annehmen. Außerdem sind meist noch bedeutende Mengen fremder Beimischungen in ihm vorhanden, vor allem kohlensaures Eisenoxydul bis zu 17 %, aus dessen Zersetzung hervorgegangenes Eisenoxyd, ferner Kieselsäure, Tonerde, Kali, auch Bitumen, Zink, Schwefel, Mangan.

Althans (vgl. S. 125) führt folgende vier von Grundmann ausgeführte Analysen des Dolomites an:

	I	II	III	IV
Kieselerde	4,43 %	1,41 %	2,05 %	7,441 %
Tonerde	4,72 „	2,41 „	1,53 „	4,344 „
Kalk	28,69 „	32,57 „	29,27 „	27,704 „
Magnesia	14,72 „	15,81 „	16,13 „	12,455 „
Eisenoxydul	4,28 „	6,32 „	10,83 „	7,218 „
Eisenoxyd	5,59 „	2,30 „	0,80 „	— „
Kali	1,23 „	0,87 „	0,93 „	0,775 „
Zinkoxyd	1,72 „	— „	0,43 „	— „
Kohlensäure	35,09 „	38,03 „	37,34 „	38,561 „
Schwefel	— „	— „	— „	0,461 „
Manganoxydul u. -oxyd	— „	— „	— „	1,038 „
	100,47 %	99,72 %	99,31 %	99,997 %

Nr. 1 ist Sohlendolomit (Zementstein) vom Redenschacht der Friedrichsgrube, schiefrig, lichtgrau, Bruch scharfkantig.

Nr. 2 derselbe: kristallinisch, drusig, grau, Bruch muschelig.

Nr. 3 derselbe: derb, lichtgrau, Bruch muschelig.

Nr. 4 Dolomit von demselben Fundort wie Nr. 3.

Ein Dolomit vom Spesschachte der Friedrichsgrube enthielt:

	I	II
In Säuren unlöslichen Rückstand	0,60 %	5,18 %
Kalkerde	32,51 „	31,37 „
Magnesia	16,61 „	14,66 „
Kieselsaure Tonerde und Eisenoxyd	7,06 „	5,58 „

Ganz besonders sind die allenthalben im erzführenden Dolomit auftretenden tonig-lettigen Partien hervorzuheben.

Der im Hangenden folgende Himmelwitzer Dolomit (Nulliporendolomit) ist von grauer bis gelblicher Farbe. In den oberen, mergeligen Lagen ist er zuweilen oolithisch und schließt auch Konglomeratbänke ein. Der über ihm liegende mittlere Muschelkalk bildet an vielen Stellen der Beuthener und Tarnowitzer Mulde die obersten Schichten des Muschelkalkes: er ist, wie schon hervorgehoben, durch einen mergeligen, dünngeschichteten (und ganz versteinerungsleeren) hellfarbenen Dolomit vertreten. Der obere Muschelkalk endlich findet sich in der Beuthen-Tarnowitzer Mulde nur in einzelnen unbedeutenden Schollen, dagegen tritt er, vielfach als Dolomit ausgebildet, nordöstlich von Tarnowitz (in der Gegend von Georgenberg, Bibiella) auf.

Was die Erze im oberschlesischen Muschelkalk anbelangt, so handelt es sich einerseits um sulfidische Erze: Bleiglanz, Zinkblende, Markasit (übrigens auch stellenweise Pyrit), andererseits um oxydische Erze: Galmei, Brauneisenerz, Weißbleierz. Beim Galmei ist wiederum zwischen eisenschüssigem, aus kalkigen Partien entstandenem rotem Galmei und eisenarmem, tonig-lettigem weißem Galmei zu unterscheiden. Bleiglanz tritt sowohl in der Beuthener, wie in der Tarnowitzer Mulde auf. In der Beuthener Mulde erwähnt Hintze (s. oben Lit.) die Vorkommen bei Beuthen (Grube Apfel, Therese, Fortuna), Scharley (Neue Helene, Scharley, Cäcilie), Groß-Dombrowka (Samuelsglück, Bleischarley), Dombrowa (Karl Gustav), Miechowitz (Maria), Bobrek (Elisabeth) und andere mehr. Der Bleiglanz findet sich hier teils auf der Zinkerzlagerstätte im Galmei und auf Schalenblende aufsitzend, teils in Körnern und ausgebildeten Kristallen im festen Dolomit des Muschelkalkes, teils den zersetzten Dolomit in nicht weit aushaltenden Trümern durchziehend. Die Kristalle des Bleiglanzes erreichen eine Größe von 2 cm und zeigen stets nur Würfel und Oktaeder allein oder in Kombination miteinander, häufig sind sie ringsum ausgebildet. In der Fortunagrube fanden sich Oktaeder mit Kantenlänge bis 2 cm, zusammen mit Eisenkies und Blende und mit Markasit überzogen. Auf Neu-Helene fand sich Bleiglanz zusammen mit Weißblei und Kieselzink; auf Elisabeth in Hohlräumen Anglesitkristalle umschließend. Auf der Rokokogrube fanden sich ebenfalls reichlich größere Kristalle: Kombination von Würfel und Oktaeder (Frech). Auf der Ursulagrube (Försterschacht) bei Beuthen fanden sich in neuerer Zeit interessante Pseudomorphosen, die eine Umwandlung des ursprünglichen Bleiglanzes in ein inniges Gemenge von Schwefelblei mit Bleikarbonat und Kalkspat darstellen. Von der Severingrube bei Bobrek fanden sich Pseudomorphosen nach Phosgenit oder der daraus entstandenen Bleierde (Eck). Endlich möge hier noch die in allerneuester Zeit erfolgte Auffindung eines seltenen Bleisulfosalzes: des Jordanites ($Pb^4As^2S^7$) von der Bleischarleygrube erwähnt werden (vgl. A. Sachs, ob. Lit.). Bei Tarnowitz tritt Bleiglanz an der Grenze des blauen Sohlensteines und des Dolomites auf, bald unmittelbar auf ersterem ruhend, bald 1—2 m über ihm. Zuweilen besteht dort der Bleiglanz aus einer reinen geschlossenen Erzbank mit einer Mächtigkeit von 2—40 cm; zuweilen liegt er in kleineren oder größeren Partien und wellenförmigen Trümern im festen oder zersetzten Dolomit oder in Brauneisenstein eingesprengt (feste Erzlage), zuweilen endlich, wie besonders im Trockenberger und Bobrowniker Revier, markiert sich die Lagerstätte durch einen ockerigen, bisweilen auch vitriolischen und bituminösen Letten, in welchem sich Bleiglanz und Schwefelkieskristalle in drusenförmigen Nestern oder in feinen Schnüren ausgeschieden haben, die von Glanzkohle und fossilem Holz begleitet werden (milde Erzlage). Oft sind die Bleiglanzkristalle an der Oberfläche zerfressen, und mit Cerussit, Anglesit, Tarnowitzit (vgl. Websky, Ztschr. d. geol. Ges., **9**, 737) verwachsen. In einem Versuchsschacht bei Stollarzowitz fand sich Bleiglanz in weißem grobschaligem Baryt, der Lagen im Dolomit über dem Sohlenkalkstein bildete, eingesprengt. Der Silbergehalt des Bleiglanzes beträgt nach Carnall in der Tarnowitzer Mulde in der milden Erzlage ca. 0,0332 %, in der festen nur ca. 0,0248 bis 0,0260 %. Die Bleiglanzmassen der Beuthener Blendelager enthalten nur ca. 0,004 % Silber, dagegen steigt der Silbergehalt der dortigen Bleierze in der sogenannten oberen Erzlage bis zu 0,17 %. Zinkblende tritt besonders in der Beuthener Mulde, sowohl im Süden bei Beuthen und Groß-Dombrowka (Bleischarleygrube und Samuelsglück), wie im Norden bei Miechowitz (Grube Maria) und Scharley (Neue Helene, Cäcilie) auf. Die Blende ist dicht, derb, selten körnig, zuweilen schalig; nach Noelting (Inaug.-Diss., Kiel 1887, 18, 22, 24) ist reine Blende ein konzentrisch-schaliges Aggregat von Grube Cäsar bei Beuthen abwechselnd mit Schalen von Eisenkies. Gemenge von Blende mit Wurtzit waren: Schalenblende von Scharley und Bleischarley, sowie von Grube Maria bei Miechowitz, diese alle mit Bleiglanz gemengt. Auf der Maria-Grube fanden sich auf Bleiglanz Überzüge kleiner schwarzer Kriställchen (Rhombendodekaeder), meist Zwillinge, sowie kleine Kriställchen im Dolomit eingesprengt; auf der Grube Neue Helene und Cäcilie kam Schalenblende nesterartig und als Lager in Galmei vor. Auf der Bleischarleygrube fanden sich 6—8 cm lange und 1 cm dicke Zinkblendestalaktiten von strahligem Markasit bedeckt, unter dem kleine lichtbraune Blendekriställchen auskristallisiert waren; ähnliche Bildungen fanden sich auf der Samuelsglückgrube. Von reinen Blendevarietäten ist noch die zuweilen vorkommende mulmige Blende zu erwähnen, die aus einem losen Aggregat winzig kleiner Kriställchen besteht. Nach Kosmann enthält sie auf Marie-Grube 58 % Zink. Gewöhnlich beträgt der Zinkgehalt der Blende 40—45 %. Die untere Grenze ihrer Verwertbarkeit liegt bei 18 %. Vielfach findet sich Blende auch innig mit den Karbonaten von Kalk, Magnesia, Eisen, Zink gemengt (dolomitische Blende). Das Erz ist grobkörnig bis dicht, oft auch drusig und zellig und mit vielen kleineren und größeren Dolomit-Zinkspatrhomboedern erfüllt. Mehrere von Kosmann ausgeführte Analysen ergaben im Durchschnitt:

		verbunden zu:	
ZnO .	27,97 %	$ZnCO^3$. . . .	46,89 %
FeO .	21,74 „	$FeCO^3$. . . .	35,02 „
Zn .	8,70 „	ZnS	13,00 „
S . .	4,30 „	Gesamtzinkgehalt	31,15 „
CO^2 .	32,20 „		
Rest .	5,08 „	(Ton und Magnesia)	
	99,99 %		

Bemerkenswert sind schließlich vereinzelte Zinkblendevorkommen bei Tarnowitz, zwischen Tarnowitz und Sowitz im Dolomit über der Bleierzlage. Ebenso trat bei Bibiella nordöstlich von Tarnowitz Zinkblende auf (in jüngeren Muschelkalkschichten). Das Schwefeleisen tritt auf den oberschlesischen Erzlagerstätten vorwiegend in der rhombischen Form als Markasit auf, untergeordnet auch als Pyrit. Die Verbreitung des Markasites ist in der Beuthener Mulde eine weit größere als in der Tarnowitzer. Vorwiegend tritt dieses Erz in der Blendelage auf, besonders reichlich auf den Gruben Bleischarley, Samuelsglück und Kramersglück bei Groß-Dombrowka. Hier bildet es meist konzentrisch-faserige Knollen oder Stalaktiten, oder es umgibt derartige Gebilde von Blende und Bleiglanz in dicken Schalen. Stalaktiten fanden sich auch häufig auf der Grube Neue Fortuna bei Beuthen. Oft erscheint der Markasit in dicken, nicht selten lagerartig werdenden Platten, die zuweilen bis zu mehrere Meter mächtigen Nestern und Lagern anschwellen, wie auf den Gruben Bleischarley, Aufschluß, Neuhof und Apfel. Bemerkenswert ist ein bisweilen auftretender Arsen- und Nickelgehalt des Markasites.

Zwei von Kosmann (Ztschr. d. oberschles. Berg- u. Hüttenm. Ver. 1883) ausgeführte Analysen von Markasiten von der Apfelgrube bei Beuthen und von der Bleischarleygrube ergaben:

	Apfel	Bleischarley
Eisen	43,510 %	44,270 %
Nickel	0,250 „	0,185 „
Blei	0,510 „	0,124 „
Zink	0,078 „	0,147 „
Arsen	2,120 „	0,710 „
Schwefel	48,550 „	50,150 „
Kieselsäure	1,320 „	1,300 „
Tonerde	0,890 „	0,870 „
Kalkerde	2,780 „	2,060 „
	100,008 %	99,816 %

oder:

Schwefelkies FeS^2	89,320 %	93,740 %
Arsenikkies FeAsS	4,600 „	1,540 „
Nickelkies NiS	0,390 „	0,287 „
Zinkblende ZnS	0,116 „	0,219 „
Bleiglanz PbS	0,590 „	0,143 „
Silikat $CaAlSiO^6$	4,990 „	4,230 „
	100,006 %	100,159 %

Der rote Galmei besteht aus einem mehr oder minder eisenschüssigen, Zinkkarbonat enthaltenden Dolomit. Er ist meist ziemlich unansehnlich, dicht oder porös und von gelber oder schmutzigroter Farbe. Häufig ist er, wie der Dolomit, von vielen Klüften und Drusen durchzogen. Bei Abnahme des Zinkgehaltes geht er einerseits in Dolomit, andererseits in Limonit über (vgl. Traube, Min. Schles. 1888, 219). Im allgemeinen nimmt nach der Tiefe der Zinkgehalt zu, der Eisengehalt ab. Oft findet er sich knollenförmig in der Blendelage. Die wichtigsten Gruben, in denen roter Galmei gefördert wurde, waren: Scharley, Neue Helene, Brzozowitz, Cäcilie bei Scharley, Bleischarley und Samuelsglück bei Groß-Dombrowka, Maria bei Miechowitz, Elisabeth bei Bobrek, Apfel und Therese bei Beuthen und andere mehr. Der Gehalt des roten Galmeis an Zink beträgt durchschnittlich 28—35 %, die untere Grenze seiner Verwertbarkeit liegt bei 8—10 %. Der Galmei ist ziemlich reich an Cadmium. A. Lindner fand im roten Galmei der Grube Neue Helene:

9*

	Nr. 1	Nr. 2	Nr. 3
H^2O	8,29 %	4,35 %	2,72 %
CO^2	25,70 „	24,66 „	33,08 „
SiO^2	4,04 „	5,74 „	1,82 „
Fe^2O^3	12,08 „	12,41 „	15,79 „
ZnO	40,46 „	39,05 „	15,94 „
CaO	5,23 „	9,17 „	20,73 „
MgO	3,91 „	4,33 „	9,79 „
	99,71 %	99,71 %	99,87 %
Zn	32,50 „	31,38 „	12,73 „

Zusammengesetzt zu:

	Nr. 1	Nr. 2	Nr. 3
$CaCO^3$	9,34 %	16,38 %	37,02 %
$MgCO^3$	8,21 „	9,12 „	20,56 „
$ZnCO^3$	45,39 „	36,12 „	17,00 „
$Zn^2SiO^4 + H^2O$.	14,12 „	14,50 „	18,07 „
Feuchtigkeit . .	6,43 „	0,54 „	

Auch zu Bibiella nordöstlich von Georgenberg fand sich roter Galmei (die Florasglückgrube). Der weiße Galmei ist ein zinkhaltiger, eisenoxydarmer und infolgedessen meist grauer Letten mit einem Zinkgehalt, der bis zu 43—45 % steigt. Der weiße Galmei liegt in der Regel unter dem roten, insbesondere ist sein Auftreten unmittelbar mit dem blauen Sohlenstein verknüpft. Er bildet Schnüre, Knollen, getropfte, zellige, plattenförmige Massen, zuweilen enthielt er Sphärosiderit, Bleierde, Weiß- und Grünbleierz, Phosgenit. Seine Mächtigkeit war sehr verschieden, sie ging stellenweise bis zu 4 m. Am bedeutendsten war er entwickelt bei Gorniki und Stollarzowitz südlich von Tarnowitz (Arnold- und Antonie-Grube), ferner bei Miechowitz (Elisabeth-Grube), Dombrowa (Gruben Rudolph und Magdalene), Scharley, endlich auch bei Danieletz und Radzionkau (Gruben Redlichkeit, Unschuld und Matthias) nördlich von Beuthen und östlich von Trockenberg. Oft enthält der weiße Galmei Beimengungen von Kieselzinkerz (vgl. Althans, Erzform. d. oberschles. Muschelk. 1892, 33), Weißbleierz, seltener von Manganverbindungen. Durch Abnahme des Zinkgehaltes, der im Durchschnitt 20—30 % beträgt, geht der weiße Galmei in Ton, Letten oder Halloysit über; bisweilen enthält er kleine Mengen von Eisen, Kalk, Magnesia, oft ist er von vielen mit Zinkspat erfüllten Spalten durchzogen.

Das Brauneisenerz bildet die eigentliche Grundlage der oberschlesischen Eisenindustrie. Leider treten diese Erze nur selten als

Stufferze mit einem bis 50 % steigenden Eisengehalt auf, meistens überwiegen milde erdige, mulmige Varietäten, deren Eisengehalt selbst nach Röstung nur noch 30—35 % beträgt, oft aber bis zu 20 % heruntergeht. Zum Teil sind diese Erze als Oxydationsprodukte des Schwefeleisens aufzufassen, zum weitaus größeren Teil aber stellen sie sicherlich Konzentrationsprodukte des Eisengehaltes der eisenschüssigen Dolomite (welch letztere man neuerdings selber verhüttet) dar. Das Brauneisenerz ist meist erdig und mit Ton und Kalk verunreinigt, auch enthält es oft etwas Zinkkarbonat, Bleiglanz und Weißbleierz, Verunreinigungen, die bei der Verhüttung sehr störend empfunden werden. Sein Phosphorgehalt ist gering, dagegen enthält es viel Kieselsäure und Mangan. Es bildet im Dolomit unregelmäßige, nesterartige, stets ungeschichtete Lager von sehr wechselnder Mächtigkeit, mitunter bis zu 20 m steigend. Die Hauptverbreitung liegt an den Rändern der Beuthener wie der Tarnowitzer Mulde. Hier sind besonders in der Beuthener Mulde die Vorkommen bei Buchatz, ferner die nördlich von Bobrek, und die südlich von Beuthen (Chorzow, Maczeikowitz, Lagiewnik), in der Tarnowitzer Gegend die Vorkommen von Bobrownik, Carlshof, Naclo, Radzionkau, Alt-Chechlau, Rudypiekar, Trockenberg, Neu-Repten, Tarnowitz, Sowitz zu nennen. Außerdem sind die Vorkommen von Georgenberg (Bibiella) nordöstlich von Tarnowitz zu erwähnen. Weiterhin findet sich Brauneisenerz in Spalten und Schlotten des Sohlsteines und Chorzower Kalkes. Hier führt es oft Galmei, ist glaskopfartig oder stalaktitisch entwickelt und besitzt stellenweise einen hohen Mangangehalt.

Kosmann veröffentlicht folgende drei Analysen von besseren Sorten des oberschlesischen Brauneisenerzes:

	Chorzow	Tarnowitz	Bobrownik
SiO^2 . . .	36,295 %	33,72 %	32,95 %
Fe^2O^3 . . .	37,661 „	40,79 „	39,86 „
Al^2O^3 . . .	10,030 „	9,20 „	5,72 „
Mn^2O^3 . . .	4,310 „	4,80 „	7,35 „
$CaCO^3$ . . .	0,832 „	1,37 „	3,19 „
$MgCO^3$ . . .	— „	0,97 „	0,38 „
H^2O	9,851 „	8,73 „	9,00 „

Weißbleierz endlich fand sich sowohl in der Tarnowitzer Mulde (auf der Friedrichsgrube), wie in der Beuthener Mulde (Gruben Neue Helene und Cäcilie bei Scharley, Maria bei Miechowitz, Elisabeth bei Bobrek, Minerva bei Dombrowa), wie auch bei Georgenberg (Bibiella). Sein Vorkommen ist vor allem an das Hangende der Erzlagerstätten geknüpft (vgl. Traube, Min. Schles. 1888, 52, sowie Althans, Erzform. d. oberschles. Muschelkalkes 1892, 34—35). Bekannt sind die Pseudomorphosen nach Hornblei von der Severin- und Elisabeth-Grube (Krug von Nidda).

Bezüglich des Auftretens der Erze ist Folgendes zu sagen: Die Tarnowitzer Mulde besitzt Zinkerze nur spärlich, ihre Haupterzführung besteht in Bleierzen (Bleiglanz und Weißbleierz) und in Brauneisenerz. Besonders reich an Bleierzen war der östliche Flügel der Tarnowitzer Mulde: bei Tarnowitz, Rudypiekar und am Trockenberg. Namentlich fanden sich reiche Erzmittel bei Bobrownik zwischen Tarnowitz und Rudypiekar, sowie nördlich von Tarnowitz zwischen Tarnowitz und Sowitz. Der Westflügel der Mulde bei Repten war ärmer. Mit dem Einfallen nahm der Erzgehalt ab, nach dem Muldentiefsten zu verlor er sich fast völlig. Sehr selten tritt der Bleiglanz in der Tarnowitzer Mulde in geschlossener zusammenhängender Erzbank auf, meist handelt es sich um nester- oder stockförmige Vorkommen. Der Tarnowitzer Bergmann unterscheidet eine feste Erzlage, wo der Bleiglanz in Form von Schnüren, Körnern, Platten fest mit dem Dolomit verwachsen ist, und eine milde Erzlage, bei der Bleiglanz meist zusammen mit Brauneisenerz in Form von unregelmäßigen Platten, Klumpen und Körnern, seltener in zusammenhängenden Lagen in einem ockerigen Letten eingebettet ist. Die milde Erzlage ist reicher als die feste, auch ist der Silbergehalt des Bleiglanzes in der milden Lage, wie schon hervorgehoben, etwas höher als der des Bleiglanzes der festen Lage (0,02—0,03 %). Seit 1784 baut man das Erz der Friedrichsgrube ab, dessen Silber man auf verschiedenen oberschlesischen Hütten gewann. Die Brauneisenerzlager von Bobrownik, Carlshof, Naclo, Alt-Chechlau, Radzionkau, Rudypiekar, Trockenberg, Neu-Repten, Tarnowitz, Sowitz sind bereits erwähnt worden, ebenso das Vorkommen von Bibiella bei Georgenberg.

In der Erzführung der Tarnowitzer Mulde ähnlich ist die Gegend zwischen Stollarzowitz und Dombrowa nördlich von Miechowitz am äußersten Nordwestrande der Beuthener Mulde: auch hier sind Bleierze und Brauneisenerz vorherrschend.

Dagegen bietet das Auftreten der Erze in der Beuthener Mulde selbst eine wesentlich andere Erscheinungsweise. Hier unterscheidet man zwei Erzlagen: eine untere und eine obere. Die untere über dem Sohlenstein gelegene zeichnet sich durch Vorwalten der festen

Sulfide: der Zinkblende, des Bleiglanzes und des Markasites aus. Sowohl in ihrer Mächtigkeit wie in ihrem Erzgehalt ist ein außerordentlicher Wechsel zu konstatieren. Bald treten die Erze gegen den Dolomit völlig zurück, bald wachsen sie, wie im Westfelde der Bleischarleygrube und auf Brzozowitzgrube derart an, daß man versucht ist von Erzstöcken zu reden. Bald herrschen Bleiglanz und Zinkblende vor, wie auf Neue Helene, Jenny-Otto und Cäcilie, bald Markasit, wie im Südfelde der Samuelsglückgrube, auf Rokokogrube und teilweise auch auf Wilhelmsglückgrube. Dann wieder kommt reiner Bleiglanz vor, wie im Rokokosüdfelde, oder reine Zinkblende ohne wesentliche Beimengung von Markasit oder Bleiglanz, wie in einem Feldesteile der Neuhofgrube. Diese untere kompakte Erzlage, die man auch kurz als Blendelage bezeichnet, tritt sowohl am Nord- wie am Südrande der Beuthener Mulde, wie auch im Muldeninneren auf. Am Nordrande liegen die Gruben Cäcilie, Brzozowitz, Neue Helene und Wilhelmsglück bei Scharley, weiter im Westen Neue Viktoria und Neuhof südlich von Dombrowa, und jenseits von Karf Johanna, Emiliensfreude, Elisabeth und Maria bei Miechowitz und Bobrek; am Südrande die Gruben Aufschluß und Rokoko bei Beuthen, Bleischarley und Samuelsglück in Birkenhain; mehr nach dem Muldeninneren die Gruben Jenny-Otto und Fiedlersglück. Auf dieser ausgedehnten stellenweise bis zu 15 m mächtigen kompakten sulfidischen unteren Erzlage ruht der gegenwärtige Betrieb und die Zukunft der oberschlesischen Zinkindustrie. Der Bleiglanz tritt hier stellenweise in so beträchtlicher Menge auf, daß schon jetzt die Beuthener Mulde eine bedeutendere Ausbeute dieses Erzes aufzuweisen hat, als die der Erschöpfung entgegengehenden Bleigruben der Tarnowitzer Platte (vgl. Partsch, Schlesien II, S. 48). Der Silbergehalt dieser Bleierze freilich beträgt nur ein $^1/_{10}$ des Silbergehaltes der Tarnowitzer Bleierze (0,004 $^0/_0$). Endlich werden auch in großer Menge die Schwefelkiese dieser unteren Erzlage zur Schwefelsäurefabrikation gewonnen, wie besonders auf den Gruben Bleischarley und Samuelsglück, Cäcilie, Neue Viktoria und Jenny-Otto. Über dieser unteren kompakten Erzlage tritt nun in der Beuthener Mulde in durchaus wechselnder Entfernung (zwischen 12 und 30 m Abstand variierend) eine obere Erzlage auf, die durch das Vorwalten von Bleierzen (Bleiglanz und Weißbleierz) gekennzeichnet ist, und die deswegen die obere oder Bleierzlage heißt. Sie ist höchst absätzig, unzuverlässig und nesterartig, wenn auch der Bleiglanz dieser oberen Erzlage den höchsten Silbergehalt (bis über 0,1 $^0/_0$) besitzt. Auf dieser Erzlage ging übrigens der älteste Bergbau im 12. Jahrhundert um. Diese obere Erzlage ist besonders auf den Gruben der Gegend von Dombrowa (Neue Viktoria, Paul Richard, Rudolf, Neuhof) abgebaut worden, sie liegt dort in geringer Mächtigkeit (1 m) aber in großem Abstande von der unteren Erzlage (30 m) entfernt und ist dort nicht übermäßig bleireich. Im Osten dagegen (auf Neue Helene, Cäcilie, Bleischarley) beträgt der Abstand nur wenige Meter, dafür wächst die Mächtigkeit und der Bleierzreichtum. Die obere Erzlage nun ist durch eine oxydische Erzlage bestehend aus Brauneisenerz und rotem Galmei mit der unteren sulfidischen kompakten Erzlage übergangsweise verknüpft, so zwar, daß diese oxydische Zwischenpartie nach oben zu eisenreicher, nach unten zu aber zinkreicher wird. Diese oxydische Zwischenpartie ist besonders hervorzuheben, weil sie die irrige Ansicht widerlegt, daß sich oxydische Erze ausschließlich am Ausgehenden der Lagerstätte fänden. Allerdings ist das Ausgehende besonders reich an oxydischen Erzen: an rotem und weißem Galmei und an Brauneisenerz, indessen wird man in diesen nicht ausschließlich sekundäre Umwandlungen der sulfidischen Erze, sondern auch großenteils primäre Infiltrationsprodukte zu erblicken haben.

Das Vorkommen des Brauneisenerzes in der Gegend von Buchatz, Bobrek und südlich von Beuthen (Chorzow, Lagiewnik, Maczeikowitz) ist bereits erwähnt worden, ebenso, daß man neuerdings dazu übergeht die eisenschüssigen Dolomite, die das hauptsächlichste Material zu ihrer Bildung geliefert haben, selber zu verhütten. Die Galmeilager am Nordrand und Südrand der Beuthener Mulde bildeten ein Jahrhundert lang die Grundlage der Zinkgewinnung Oberschlesiens, jetzt sind sie nahezu erschöpft und der Hauptbergbau konzentriert sich auf die sulfidischen Erze. Am Nordrande, wo ihre Mächtigkeit bis zu 20 m stieg, wurde der rote Galmei besonders auf den Gruben Cäcilie, Scharley und Wilhelmine bei Scharley, am Südrande auf den Gruben Therese und Apfel westlich von Beuthen, Maria bei Miechowitz und Elisabeth bei Bobrek abgebaut. Weißer Galmei trat einerseits auf der Elisabeth-Grube neben rotem schon in den Vordergrund, andererseits war besonders reich an ihm die schon außerhalb der eigentlichen Beuthen-Tarnowitzer Mulde gelegene Gegend von Radzionkau, sowohl westlich von Radzionkau bei Danieletz (Gruben Eva, Unschuld und Redlichkeit), wie auch östlich von Radzionkau (die Gruben Hugo, August, Matthias).

Hinsichtlich der Bildung der in Rede stehenden Erzlagerstätten mögen hier die verschiedenen Anschauungen nur ganz kurz zusammengefaßt werden, da gerade diese Frage in letzter Zeit Gegenstand weitgehender Besprechungen geworden ist. Es stehen sich drei Auffassungsweisen entgegen:

1. Bernhardi und Gürich nehmen an, daß Erz und Nebengestein sich gleichzeitig gebildet haben. Ersterer nahm eine Fällung im Triasmeere durch die Entgasungsprodukte der Steinkohle, letzterer durch die organischen Substanzen des Meeresbodens an (Syngenese).

2. Krug v. Nidda, Bischof, Eck, Kosmann und Beyschlag-Michael nehmen eine Erzimprägnierung des Nebengesteines durch aus der Tiefe aufsteigende Lösungen an (Anagenese).

3. Carnall, Websky, Runge, ferner R. Althans u. A. Sachs nehmen eine Konzentration des ursprünglich feinverteilten Erzgehaltes durch herabrinnende Sickerwässer auf der undurchlässigen Basis des erzführenden Dolomites an (Katagenese).

Beyschlag-Michael wiesen darauf hin, und Gürich und A. Sachs schlossen sich ihnen an, daß die Dolomitisierung des Nebengesteines gleichzeitig mit der Erzzuführung erfolgte. Während man bisher in den oxydischen Erzen ausschließlich Umwandlungsprodukte der Sulfide erblickte, vertritt A. Sachs die Annahme, daß sie großenteils primärer Entstehung sind.

Ich möchte hier nur noch einmal ganz kurz hervorheben, welche Schlüsse mich zu der von mir vertretenen Annahme (der Katagenese) bestimmen. Bezüglich der Bernhardi-Gürichschen Auffassungsweise möchte ich zunächst noch einmal darauf hinweisen, daß ich die Frage, ob das ursprünglich feinverteilte Erz syngenetisch oder epigenetisch ist, von vornherein offengelassen haben. Dagegen scheinen mir gegen die syngenetische Bildungsweise der kompakten Erzsulfide in ihrer gegenwärtigen Form ihre stellenweise außerordentliche Mächtigkeit, sowie der Wechsel ihrer Mächtigkeit und Erzführung zu sprechen. Ihre Niveaubeständigkeit ist durch das Vorwalten des Tones im blauen Sohlenstein gegenüber dem im allgemeinen nicht tonigen Charakter des erzführenden Dolomites erklärbar. Wo aber in letzterem tonige Partien auftreten, da hat auch eine Erzanreicherung stattgefunden. Gegen die Kosmann-Beyschlag-Michaelsche Auffassung (Anagenese) scheint mir vor allem eine chemisch-mineralogische Gesetzmäßigkeit zu sprechen, die sich sowohl in der Beuthener Mulde, wie auch bei dem Erzvorkommen von Bibiella bei Georgenberg (Florasglückgrube) von oben nach unten beobachten läßt:

1. Zu oberst ein Vorwalten der am schwersten löslichen Bleisalze,

2. darunter eine oxydische Partie: reich an Brauneisenerz und rotem Galmei,

3. zu unterst als ein Produkt von Kluftausfüllungen und meta-

somatischen (Verdrängungs-)Vorgängen die kompakten Sulfide als Reduktionsprodukte der am leichtest löslichen Sulfate.

Die stellenweise zu beobachtende Erzanreicherung an Klüften, sowie das stellenweise Auftreten des Erzes in tieferen Schichten, vor allem im Steinkohlengebirge, ist, wie auch Frech (Kohle und Erz, 1905, Nr. 4, 168) hervorhebt, ebenso durch absteigende wie durch aufsteigende Lösungen erklärbar.

IV. Geschichtlich-Ökonomisches (Bergbau und Produktion).

Abt, Von der älteren Geschichte der Galmeigräberei in Oberschles., Prov.-Bl. 1790, **12**, 139—148. — Thürnagel, Über den Galmeibergb. in Oberschles., Karst. Arch. f. Bergb. u. Hüttenw. VII, 1823, 30—66. — Lewald, Gesch. des Galmeibaues in Schlesien, Verh. Ver. z. Beförder. d. Gewerbfl. i. Pr. IV, 1825, 73—83. — v. Carnall, Betriebsgeschichte des Friedrichstollens bei Tarnowitz, Bergm. Taschenb. f. Oberschles. II, 1845, 96—144. — L. Wachler, Eisenerzeugung Oberschles., Oppeln 1847. — Steinbeck, Gesch. d. Schles. Bergbaues, Breslau 1857. — Klemann, Zinkgewinn. in Oberschles., Breslau 1860. — Montanindustrie Oberschlesiens, Oberschles. Berg- u. Hüttenm. Verein, Breslau 1868. — Serlo, Beitr. zur Gesch. d. Schles. Bergbaues, Breslau u. Berlin 1869. — Sabarth, Bergwerks- u. Hüttenkarte von Oberschlesien, Breslau 1869. — Runge, Vork. und Gewinn. nutzbar. Foss. Oberschles. bei Roemer, Geol. v. Oberschles., Breslau 1870. — Gedicke, Gesch. d. Schles. Bergbau-Privilegien, Ztschr. f. Bergrecht XIII, 1872, 359—395. — Statistik d. oberschles. Berg- u. Hüttenwerke, seit 1879. — Simson, Entwickl. der Zinkindustr. Schlesiens nach Herstell. der Eisenbahnen in d. Jahren 1844—1879, Schmollers Jhrb. f. Gesetzgeb. V, 1881, 1251—1257. — H. Koch, Gesch. d. Kgl. Blei- u. Silbererzbergwerkes Friedrichsgrube bei Tarnowitz, Ztschr. f. Berg- u. Hüttenwes. 1884, **32**, 333—400. — Gurlt, Bergbau- u. Hüttenkunde, Essen 1884. — Speier, Entsteh. u. Entwickl. d. oberschles. Montanindustrie usw., Breslau 1885. — Gothein, Die oberschles. Montanindustrie usw., Waldenburg 1887. — Kosmann, Oberschlesien, sein Land u. seine Industrie, Gleiwitz 1888. — Küntzel, Die Beuthener Erzmulde (Karte), Kattowitz 1888. — Derselbe, Der oberschles. Industriebezirk (Karte), Kattowitz 1888. — Dahlblom, Über Schles. Zinkerzgruben, Berg- und Hüttenm. Ztg. 1891, 342. — Voltz, Bergwerks- u. Hüttenverwalt. d. oberschles. Industriebezirkes, Kattowitz 1892. — Dziegiecki, Das Bergwerksprivileg der Standesherrschaft Beuthen-Tarnowitz,

Ztschr. oberschles. Berg- u. Hüttenm. Ver. 1896, **35**, 409—419. — Wutke, Studien üb. d. Entwickel. d. Bergregals in Schles., Berlin 1897. — Zivier, Geschichte d. Bergregals in Schlesien bis zur Besitzergreif. d. Landes durch Preußen, Kattowitz 1898. — Hilscher, Übersichts- u. Verkehrskarte d. oberschles. Industriebezirkes, Beuthen 1898. — Raschdorff, Übersichtskarte, Kolberg 1898. — Hübner, Uralte Bleierzbaue im Felde der Friedrichsgrube, Ztschr. d. oberschles. Berg- u. Hüttenm. Ver. Kattowitz, Juni-Juli 1899, 300—302. — Paniowski, Montanindustrie Oberschles. vor 100 Jahren, Kattowitz 1899. — Jüngst, Einfl. d. Bezuges ausländ. Eisenerze auf die Roheisenerzeug. in Oberschles., Ztschr. f. Berg-, Hütten- u. Salinenw. 1900, **48**, 519—536. — Fechner, Gesch. d. Schles. Berg- u. Hüttenwes. von 1740—1806, Ztschr. f. Berg-, Hütten- u. Salinenwes. 1900, 1901, 1902. — v. Renauld, Bergb. u. Hüttenindust. Oberschles. von 1884—1897, Stuttgart 1900. — Witte, Der Erbstollen St. Jakob usw., Ztschr. oberschles. Berg- u. Hüttenm. Ver., Mai 1900, 193—196. — Der schlesische Eisenerzbergbau, Schles. Ztg. 1901, Nr. 853. — Friedrich, Schlesiens Industrie 1889—1900, Stuttgart u. Berlin 1902. — Zivier, Zur ältesten Gesch. d. Eisenind. in Oberschlesien, Oberschlesien I, 1902, 509—520, 583—589. — Partsch, Schlesien II, 1903, 50—83. — Frech, Zukunft d. Eisens, vgl. Ztschr. f. prakt. Geol. 1904, 369.

Der älteste Bergbau der Beuthen-Tarnowitzer Mulde war ein Bleierzbergbau. Er richtete sich auf die silberreichen Bleierze der oberen Erzlage in der Beuthener Mulde und kam wohl schon im 12. Jahrhundert in der Gegend von Scharley, Dombrowka und auf der Worpie bei Beuthen in Aufnahme. Im 13. Jahrhundert war auch schon in Repten bei Tarnowitz die Bleigewinnung im Gange. Allein der alte Bleierzbergbau erlag den mit der Teufe zunehmenden Wassern. Einen neuen Aufschwung leitete 1519 der Zufall eines reichen Bleierzfundes ein, er führte im Jahre 1526 zum Erlaß der ersten oberschlesischen Bergfreiheit durch Herzog Johann von Oppeln und den Markgrafen Georg von Brandenburg-Ansbach und zur Gründung der Bergstadt Tarnowitz, die unter der einsichtigen Pflege der Hohenzollern der Mittelpunkt bergmännischer Tätigkeit wurde. Im Jahre 1528 erschien die erste Bergordnung, und durch Einführung von verbesserten Roßkünsten und starken Pferden aus Franken im Jahre 1542 kam der Bergbau, trotz der im Jahre 1552 wütenden Pest, zu solcher Blüte, daß 1561 5000 Mark Feinsilber und 13000 Zentner Blei gewonnnen wurden. 1563 wurde zur Wasserlösung der vom Stolatale her aus 2 km Entfernung die Vorstadt von

Tarnowitz im Norden unterfahrende St. Jakobistollen angefangen und 1599 von Markgraf Georg Friedrich von Ansbach eine neue Freiheit erlassen. Allein der im folgenden Jahrhundert ausbrechende große Krieg gestaltete die Fortführung des Bergbaues immer ungünstiger: unter den Freiherren (seit 1661 Reichsgrafen) Henckel, denen der Kaiser 1629 die Standesherrschaft Beuthen endgültig übergab, ging er immer mehr zurück, bis er 1754 erlosch. Erst in den letzten Jahren der Regierung Friedrichs des Großen blühte der Tarnowitzer Bergbau wieder auf. Der 1779 zur Leitung des schlesischen Bergwesens berufene geniale Berghauptmann v. Reden eröffnete ihn wieder mit frischer Tatkraft. Die Begründung der Bergdeputation zu Tarnowitz im Jahre 1779 war der erste Schritt zu seiner Wiederbelebung. Nach einem im Jahre 1782 mit dem Grafen Henckel abgeschlossenen Vergleiche wurde im Jahre 1784 die landesherrliche Friedrichsgrube eröffnet, im Juli dieses Jahres auf Rudolphineschacht auf ihr das erste Erz angehauen. Im Jahre 1786 wurde für die Verschmelzung des Ertrages der Friedrichsgrube die Friedrichshütte im Stolatale erbaut. Im Jahre 1788 trat in Tarnowitz die erste atmosphärische Dampfmaschine oder Feuermaschine, die man aus Süd-Wales bezog, in Tätigkeit, bald folgten ihr Bolton-Wattsche Maschinen mit Kondensation, die auf der Eisengießerei zu Gleiwitz erbaut wurden. Aber trotz der Überlegenheit der wasserhebenden Dampfmaschinen über die alten Roßkünste blieb doch die Frage der Wasserbewältigung noch ein großes Problem. Nur tief angelegte Stollen konnten einen steten, regelmäßigen Wasserabzug gewähren. So schritt man 1820 zur Anlage des Tiefen-Friedrich-Stollens, der im Jahre 1835 vollendet wurde und den Tiefen des Grubenreviers von Bobrownik südlich von Tarnowitz den Wasserabzug westwärts gegen das Dramatal zu eröffnete. Im 19. Jahrhundert verschob sich der Schwerpunkt der oberschlesischen Bleigewinnung immer deutlicher von der Tarnowitzer nach der Beuthener Mulde. Besonders seitdem um das Jahr 1860 die reichen Bleierzmittel der Bleischarley- und Samuelsglückgrube bei Groß-Dombrowka erschlossen worden waren, wandte man seine Aufmerksamkeit in erhöhtem Maße den dortigen mit der unteren kompakten (Zinkblende-) Lage verknüpften Bleierzen zu. Der fiskalische Bleibergbau erstreckte sich auf das Trockenberger und Miechowitzer Revier, der Staat verhüttet jedoch auf der Friedrichshütte die Bleierzvorkommen auch der eigentlichen Beuthener Mulde bis zu einer Linie hin, die die Orte Beuthen und Kamin verbindet (die Gruben haben gegen eine vereinbarte Vergütung die Bleierze an die Verwaltung der

Friedrichsgrube abzuliefern). Die jenseits der Linie Beuthen-Kamin auftretenden Bleierze werden seit 1864 auf der Walter-Croneckhütte bei Rosdzin verhüttet. Die Förderung an Bleierzen betrug (vgl. Gürich, Mineralreich 1899) im Jahre 1791 910 t, im Jahre 1868 11047 t, im Jahre 1887 28580 t, 1897 35847 t; 1898 wurden im Oberbergamtsbezirk Breslau 40402 t Bleierze gefördert, von denen allein auf die Gruben Neue Helene 12676 t, Jenny-Otto 5043 t, Cäcilie 4642 t und Blei-Scharley 4406 t entfielen. Im Jahre 1900 gewannen die Friedrichshütte und Walter-Croneckhütte zusammen mit 707 Arbeitern 24926 t Blei, 2027 t Glätte und 10843 kg Silber im Gesamtwert von über 10 Millionen Mark aus 41788 t Bleierzen, von denen aber nur 1874 t auf den staatlichen Gruben (Trockenberger und Miechowitzer Revier) gefördert wurden. Man ersieht daraus den gewaltigen Anteil, den die Beuthener Mulde an der gegenwärtigen Bleierzförderung nimmt. Im Jahre 1901 betrug die Förderung an Bleierzen 42794 t, 1902 50812 t, 1903 52489 t und 1904 56079 t.

Der Zinkerzbergbau Oberschlesiens begann schon in den 60er Jahren des 16. Jahrhunderts, wo vom Markgrafen Georg Friedrich dem Peter Jost zu Tarnowitz gestattet wurde den Galmei der Tarnowitzer Gegend unter gewissen Bedingungen zu gewinnen. Die ersten Fundstätten des Galmeis waren zu Tarnowitz, Repten, Ptakowitz, Radzionkau, Stollarzowitz und im Beuthener Stadtwalde. Im 17. Jahrhundert wurde der oberschlesische Galmeibergbau nur schwach betrieben, ruhte wohl auch zeitweilig ganz, bis am 22. November 1704 Georg v. Giesche aus Breslau vom Kaiser Leopold das Privileg erhielt auf 20 Jahre „in ganz Schlesien ausschließlich Galmei zu graben und damit zu handeln“. Er förderte Galmei bei Stollarzowitz und in Scharley, brannte ihn mit Holz und schickte ihn einesteils nach Breslau und weiterhin nach Schweden, andernteils nach dem zwei Meilen südöstlich von Cosel an der Birawa gelegenen Messingwerke von Jacobswalde. Dieses v. Giesche sche Privileg wurde v. Giesche und seinen Nachkommen wiederholt prolongiert, bis es 1802 erlosch. Solange aber der Galmei nur kalziniert und zur Messingfabrikation verwendet wurde, blieb die Galmeiförderung gering. Erst mit der Entwickelung der oberschlesischen Zinkfabrikation stieg die Galmeigewinnung. Als Begründers der später so gewaltige Dimensionen annehmenden oberschlesischen Zinkindustrie ist dankbar Johann Christian Rubergs zu gedenken, der 1798 zu Wessolla bei Myslowitz den ersten Zinkofen Oberschlesiens in Betrieb setzte, jedoch die Früchte seines Verfahrens nicht ernten sollte (er starb 1807 in Armut, Verbitterung und stiller Zurückgezogenheit). Durch Rubergs technische Erfolge angespornt gründete dann der berühmte Metallurg Karsten 1808 für den Fiskus die Lydogniahütte zu Königshütte, die erste schlesische Zinkhütte. Von nun ab verbreitete sich der Galmeibergbau gewaltig, insbesondere wurden die reichen Galmeilager am Nord- und Südrand der Beuthener Mulde in intensivster Weise ausgebeutet — so intensiv, daß man am Ende der 60er Jahre des 19. Jahrhunderts ihrer Erschöpfung entgegensah. Im Jahre 1825 betrug die geförderte Galmeimenge über 1 Million Zentner, 1845 2 Millionen Zentner, 1869 $6^1/_2$ Mill. Zentner. Da ging man dazu über die außerordentlich mächtigen Zinkblendevorkommen der Beuthener Mulde zu verwerten, auf denen die gegenwärtige Bedeutung und die Zukunft der oberschlesischen Zinkindustrie ruht. Im Jahre 1880 wurden bereits 500000 t Zinkerze gefördert, 1887 über 550000 t, 1890 über 600000 t; 1897 wurden 510686 t Zinkerze gefördert (davon 270426 t Blende), 1898 522839 t, wovon nur 219536 t = 41,99 % Galmei, und 303303 t = 58,01 % Blende waren. Die Statistik des Jahres 1900 zählt 503000 t (davon 191000 t Galmei und 312000 t Blende) und eine Arbeiterschaft von über 10000 Köpfen. Der Schwerpunkt der Ausbeute fiel lange Zeit auf den Nordrand der Beuthener Mulde (1855 Gründung der Scharleyer Tiefbausozietät), allein nach der Mitte des 19. Jahrhunderts wurde auch der Südflügel — insbesondere durch v. GIesches Erben und die Schlesische Aktiengesellschaft für Bergbau und Zinkhüttenbetrieb — erschlossen.

Die Förderung an Zinkerzen betrug:

1901 520099 t (325791 t Blende, 194308 t Galmei),
1902 568715 t (355789 t Blende, 212926 t Galmei),
1903 553335 t (343933 t Blende, 209402 t Galmei),
1904 587888 t (375604 t Blende im Werte von 23036120 Mk. und 212284 t Galmei im Werte von 2584551 Mk.).

Die Förderung der beim Betrieb der Blei- und Zinkerze als Nebenprodukt gewonnenen Schwefelkiese betrug:

1900 7280 t
1901 6128 t
1902 6011 t
1903 5492 t
1994 7045 t,
letztere im Werte von 60302 Mark.

Folgende Übersicht möge den Anteil der verschiedenen Blei- und Zinkgruben an der Produktion des Jahres 1902 zeigen:

Gruben	Kreis	Galmei t	Blende t	Bleierze t
1. Blei-Scharley und Neu-Eurydice	Beuthen	94935	63902	4319
2. Neue Helene mit Brzozowitz	—	80043	99394	20790
3. Samuelsglück	—	21791	24942	425
4. Ursula	—	6176	3728	248
5. Johanna	—	4612	—	—
6. Redlichkeit	Tarnowitz	2477	—	—
7. Cäcilie	Beuthen	1033	65302	2759
8. Florasglück	Tarnowitz	591	—	286
9. Arnold	—	405	—	—
10. Emiliensfreude	Beuthen	373	—	2
11. Unschuld	Tarnowitz	233	—	—
12. Veronika	—	110	—	—
13. Rokoko	Beuthen	62	8451	4352
14. Dembowka	—	62	—	—
15. Kons. Neue Viktoria	—	53	11500	1114
16. Jenny-Otto	—	—	32317	3166
17. Neuhof	—	—	16555	1525
18. Kons. Maria	—	—	10434	575
19. Wilhelmsglück	—	—	8466	5057
20. Fiedlersglück	—	—	7965	3740
21. Apfel	—	—	2776	208
22. Aufschluß	—	—	57	—
23. Gute Konkordia	—	—	—	381

Der Eisenerzbergbau Oberschlesiens war in seinen Anfängen außerordentlich unbedeutend. Im Anfange kannte man in Oberschlesien keine andere Zugutemachung der Eisenerze, als die in Luppenfeuern, von denen das erste schon im Jahre 1365 zu Kutschau erbaut worden war. Einen großen Fortschritt bedeutete es schon, als an demselben Orte im Jahre 1721 der erste Holzkohlenhochofen angeblasen wurde, dem dann ein zweiter zu Sausenberg folgte. Als dann der Staat anfing den montanistischen Verhältnissen Oberschlesiens seine Aufmerksamkeit zuzuwenden, wurde zunächst der Schwerpunkt der Industrie an falsche Stelle verlegt, nicht ins Klodnitzgebiet, sondern in die weiten Wälder, welche Malapane und Stober durchziehen: dort lagen die beiden königlichen Werke Malapane (1754) und Kreuzburgerhütte (1755), dort auch die Stahlfabrik Königshuld (1785), eine Gründung der Breslauer Kaufmannschaft. Erst Reden erkannte mit genialem Blick die aussichtsvolle Zukunft des wertvollsten Teiles von Oberschlesien, und er war es auch, der die Verwendung der Koks zum Hochofenbetriebe in Oberschlesien einführte. Im Jahre 1796 erglühte auf der Königlichen Hütte zu Gleiwitz (deren Bau der Engländer Baildon 1794 begonnen hatte) der erste Kokshochofen Oberschlesiens (überhaupt der erste des Kontinentes), dem dann weitere folgten: 1802 zu Königshütte, 1805 zu Antonienhütte, 1818 zu Hohenlohehütte. Schon 1802 zu Königshütte hatte man zielbewußt die enge räumliche Vereinigung der oberschlesischen Kohle mit den Brauneisenerzen des Muschelkalkes zur Grundlage des Betriebes gemacht, während man bisher die allenthalben (im Karbon, im Keuper, im Jura, im Tertiär) auftretenden Toneisensteine verwendet hatte. Immer geringer wurde der Anteil der letzteren an der oberschlesischen Eisenerzförderung: im Jahre 1868 entfielen bereits 93 % der in Oberschlesien gewonnenen Eisenerze auf den Muschelkalk, gegenwärtig liefern die Brauneisenerze des Muschelkalkes etwa 99 % der oberschlesischen Eisenerzförderung. Die Höhe der jährlichen Förderung an Eisenerzen betrug (vgl. Jüngst, Ztschr. f. Berg-, Hütten- und Salinenwes. 1900, **48**, 519—536) in Oberschlesien in der ersten Hälfte des 19. Jahrhunderts durchschnittlich 120000 t, stieg in der zweiten Hälfte von 224000 t (Durchschnitt 1852/61) auf 797000 t im Jahre 1889; dieses Jahr bedeutet den Höhepunkt der Förderung, von da ab sank sie rapide: Im Jahre 1894 betrug sie etwa 560000 t, im Jahre 1899 etwa 435000 t.

Im Jahre 1900 wurden an Brauneisenerzen in Oberschlesien gefördert:

	Kreis Tarnowitz	384093 t
	„ Beuthen	11418 t
		395511 t
	(dazu noch etwa 900 t Toneisensteine).	
Im Jahre 1901:	Kreis Tarnowitz	428371 t
	„ Beuthen	17947 t
		446318 t
	(dazu etwa 1000 t Toneisensteine).	

Im Jahre 1902:	Kreis Tarnowitz	403 409 t
	„ Beuthen	8 924 t
		412 333 t

(dazu etwa 900 t Toneisensteine).

Im Jahre 1903 wurden etwa 340 000 t Brauneisenerz, im Jahre 1904 etwa 330 000 t Brauneisenerz in Oberschlesien gefördert. Die Hauptproduzentin von Brauneisenerz ist die Oberschlesische Eisen-Industrie-Aktiengesellschaft in Gleiwitz, die das Erz aus den von der Herrschaft Beuthen-Siemianowitz und der fürstl. Henckelschen Verwaltung gepachteten Feldern fördert. Es ist klar, daß bei dem verhältnismäßig geringen Eisengehalt der oberschlesischen Brauneisenerze (20—24 %, geröstet 33—35 %) und bei dem durch ihre allmähliche Erschöpfung bedingten Rückgange der Förderung ($^2/_3$ bis $^3/_4$ sind bereits abgebaut) gegenwärtig nicht mehr die einheimischen, sondern ausländische Eisenerze (besonders aus Ungarn, Steiermark und Schweden) die Grundlage für das Blühen der oberschlesischen Eisenindustrie bilden. Auch die zurzeit massenhafte Verwendung eisenschüssiger oberschlesischer Dolomite von 5—10 % Eisen, sowie die neuerdings unternommene Ausbeutung eines bei Tarnowitz vorkommenden eisenreichen Dolomites (von 20—30 %) werden auf die Dauer nicht Ersatz für die importierten Erzmassen bieten können.

---

b) Fossile Brennstoffe

(Steinkohle, Braunkohle, Torf, Anhang: Schwefel).

Steinkohle.

Das oberschlesische Steinkohlenrevier.

I. Allgemeine Schilderungen (Literaturangabe):

L. v. Buch, Entw. ein. geogn. Beschr. v. Schles. Berlin, 1802. — Schulze, Beitr. zur Kenntnis des oberschles. Gebirges, Leonh. Min. Taschenb. 1816, **10**, 112—158. — v. Oeynhausen, Versuch einer geogn. Beschreib. v. Oberschlesien, Essen 1822. — v. Carnall, Geogn. Vergleich zw. d. niederschles. und oberschles. Gebirgsformationen, Karstens Arch. f. Min. 1832, **4**, 303—361. — Beyrich, Über die Entwickel. d. Flözgeb. i. Schles., Karsten u. v. Dechen, Arch. f. Min. 1844, **18**, 3—86. — Göppert, Über die Verschiedenh. d. Kohlenlager Ober- und Niederschles., Schles. Ges. f. 1846, 53—56; 1847. — Krug v. Nidda, Über das oberschles. Steinkohlenbecken, 32. Jahresber. Schles. Ges. 1854, 28—34 (Auszug Jahrb. f. Min. 1856, 458). — Mauve, Erläut. z. Flözkarte d. oberschles. Steinkohlengebirges, Breslau 1860. — Huyssen, Das Steinkohlengeb. a. d. Ruhr u. d. schlesische, Jahresber. schles. Ges. 1863, 28—30. — Schütze, Das oberschles. Steinkohlenbecken, in Geinitz, Steinkohlen Deutschl., München 1865, I, 227—258. — F. Roemer, Geol. v. Oberschlesien, Breslau 1870, 61—102. — Runge, Die oberschles. Mineralindustrie, ebendort 449—528. — v. Dechen, Nutzb. Min. u. Gebirgsart. i. D. Reiche, Berlin 1873, 395—412. — Althans, Über Kartierungsarbeit., 53. Jahresb. Schles. Ges. 1875, 25. — Preisig, Montanist. Reiseskizzen, Österr. Ztschr. f. Berg- u. Hüttenwes. 1877, **25**, 269—270, 282—284, 289—292. — v. Webern, Montanist. Reiseskizzen, Berg- u. Hüttenm. Jahrb., Wien 1877, **25**, 363—404, 364—371. — Jicinsky, Österr. Ztschr. f. Berg- und Hüttenw. 1877, **25**, 255—257, 267—269, 280—281 (auch ebend. 1880, **28**, 409—411 u. 419—421). — Stur, Reiseskizzen aus Oberschles. üb. die oberschles. Steinkohlenformation, Verh. geol. R.-A. 1878, 229—257. — Althans, Über die bergbaul. Lagerungskarten im oberschles. Bergrevier, 59. Jahresber. Schles. Ges. 1881, 273. — Jicinsky, Monographie des Ostrau-Karwiner Steinkohlenreviers, Teschen 1886. — G. Gürich, Erläut. zur geol. Übersichtsk. v. Schles., Breslau 1890. — E. Althans, Die geol. u. bergbaul. Kartenwerke Schles., Breslau, 5. Bergmannstag 1892. — Partsch, Schlesien, eine Landeskunde, I., Breslau 1896. — F. Frech, Lethaea palaeozoica, 2. Bd., 2. Lief., Stuttgart 1899, 333—340. — Gürich, Mineralreich, Neudamm 1899. — F. Frech, Exkursionsführ. zum 13. Geographentage Breslau 1901. — Derselbe, Über d. Bau der schles. Gebirge, geogr. Ztschr. 1902, 553. — Partsch, Schlesien, II. Teil, 1. Heft Oberschles., Breslau 1903. — P. Geisenheimer, Exkursionsführer nach Oberschles. von Frech, Breslau 1904. — Michael, Das oberschles. Steinkohlenbecken und seine kartogr. Darst., Ztschr. f. prkt. Geol. 1904, 11—20. — Frech, Über den Gebirgsbau Oberschlesiens, Kohle und Erz, II., 1905, 51—56, 163—170. — P. Geisenheimer, Der heutige Stand unserer Kenntnisse über das oberschlesische Steinkohlengebirge, Glückauf Nr. 29, 22. Juli 1905, 925—935.

II. Geologisch-Paläontologisches (Verbreitung und Grenzen, Petrefaktenführung und Gliederung, Lagerungsverhältnisse).

Vgl. Literatur unter „Allgemeine Schilderungen"; ferner:

v. Carnall, Sprünge im Steinkohlengebirge, Karstens Arch. f. Min. 1836. — Göppert, Übers. Arb. Schles. Ges. 1842, 191. — Derselbe, Preisschrift über den Ursprung der Steinkohlen, Leyden 1848. — Singer, Geogn. Verh. Oberschlesiens, Übers. Arb. Schles. Ges. 1843, 94—112. — v. Carnall, Entwurf eines geogn. Bildes von Oberschlesien, Bergm. Taschenb. f. Oberschles. I, 1844, 100 bis 144 (Auszug Jahresber. f. Min. 1845, 359). — Derselbe, Das aufgeschwemmte Gebirge in Oberschles., Bergm. Taschenb. f. Oberschles. II, 1845, 27—54. — Derselbe, Niveau- u. Lagerungsverh. d. oberschles. Gebirgsformationen, Bergm. Taschenb. f. Oberschles. II, 1845, 1—27. — Derselbe, Geogn. Übers. Oberschles. (in Grabowski: Flora von Oberschlesien, Breslau 1849, 417—451). — Derselbe, Oberschles. Gebirgsschichten oder Erläut. z. geogn. Karte von Oberschles. (2. Aufl. 1857). — v. Krenski, Schichtenbau zwischen Kattowitz u. Zalenze, Ztschr. d. geol. Ges. 1851, **3**, 387—388. — v. Gellhorn, Steinkohlengebirge bei Czernitz, Kr. Rybnik, Ztschr. d. geol. Ges. 1857, **9**, 195—196. — v. Carnall, Überblick üb. d. Lagerungsverh. der Gebirgsbild. im oberschles. Steinkohlenbecken, Jahresber. Schles. Ver. f. Berg- u. Hüttenw. I, 1859, 38—40. — Derselbe, Über die Lagerung u. Verbreit. d. Steinkohlenflöze in Oberschlesien, 38. Jahresber. Schles. Ges. 1860, 28—30. — Körter, Ztschr. Oberschles. Berg- u. Hüttenm. Ver. I, 1862, 84—85. — F. Roemer, Ergebn. geol. Unters., 40. Jahresber. Schles. Ges. 1862, 25—28. — Derselbe, Marine Conchylien-Fauna, Ztschr. d. geol. Ges. 1863, **15**, 567—606, **18**, 663—666, sowie 44. Jahresber. Schles. Ges. 1866, 48—49. — Derselbe, Eine bei Myslowitz im Schieferton aufgefundene fossile Spinne, 43. Jahresber. Schles. Ges. 1865, 33—34 und Ztschr. d. geol. Ges. 1866, **18**, 14. — Derselbe, Degenhardts geogn. Karte des oberschles.-polnischen Bergdistrikts, 44. Jahresber. Schles. Ges. 1866, 44—45. — Derselbe, Erläut. zu den Sektionen Gleiwitz, Königshütte, Loslau, Pleß d. geogn. Karte v. Oberschles., Berlin 1867. — Feistmantel, Beitr. z. Paläontol. d. Steinkohlengeb. in Oberschles., Verh. geol. R.-A. 1874, 81—85. — Derselbe, Üb. das Vorkommen d. Noeggerathia foliosa im Steinkohlengeb. Oberschles., 52. Jahresber. Schles. 1874, 28—29. — Gaebler, Flözkarte von den Gruben des Steinkohlengebirgssattels bei Jastrzemb 1877. —

Roemer, Marine Tierreste im Steinkohlengebirge bei Königshütte, 55. Jahresber. Schles. Ges. 1877, 60. — Derselbe, Marine Verstein. aus d. Steinkohlengeb. bei Königshütte, 56. Jahresber. Schles. Ges. 1878, 51—53. — Derselbe, Mar. Conchylien aus dem Kohlengeb. von Königshütte, 57. Jahresber. Schles. Ges. 1879, 181. — Stur, Flora der Ostrauer u. Waldenburger Schichten, Wien 1877. — Derselbe, Studien üb. die Steinkohlenformation in Oberschles. und in Rußland, Verh. geol. R.-A. 1878, 1. — Weiß, Petrefakten aus der Steinkohlenformat. Oberschlesiens, Ztschr. d. geol. Ges. 1879, 435. — Kosmann, Die neueren geogn. u. paläont. Aufschlüsse auf der Königsgrube bei Königshütte O/S., Ztschr. f. Berg-, Hütten- und Salinenwes. 1880, **28**, 305. — Derselbe, Lager. d. pflanzenführ. u. der conchylienführenden Schichten im oberschles. Steinkohlengeb., Ztschr. d. geol. Ges. 1880, 675. — Roemer, Eine neue Belinurusart aus d. oberschles. Steinkohlengeb., Ztschr. d. geol. Ges. 1883, **35**, 429. — Derselbe, Ein Insektenflügel aus dem Schieferton der Kohlenformation, 62. Jahresber. Schles. Ges. 1884, 226. — Derselbe, Eine eigentüml. gangartige Kluft im Kohlengebirge Oberschlesiens, 62. Jahresber. Schles. Ges. 1884, 225. — Derselbe, Einige neue Arten von Versteinerungen im Steinkohlengebirge Oberschlesiens, 63. Jahresber. Schles. Ges. 1885, 119. — Weiss, Unters. im Rybniker Steinkohlengebiet, Jahresber. pr. geol. L.-A. 1885, 120—123. — Stur, Karbonflora der Schatzlarer Schichten, Wien 1885 und 1887. — Gürich, Rhizodusschuppen aus dem oberschles. Steinkohlengebirge, 63. Jahresber. Schles. Ges. 1887, 222. — Küntzel, Beitr. z. Identifiz. d. oberschles. Steinkohlenflöze, Ztschr. des oberschles. Berg- u. Hüttenm. Ver. 1887, **26**, 73—74 (auch ebendort 1895, **34**, 12—16, 153—159). — Derselbe, Der oberschles. Industriebezirk u. d. Beuthener Erzmulde (Karten), Kattowitz 1888. — Ebert, Neues Vork. mariner Verstein. i. d. Steinkohlenform. Oberschlesiens, Ztschr. d. geol. Ges. 1889, **41**, 564. — Derselbe, Reste v. Chitonen aus d. Steinkohlenformat. Oberschles., ebendort 583. — Kosmann, Neue Aufschlüsse muschelführ. Schichten im Steinkohlengebirge, 67. Jahresber. Schles. Ges. 1889, 87—88. — Bernhardi, Über die Veränd. der Mächtigkeit der die mächtigen Flöze enthaltenden Gebirgsschichten der oberschles. Steinkohlenformation, Ztschr. oberschl. Berg- u. Hüttenm. Ver. 1888, **27**, 35—37. — Derselbe, Das Profil durch die östl. Partie des oberschles. Steinkohlengebirges, ebendort 1889, 474. — Derselbe, Zur Frage der Schichtenidentifizierung im oberschles. u. Mährisch-Ostrauer Kohlenreviere, Ztschr. oberschles. Berg- u. Hüttenm. Ver. 1891, **30**, 111—118, 429—430. — Gaebler,

Zur Frage der Schichtenidentifizierung im oberschles. u. Mährisch-Ostrauer Kohlenrevier (Antwort an Bernhardi), Gleiwitz 1891 und 1892, Kattowitz 1895. — Ebert, Lagerungsverh. d. oberschles. Steinkohlenformation, Ztschr. d. geol. Ges., wieder abgedruckt Ztschr. d. oberschles. Berg- u. Hüttenm. Ver. 1891, **30**, 354—356, 437—438. — Matthias, Weiterer Beitrag zur Klärung der Lagerungs- und Altersverhältn. der Flöze in der österreichisch-oberschlesisch-russischen Steinkohlenmulde, Ztschr. d. oberschles. Berg- u. Hüttenm. Ver. 1891, **30**, 271—282. — Gaebler, Schichtenverjüngung im oberschles. Steinkohlengebirge, Kattowitz 1892. — Wabner, Über das Verh. des oberschles. Steinkohlenbeckens zu den Sudeten usw., Berg- u. Hüttenm. Ztg. 1892, Nr. 30f. — Dos, Über die Lagerung der Steinkohlenflöze in der Gegend von Brzezinka bei Myslowitz, Ztschr. oberschles. Berg- u. Hüttenm. Ver. 1893, **32**, 323—331. — E. Tietze, Zur Geologie d. Gegend von Ostrau, Jahrb. geol. R.-A., Wien 1893. — Ebert, Aufschl. der Giesche- u. Florentine-Grube, Ztschr. oberschles. Berg- u. Hüttenm. Ver. 1893, **32**, 135—136. — Bartonec, Geogn. Übersichtskarte des mährisch-schlesisch-polnischen Kohlenreviers, Wien 1894. — Ebert, Die stratigr. Ergebnisse der neueren Tiefbohrungen im oberschles. Steinkohlengebirge, Berlin 1895 (Geol. L.-A.). — Potonié, Floristische Gliederung d. d. Karbon u. Perm., Abh. geol. L.-A., Heft 21, Berlin 1896. — Gaebler, Das oberschles. Steinkohlenbecken und die Verjüngungsverh. seiner Schichten, Ztschr. f. prakt. Geol. 1896, 457—461. — Derselbe, Die Sattelflöze und die hangenden Schichten auf d. nördl. Erhebungsfalte d. oberschles. Steinkohlenbeckens, Ztschr. f. Berg-, Hütten- u. Salinenwesen, Berlin 1896, **44**, 102—146, 465—472. (Nachtrag ebendort 1898, **46**, 193—217.) — Derselbe, Die Oberfläche des oberschles. Steinkohlengebirges, Ztschr. f. prakt. Geol. 1897, 401—409. — Jicinsky, Bergm. Notizen aus d. Ostrau-Karwiner Steinkohlenrevier, Mähr.-Ostrau 1898. — Ebert, Neuere Aufschl. im oberschles. Steinkohlengebirge, Ztschr. d. geol. Ges. 1898, **50**, Verhdlgn. 11—12. — Gaebler, Die Hauptstörungen d. oberschles. Steinkohlenbeckens, Glückauf Nr. 35, 1899, 461. — Derselbe, Die Schatzlarer (Orzescher) Schichten des oberschles. Steinkohlenbeckens, Ztschr. f. Berg-, Hütten- u. Salinenwes. 1900, **48**, 71—104. — Derselbe, Krit. Bemerk. zu: Fritz Frech, Die Steinkohlenformation, Kattowitz 1901 (vgl. Ztschr. f. prakt. Geol. 1902, 129). — Wiskott, Die neueren Steinkohlenaufschlüsse in Oberschles., Stahl und Eisen 1901, **21**, 1062. — Michael, Die Gliederung der oberschles. Steinkohlenformat., Berlin 1902 (Jahrb. geol. L.-A.) (vgl. Ztschr. f. prakt. Geol. 1903, 314). — Derselbe, Ein neuer Fundpunkt von mariner Fauna im oberschles. Steinkohlengebirge, Ztschr. d. geol. Ges. 1902, **54**, Protok. 63—67. — Tornau, Der Flözberg bei Zabrze, Jahrb. Geol. L.-A. f. 1902, Bd. 23, Heft 3, 368—524. — Flözkarte des oberschles. Steinkohlenbeckens, nördl. Teil, Breslau 1903. Herausgeg. vom Oberbergamt. — Potonié, Abbild. u. Beschr. fossil. Pflanzenreste der paläont. u. mesoz. Format., Berlin 1903 (Jahrb. geol. L.-A.). — Gaebler, Neues aus d. oberschles. Steinkohlenbecken, Ztschr. f. Berg-, Hütten- u. Salinenwesen 1903, **51**, 497—519. — Wiskott, Neuere Aufschlüsse in Oberschlesien, Ztschr. f. prakt. Geol. 1903, 81. — Fillunger, Berger, Suess, Geol. Verh. des Ostrau-Karwiner Beckens, Wien 1903. — Michael, Neuere geol. Aufschl. in Oberschles., Ztschr. d. geol. Ges., Sept. 1904, 140—144. — Frech, Über das Hinaufgehen von Posidonia Becheri in das produktive Karbon, Centralbl. f. Min. 1905, Nr. 7, 193 (vgl. Michael, Juniprotok. d. geol. Ges., Jahrg. 1905, 6).

Die Grenzen des in Rede stehenden Kohlenreviers sind noch nicht mit Sicherheit festgestellt. Am zuverlässigsten ist noch die Nordostgrenze gegeben: durch eine Linie, welche die Devon- und Kohlenkalkvorkommen von Dembnik und Krzeszowice in Galizien mit den Devonvorkommen von Dziewki bei Siewierz und von Klucze an der Weißen Przemsa verbindet. Die Nordgrenze ist durchaus hypothetisch, man pflegt wohl als nördlichen Rand eine Linie anzugeben, die von Osten her über Tarnowitz bis Tost hin verläuft. Als Westgrenze pflegt man eine Linie anzugeben, welche Tost mit dem Städtchen Königsberg in Österreichisch-Schlesien verbindet, wenn auch mehrere Kulmvorkommen (Hultschin, Katscher, Bauerwitz, Oberglogau, Zyrowa, Leschnitz) außerhalb dieser Linie liegen. Im Süden fehlt anscheinend ein Rand älterer Gesteine, die hier angestellten Tiefbohrungen sind bisher sämtlich ergebnislos verlaufen. Man rechnet nach Runges Vorgang auf das ganze Gebiet 5600 qkm (100 Quadratmeilen), von denen etwa 600 qkm auf Rußland, 1000 auf Österreich und 3600—4000 auf Preußen entfallen. Als durch Bergbau und Bohrungen nachgewiesen wird das Karbon in diesem Areal auf etwa 2240 qkm (40 Quadratmeilen) anzunehmen sein, über Tage aber steht es auf nur etwa 3 Quadratmeilen an. Man hat vier Reviere zu unterscheiden:

1. im Süden das Ostrau-Karwiner; nur sein nördlicher Rand greift auf preußisches Gebiet über, sonst liegt es völlig in Österreich;
2. das Rybniker Revier;
3. das Revier von Nicolai-Orzesche;
4. den Zabrze-Myslowitzer Hauptzug, der sich über die Landes-

grenze einerseits nach Polen hin (bis fast nach Slawkow), andererseits nach Galizien bis Trzebinia erstreckt.

Was die Petrefaktenführung des oberschlesischen Kohlenreviers anbelangt, so liegt ein Hauptcharakteristikum im Gegensatz zu Niederschlesien darin, daß es besonders in seinen tieferen Schichten marine Einlagerungen enthält. Oberschlesien gehört also, ebenso wie die englischen, belgischen und westfälischen Kohlenvorkommen dem paralischen Typus an. Land- und Süßwassertiere kommen in Oberschlesien nur in beschränktem Maße vor. So berichtet Stur über Fragmente von Eurypterus Salmi aus dem Ostrauer Revier, Roemer über eine Spinne Protolycosa anthracophila in den Toneisensteinen des Kattowitzer Waldes und über einen Insektenflügel im Schieferton der Alfred-Grube. Die marinen Fossilien, deren Entdeckung auf der Königsgrube und der Karoline-Grube das Verdienst von F. Roemer ist, sind auf bestimmte Schichten (die Rybniker Schichten) beschränkt, während Lagen mit den Brackwasser und Süßwasser bewohnenden Gattungen Anthracomya und Modiola durch das ganze Steinkohlengebirge verteilt sind. Mit den Cephalopoden (Glyph. subcrenatum und reticulatum, Pleuronautilus nodosocarinatus u. a.) kommen zahlreiche weitere marine Formen, so Phillipsia, Productus (Prod. punctatus, longispinus und scabriculus), Orthothetes crenistria, Orthoceras, Chiton und Ostracoda vor. Hingegen bilden, abgesehen von den Anthracosiiden auch Lingula, Discina und Aviculopecten selbständige Lagen, deren vollständige Unabhängigkeit von dem Vorkommen der echt marinen, ebenfalls in zahlreichen Horizonten nachgewiesenen Bildungen den Gedanken an Absatz in brackischem Wasser nahe legt. Die Pflanzenreste des vorwiegend sandigen, unteren Oberkarbons sind großenteils an Ort und Stelle gebildet, wie die Stigmarienlager beweisen, andere weniger verbreitete Ablagerungen machen den Eindruck zusammengeschwemmten Materiales. Das untere Oberkarbon (mit zahlreichen Stigmarien, Sphenopteris Stangeri und Larischi, Neuropt. Schlehani und dem wichtigen Sphenophyllum tenerrimum) ist im allgemeinen ärmer an organischen Resten als der hangende Teil; in den tiefsten Bänken des mittleren Oberkarbons kommt noch Neuropt. Schlehani (wie in Westfalen) vor; eines der bekanntesten fossilreichen Vorkommen des mittleren Oberkarbons ist der Myslowitzer Wald. Wichtig ist die Beobachtung, daß in einer Schicht nur wenige Pflanzenarten in großer Zahl vorkommen, daß aber diese Arten häufiger schichtenweise wechseln (Frech, Lethaea palaeozoica). Hinsichtlich der Gliederung des oberschlesischen Steinkohlenrevieres ist Folgendes zu sagen: Nachgewiesen ist bisher unteres und mittleres Oberkarbon. Die erste Einteilung erfolgte 1877 durch Stur, der einerseits Ostrauer Schichten, andererseits Dombrau-Orlauer Schichten unterschied. Erstere rechnete er noch zum Kulm, letztere identifizierte er mit den Schatzlarer Schichten Nordschlesiens. Die Ostrauer Schichten teilte er in fünf Flözgruppen ein. Tietze wies nach, daß die Ostrauer Schichten nicht zum Kulm gehörten, sondern mit den Waldenburger Schichten Niederschlesiens zu identifizieren seien, die den Schatzlarer Schichten identen Dombrau-Orlauer Schichten nannte Jicinsky Karwiner Schichten. Die im Jahre 1895 von Ebert gegebene Einteilung unterschied im wesentlichen die den Ostrauer Schichten entsprechenden Rybniker Schichten, die den Karwiner Schichten entsprechenden Orzescher Schichten und zwischen beiden die Gruppen der Sattelflöze. Potonié gab 1896 mit seiner Einteilung eine Erweiterung der alten Sturschen. Die Gaeblersche Einteilung 1898 ist der Ebertschen analog. Die von Michael 1901 aufgestellte Gliederung bezeichnet die Ostrauer Schichten als Randgruppe, die Karwiner Schichten als Muldengruppe, die dazwischen gelegenen Sattelflözschichten als Sattelgruppe. Rand- und Sattelgruppe zusammen nennt er silesische Stufe. Endlich bezeichnet Frech (1899 und 1901) die Ostrauer (Rybniker) Schichten und die Sattelflözgruppe zusammen als sudetische Stufe, die Karwiner (Orzescher) Schichten als Saarbrücker Stufe.

Die Tabelle auf Seite 153 möge die einzelnen Gliederungen in den Grundzügen wiedergeben.

Zur näheren Orientierung möge die auf Seite 154 und 155 von P. Geisenheimer zusammengestellte Tabelle dienen.

Die Flora des Sattelflözhorizontes stellt (vgl. Geisenheimer, Glückauf, 22. Juli 1905, 931) nach Potonié eine Mischung der Pflanzen des unteren und des mittleren produktiven Karbons dar. Eine wichtige Pflanze ist Mariopteris muricata, ferner sind Neuropteris Schlehani und ein besonderer Reichtum an favularischen Sigillarien bemerkenswert. Die Flora der Rybniker Schichten enthält unter anderem als Leitfossilien Sphenopteris elegans, Sphenopteris distans, Sphenopteris divaricata, Palmatopteris geniculata, Sphenopteridium Dawsoni und Tschermaki, Sphenophyllum tenerrimum, Lepidodendron Volkmannianum, Lepidodendron Veltheimii usw. Die Pflanzenreste der Orzescher Schichten sind durch die Häufigkeit von rhytidolepen Sigillarien und durch ihren Artenreichtum ausgezeichnet. Es seien genannt Palmatopteris furcata, Sphenopteris trifoliata, Sphenopteris Baeumleri, Sphenopteris obtusiloba, Ovopteris Karwinensis,

Neuropteris flexuosa, Lonchopteris rugosa, Sphenophyllum cuneifolium, Annularia radiata und andere.

Bezüglich der Lagerungsverhältnisse hat man (vgl. Michael, Ztschr. für prakt. Geol. 1904, 16) abgesehen von dem im Süden belegenen Ostrau-Karwiner Revier in Preußisch-Oberschlesien eine große Binnenmulde von einem Randgebiet im Westen und einer kleineren Randmulde im Norden zu unterscheiden. Die große Binnenmulde (der das Revier von Nicolai-Orzesche angehört) ist gegen das Randgebiet im Westen (Gegend von Rybnik, Czernitz und Birtultau) durch die gewaltige Orlau-Gleiwitzer Störungszone, gegen die Randmulde im Norden (die Beuthener Mulde) durch den langgestreckten west-östlich sich hinziehenden Zabrze-Mylowitzer Sattelflözzug getrennt. In ihm tritt wesentlich die mittlere Gruppe der Sattelflöze auf. Die untere Gruppe der Rybniker Schichten tritt westlich der großen Störung auf, die obere (jüngste) Gruppe der Orzescher Schichten östlich der großen Störung, sowohl in der großen Binnenmulde, wie auch in der nördlichen (Beuthener) Mulde.

1. Den südlichsten Teil der Kohlenablagerung bildet das Ostrau-Karwiner Revier, welches seit mehr als 100 Jahren ausgebeutet wird, nur sein nördlicher Rand greift (bei Hultschin und Petrzko-

Niederschles. Revier	Ostrau-Karwiner Revier	Zabrze-Myslowitzer, Nicolaier und Rybniker Revier			
	Stur 1877	Ebert 1895	Gaebler 1898	Michael 1901	Frech 1899 u. 1901
3. Schatzlarer Schichten	3. Dombrau-Orlauer = Karwiner Schichten (Jicinsky)	3. Orzescher Schichten	3. Orzescher od. Schatzlarer Schichten	3. Muldengruppe	3. Saarbrücker Stufe
2. Flözleeres Mittel	2. —	2. Sattelflözgruppe	2. Sattelflözgruppe	2. Sattelgruppe } silesische Stufe	1 + 2 = sudetische Stufe
1. Waldenburger Schichten	1. Ostrauer Schichten	1. Rybniker Schichten	1. Ostrauer oder Rybniker Schichten	1. Randgruppe }	

<table>
<tr><th colspan="4">Stur 1877</th><th colspan="4">Potonié 1896</th><th colspan="5">Gaebler 1898 und 1903</th></tr>
<tr><td rowspan="5">Karbon</td><td rowspan="5">Unteres</td><td rowspan="5">Dombrau-Orlauer Schichten = Schatzlarer Schichten</td><td rowspan="5">Flözgruppe</td><td rowspan="5">Flora IV</td><td colspan="2" rowspan="5">Karwiner Schichten = Orzescher Schichten</td><td>8. Sohrauer Schichten</td><td rowspan="5">A. Schichten über der Sattelflözgruppe oder Orzescher Schichten nach Weiß oder Schatzlarer Schichten nach Stur.</td><td>a.</td><td colspan="2">1. Lazisker Schichten</td><td>Leitflöz Gottmituns</td></tr>
<tr><td rowspan="2">7. Nicolaier Schichten</td><td rowspan="2">b. Nicolaier Schichten</td><td>Obere</td><td>2. Orzescher Gruppe</td><td>Leitflöz Leopold</td></tr>
<tr><td>Untere</td><td>3. Zalenzer Gruppe</td><td>Leitflöz Charlotte-Oberflöz u. Niederflöz</td></tr>
<tr><td rowspan="2">6. Rudaer Schichten</td><td rowspan="2">c. Rudaer Schichten</td><td colspan="2">4. O. Rudaer Schichten</td><td>Leitflöz Jakob</td></tr>
<tr><td colspan="2">5. U. Rudaer Schichten</td><td>Leitflöz Georg</td></tr>
<tr><td colspan="4" rowspan="2"></td><td rowspan="3">Flora III</td><td colspan="3" rowspan="2">5. Sattelflözschichten</td><td rowspan="2">B. Sattelflözgruppe</td><td colspan="3">6. Obere Sattelflözgruppe</td><td>Leitflöz Einsiedel</td></tr>
<tr><td colspan="3">7. Untere Sattelflözgruppe</td><td>Leitfl. Pochhammer</td></tr>
<tr><td rowspan="5">Kulm</td><td rowspan="4">Oberer</td><td rowspan="4">Mährisch-Ostrauer Schichten</td><td rowspan="4">Flözgruppen I bis V</td><td rowspan="2">Rybniker Schichten</td><td colspan="2">4. Czernitzer Schichten</td><td rowspan="4">C. Schichten unter der Sattelflözgruppe oder Rybniker Schichten nach Ebert oder Ostrauer Schichten nach Stur.</td><td rowspan="2">a. Obere Ostrauer Schichten</td><td colspan="2">8. Rybniker Gruppe</td><td>Leitflöz Osten</td></tr>
<tr><td rowspan="2">Flora II</td><td rowspan="2">Ostrauer Schichten</td><td>3. Loslauer Schicht.</td><td colspan="2">9. Loslauer Gruppe</td><td>Leitflöz Andreas</td></tr>
<tr><td></td><td>2. Hultschiner Schicht.</td><td rowspan="2">b. Untere Ostrauer Schichten</td><td colspan="2">10. Hruschauer Gruppe</td><td>Leitflöz Golonog III</td></tr>
<tr><td rowspan="2">Flora I</td><td colspan="3">1. Golonoger Schichten (Pflanzenleer, marin)</td><td colspan="2">11. Petrzkowitzer Gruppe</td><td>Leitflöz Golonog VIII</td></tr>
<tr><td>Unterer</td><td></td><td>Kulmdachschiefer</td><td colspan="3">Kulm</td><td colspan="5">Kulm</td></tr>
</table>

<table>
<tr><th colspan="5">Michael 1901</th><th colspan="4">Frech 1899 und 1901</th></tr>
<tr><td rowspan="5">Muldengruppe (Karwiner Schichten im weiteren Sinne)</td><td rowspan="3">Nicolaier Schichten</td><td>Obere Stufe</td><td colspan="2" rowspan="2">Oberes ? Oberkarbon</td><td rowspan="11">Produktives Karbon bzw. Oberkarbon</td><td rowspan="5">Mittleres</td><td rowspan="5">Saarbrücker Stufe</td><td rowspan="3">Obere Saarbrücker Stufe</td></tr>
<tr><td>Mittlere Stufe</td></tr>
<tr><td>Untere Stufe</td><td colspan="2" rowspan="3">Mittleres Oberkarbon</td></tr>
<tr><td rowspan="2">Rudaer Schichten</td><td>Obere Stufe</td><td rowspan="2">Untere Saarbrücker Stufe</td></tr>
<tr><td>Untere Stufe</td></tr>
<tr><td rowspan="2">Sattelgruppe (Sattelflöz-schichten)</td><td colspan="2">Obere Stufe</td><td rowspan="6">Schlesische Stufe .</td><td rowspan="6">? Unteres Oberkarbon</td><td rowspan="6">Unteres</td><td rowspan="6">Sudetische Stufe</td><td rowspan="2">Obere sudetische Stufe od. Sattelflözschichten</td></tr>
<tr><td colspan="2">Untere Stufe</td></tr>
<tr><td rowspan="4">Randgruppe (Ostrauer Schichten im weiteren Sinne)</td><td rowspan="2">Obere</td><td>Obere Stufe</td><td rowspan="4">Untere sudetische Stufe oder Ostrauer Schichten</td></tr>
<tr><td>Untere Stufe</td></tr>
<tr><td rowspan="2">Untere</td><td>Obere Stufe</td></tr>
<tr><td>Untere Stufe</td></tr>
<tr><td colspan="4">Kulm und Kohlenkalk</td><td>Unterkarbon</td><td>Unterkarbon</td><td colspan="3">Golonoger Schichten, Pflanzengrauwacke</td></tr>
</table>

witz) auf preußisches Gebiet über. Das Karbon bildet hier einen langgestreckten Rücken, der sich von Hoschialkowitz über Petrzkowitz und Koblau in Preußen und über Hruschau, Polnisch-Ostrau, Dombrau, Karwin in Österreich in ostwestlicher Richtung hinzieht und an verschiedenen Stellen zutage tritt. Nach Norden fällt dieser Rücken unter die tertiäre Auflagerung steil ein, nach Süden verflacht er langsam. Durch eine gewaltige Verwerfung, die von Orlau (zwischen Ostrau und Karwin gelegen) nordwärts über Mschanna, Rybnik weiterhin bis Gleiwitz verfolgbar ist, wird das Revier in zwei Teile: die östliche Karwiner Ablagerung und das westliche Ostrauer Becken geteilt. Orlau scheint übrigens der Durchschnittspunkt dieser Verwerfung mit einer zweiten nordwestwärts gerichteten, die den Zug des Odertales beim Durchschnitt durch das Gesamtkohlenrevier vorgezeichnet hat, gewesen zu sein. Die östliche Karwiner Ablagerung, die sich also von Orlau bis Karwin erstreckt, ist, wie schon erwähnt, den Schatzlarer Schichten Niederschlesiens gleichzustellen. Die westlich der großen Verwerfung gelegenen Ostrauer Schichten entsprechen den älteren, Waldenburger Schichten. Dieses Ostrauer Becken, welches von Petrzkowitz bis Orlau reicht, zerfällt seinerseits wieder in die Ostrauer Hauptmulde und die Separatmulde von Peterswald-Poremba. Die Lagerungsverhältnisse des Ostrauer Revieres sind im westlichen Teile stark zerstört: Aufrichtungen der Schichten, die bis zur Saigerstellung gehen, Faltungen, Knickungen, Überkippungen und Überschiebungen sind hier vielfach vorhanden. Die Folge hiervon ist, daß der dortige Bergbau mit großen Schwierigkeiten zu kämpfen hat, auch die Schlagwetterentwickelung ist hier im Gegensatz zu den anderen Revieren eine bedeutende. Von besonderem Interesse sind die Schichten an der Grenze gegen die unterkarbonischen Kulmgrauwacken, weil sie zur Klärung der Beziehungen zwischen Ober- und Unterkarbon beitragen. Das Unterkarbon ist in den zahlreichen Bohrungen des oberschlesischen Industriebezirkes nirgends erreicht worden. Bei Krzeszowice in Galizien, westlich von Krakau, wird der durch allmählichen Übergang mit dem marinen Devon verbundene Kohlenkalk diskordant durch das produktive Steinkohlengebirge überlagert. Im Gegensatz hierzu konnte jedoch Geisenheimer bei Bobrownik unweit Hultschin eine schon von Roemer und Stur behauptete, aber von Tietze bestrittene Konkordanz zwischen Unter- und Oberkarbon feststellen. Geisenheimer stellt die liegendsten Schichten des Karbons bei Mährisch-Ostrau (= Golonoger Schichten Potoniés), in denen bauwürdige Flöze vorkommen, und die durch die Oskarschachtanlage der kons. Hultschiner Steinkohlengruben aufgeschlossen sind, zum Oberkarbon. Die Stellung dieser Schichten war bisher noch zweifelhaft: auf Grund des Vorkommens von Phillipsia accuminata Roemer rechnete ein Teil der Geologen sie bisher zum Unterkarbon. Geisenheimer stellte jedoch (wie ich einer freundlichen Mitteilung von ihm verdanke) Phillipsia accuminata auch in höheren Horizonten der Ostrauer Steinkohlenablagerung fest.

Der Zusammenhang der Ostrauer Felder mit den oberschlesischen ist trotz mehrerer in neuerer Zeit niedergebrachten Tiefbohrungen noch nicht bekannt geworden. Der Grund hierfür liegt weniger in den Lagerungsverhältnissen, als in den tiefen Erosionstälern, die die Oberfläche des Kohlengebirges durchfurchen und deren Grund von den Bohrungen noch nicht erreicht worden ist. So hat eine im Schillersdorfer Schwarzwald angesetzte Bohrung bis 420 m, eine andere am Vorwerk Niederhof (beide Punkte liegen nördlich von Petrzkowitz) bis 602 m Teufe nur tertiären Tegel durchteuft. Der Kohlenreichtum der Ostrauer Schichten ist verhältnismäßig bedeutend geringer, als der Reichtum der — bei Ostrau übrigens völlig fehlenden — Sattelflözschichten. Die Ostrauer Schichten sind bei Ostrau in einer Mächtigkeit von 4056 m aufgeschlossen worden mit 107 m Kohlenmächtigkeit, von denen 65 m gewinnbar sind. Die Flözmächtigkeit ist im allgemeinen geringer als 2 m. Ganz besonders hervorzuheben ist bei den Ostrauer Schichten eine Erscheinung, die sie mit der Sattelflözgruppe gemeinsam haben, während sie bei den jüngsten, Orzescher Schichten in einer anderen Richtung festgestellt ist: die Verjüngung der Schichten von Westen nach Osten zu, während die in ihnen befindlichen Kohlenflöze sich vereinigen, so daß sie nach Osten zu an Zahl abnehmen, an Mächtigkeit aber wachsen. Gaebler sieht in der Gegend größter Mächtigkeit die Örtlichkeit der Einschwemmung der Sinkstoffe in das Becken, in dem Bereich geringster Mächtigkeit das fernste Ziel des Transportes der zum Niederschlag gelangenden Stoffe. So besitzen die Ostrauer Schichten im Osten bei Gonolog in Russisch-Polen nur noch eine Mächtigkeit von 505 m. Endlich ist hervorzuheben, daß die Ostrauer Schichten in der Nähe von Mährisch-Ostrau von Eruptivgesteinen durchbrochen wurden, die von den Geologen teils als Basalte, teils als Porphyre angesprochen wurden. Sie bilden meist Spaltenausfüllungen innerhalb des Gebirges, Eruptivdecken sind nicht vorhanden.

2. Das Rybniker Revier und das von Nicolai-Orzesche wird ebenso, wie das Ostrau-Karwiner Revier, von der schon erwähnten gewaltigen Störung: der Gleiwitz-Orlauer Rutschung be-

herrscht. Sie bedingte ein Absinken des Ostflügels um etwa 1600 bis 2000 m. Der Verwurf bildet nach älteren Ansichten eine Bruchzone von $2^1/_2$ km, nach neueren eine solche von nur $1—1^1/_2$ km Breite. Ebenso wie bei dem Ostrau-Karwiner Revier infolge des Verwurfes die jüngeren, Karwiner Schichten des Ostflügels in gleiche Höhe mit den älteren, Ostrauer Schichten des Westflügels kamen, wurden auch hier die jüngeren, Orzescher Schichten des Ostflügels, die den Karwiner Schichten entsprechen, in gleicher Teufe mit den älteren, Rybniker Schichten des Westflügels, die den Ostrauer Schichten entsprechen, angetroffen. Der Gebirgsbau dieser Reviere ist erst im letzten Jahrzehnt durch Bohrlöcher, die man stieß, bekannt geworden. Besonders bekannt und wichtig sind Bohrungen östlich des großen Verwurfes: das Bohrloch von Paruschowitz V bei Rybnik, das bis zu einer Tiefe von 2003 m herabreichend das tiefste Bohrloch der Welt darstellt; fernerhin das von der Königs- und Laurahütte A.-G. bis zu 1513 m niedergebrachte Bohrloch von Czerwionka westlich von Orzesche, endlich das fiskalische bis 1352 m herabgehende Bohrloch Knurow I südlich von Gleiwitz. Westlich der Störung bildet das Steinkohlengebirge in der Gegend von Rybnik, Czernitz und Birtultau eine flache Mulde: die sogenannte westliche Randmulde, deren Achse etwa von Süden nach Norden streicht. Die Schichten besitzen hier ein flaches Einfallen, sie gehören, wie schon erwähnt, durchwegs den Ostrauer Schichten (der unteren sudetischen Stufe Frechs) an, mit Ausnahme der Flöze der Beatensglückgrube, die man als Äquivalente der Sattelflöze betrachtet. Auch östlich des Orlauer Sprunges bilden die Schichten in dem Revier von Nicolai, Orzesche, Czerwionka eine große flache nach Südosten sich öffnende Mulde (Binnenmulde), deren Muldentiefstes zwischen Lazisk (südwestlich von Nicolai) und Pleß gelegen ist. Hier lagert die ganze Schichtenfolge der jüngeren, Orzescher Schichten (Saarbrücker Stufe Frechs) in einer Mächtigkeit von etwa 2700 m über den Sattelflözen, so daß diese sich hier in einer für den Bergbau nicht erreichbaren Teufe vorfinden. Dagegen sind an dem nördlichen und westlichen Muldenrande die oberen Schichten durch Erosion zerstört, so daß dort die Sattelflöze in geringerer Teufe auftreten. Diese südliche Binnenmulde ist übrigens nicht einheitlich gebaut, sie zeigt vielmehr stellenweise kuppelförmige Auftreibungen: eine solche Kuppel wird beispielsweise bei Jastrzemb, wo ebenfalls Sattelflöze erbohrt wurden, von dem großen Bruch abgeschnitten. Die Mächtigkeit der Saarbrücker Schichten beträgt bei Orzesche selbst 2676 m mit 162 m Kohle. 74 m Kohle kommen in 46 bauwürdigen Flözen vor. Die durchschnittliche Flözmächtigkeit beträgt also 1,6 m, einzelne Flöze erreichen eine Mächtigkeit von 3—4 m. In diesen Schichten sind die Schiefer vorherrschend, während die Sandsteine zurücktreten. Bei den Orzescher Schichten sind gleichfalls Verjüngungserscheinungen zu konstatieren, die aber nicht, wie bei den Rybniker und Sattelflözschichten, von Westen nach Osten, sondern von Süden nach Norden verlaufen. Hier herrscht im Süden die größte Schichtenmächtigkeit, die größte Anzahl, aber die geringste Mächtigkeit der Kohlenflöze, während nach Norden zu die Schichten sich verjüngen, die Kohlenflöze mächtiger, aber weniger zahlreich werden, ein Zeichen, daß hier die Einschwemmung der bei der Abtragung der Sudeten entstandenen Schuttmassen von Süden her erfolgte. Die mittlere Mächtigkeit der Orzescher Schichten wird auf 2200 m geschätzt.

3. Der Zabrze-Myslowitzer Hauptzug, der in einer Breite von 7—12 km von Zabrze aus etwa 30 km weit ostwärts bis auf russisches Gebiet übersetzt, bildet den Schwerpunkt der oberschlesischen Kohlenindustrie. Seine Schichten gehören der mittleren, Sattelflözgruppe an, die also über den Rybniker und unter den Orzescher Schichten liegt. In dieser Sattelflözgruppe, die eine mittlere Mächtigkeit von 100—150 m besitzt, prägt sich vorzüglich die unterscheidende Eigenart des oberschlesischen Steinkohlenvorkommens aus: die auf weite Strecken hin verfolgbare gewaltige Mächtigkeit einzelner Flöze. Die Gruppe besitzt bei Zabrze die stärkste Entwickelung, sie hat dort eine Mächtigkeit von über 200 m. Die durchschnittliche Mächtigkeit eines bauwürdigen Flözes beträgt 4 m; 28 m Kohle treten in bauwürdigen Flözen auf. Die Sattelflöze entsprechen stratigraphisch (vgl. die Tabellen) dem flözleeren Mittel des niederschlesischen Steinkohlenreviers, übrigens auch dem oberen Teil des westfälischen „flözleeren Sandsteines". Im Hangenden der Sattelflöze bildet eine der in Oberschlesien nicht sonderlich verbreiteten Konglomeratlagen die Grenze gegen die Orzescher Schichten, deren untere Abteilung man als Rudaer Schichten bezeichnet. Im Liegenden der Sattelflöze treten die durch weniger mächtige, aber immerhin noch abbauwürdige Flöze ausgezeichneten Rybniker Schichten auf, in denen Roemer auf der Königsgrube und der Karolinengrube die bekannten, schon erwähnten marinen Einlagerungen nachweisen konnte. Die Verbreitung (das „Durchstreichen") einzelner Flöze ist nur bei den in Rede stehenden Sattelflözen mit größerer Sicherheit nachgewiesen. Dabei sind nochmals die schon wiederholt hervorgehobenen Verjüngungserscheinungen

von Westen nach Osten zu betonen. Im Westen, in der Nähe des alten Gebirgsrandes häufen sich bedeutende Sedimentmassen an, die nach Osten zu bis auf etwa $^1/_{10}$ der ursprünglichen Mächigkeit abnehmen. Im Zusammenhang damit nehmen nach Osten zu die Kohlenflöze an Zahl ab, an Mächtigkeit zu, d. h. sie schießen zusammen. Während bei Zabrze die Gesamtmächtigkeit der Schichten, wie schon erwähnt, über 200 m beträgt, geht sie in Polen bis auf etwa 15 m herab. Und während bei Zabrze 5 Flöze mit einer Durchschnittsmächtigkeit von 5—6 m (also einer Gesamtmächtigkeit von 25—30 m) vorhanden sind, tritt in Polen stellenweise nur ein einziges Flöz auf, das aber die enorme Mächtigkeit von 15 m besitzt.

Der Gebirgsbau des Zabrze-Myslowitzer Hauptzuges ist verhältnismäßig einfach. Er stellt einen von Westen nach Osten zu sich erstreckenden Sattel mit flachem Schichteneinfall (selten über 13°) dar. Die Sattellinie jedoch verläuft nicht horizontal, sondern auf- und absteigend, so daß mehrere kuppelförmige Auftreibungen: Flözberge (Parmas nach Eduard Suess) hervortreten; diese liegen bei Zabrze, Königshütte, Laurahütte und Rosdzin. Eine Übersicht über die Sattelflözgruppe, die gleichzeitig die Schichtenverjüngungen von Westen nach Osten zu widerspiegelt, möge die Zusammenstellung (nach Gaebler) S. 161 geben.

An den Zabrze-Myslowitzer Sattel schließen sich sowohl nördlich wie südlich Mulden an: im Norden die Beuthener Mulde, im Süden die schon erwähnte Binnenmulde östlich des Gleiwitz-Orlauer Verwurfes. Die Verhältnisse der im Innern von der Trias erfüllten Beuthener Mulde sind erst neuerdings durch die Bohrlöcher der Grube Preußen und die Baue der Karsten-Centrumgrube bekannt geworden. Nach der Beuthener Mulde, also nach Norden, fallen die Schichten des Hauptflözsattels steiler ein, als nach der südlichen großen Binnenmulde zu. Der Südrand der Beuthener Mulde fällt steiler ein, als man bisher annahm. Infolgedessen liegt im Muldentiefsten das Pochhammerflöz, das liegendste der Sattelflöze, bei etwa 1100 m Teufe (Geisenheimer.) Auch auf dem Nordflügel der Beuthener Mulde heben sich die Sattelflöze wieder heraus, sie werden bei Radzionkau abgebaut. Auf dem Hauptflözsattel sind Brüche von geringer Sprunghöhe nicht selten, sie setzen jedoch der Wiederauffindung der Flöze keine bedeutenden Schwierigkeiten entgegen. Als Ausnahme ist auch auf dem Ostfelde der Königin-Luisengrube eine flache Überschiebung beobachtet worden, deren saigeres Ausmaß 160 m beträgt.

Zabrzer Sattel		Königshütter Sattel		Laurahütter Sattel		Rosdziner Sattel		Östl. Randmulde		Östl. Beckenrand	
Grube Königin Luise, Carnall-Schacht		Grube König Westfeld Freundschaft-Schacht		Grube Karlshoffnung Knoff-Schacht		Einzelfeld Abendrot, Abendrotschacht		Grube Fanny, Graf Renard-Schacht		Grube Ignatz Ignatz-Schacht	
	m		m		m		m		m		m
Einsiedel Oberbank .	1,19	Blücher-Flöz .	1,19								
Mittel . . .	0,98	Mittel . . .	31,60	Fanny-Flöz .	7,63						
Einsiedel Niederbank	1,38	Gerhard-Flöz .	6,52								
Mittel . . .	76,11	Mittel. . . .	23,12	Mittel .	1,02	Ober-flöz .	5,20	Ober-flöz .	3,65	Reden-Oberbank	7,20
Schuckmann-Flöz. . .	8,63	Heintzman-Flöz	3,60	Glück-Flöz .	2,80						
Mittel . . .	20,60	Mittel. . . .	20,96								
Mulden-Flöz .	1,26							Mittel	8,01		
Mittel . . .	20,22	Pelagie-Flöz verd. . . .	0,08	Mittel .	11,44	Mittel	19,99	Kohle	0,44	Mittel .	0,50
Kohle . . .	0,25							Mittel	2,04		
Mittel . . .	35,25	Mittel. . . .	12,76								
Heinitz-Flöz .	4,67	Sattel Oberbank	2,74								
Mittel . . .	23,65	Mittel. . . .	11,96	Raubflöz	1,98						
Reden-Flöz .	4,10			Mittel .	0,81	Nieder-flöz .	8,58	Nieder-flöz .	6,68	Reden-Niederbank .	6,90
Mittel . . .	2,30	Sattel-Niederbank . . .	4,74	Karoline-Flöz .	5,60						
Pochhammer-Flöz. . .	6,35										
Summe	206,94	Summe	119,27	Summe	31,28	Summe	33,77	Summe	20,82	Summe	14,60

Wann die Faltung der Karbonschichten stattgefunden hat, ist nicht leicht zu bestimmen, da die jüngeren Karbon- und Rotliegendschichten im eigentlichen Industriebezirk fehlen und der Buntsandstein die nächstjüngere, diskordant und fast ungestört auflagernde Formation darstellt. Die Faltung ist (vgl. Frech, Lethaea) jedenfalls nicht, wie die im niederschlesischen Revier, intrakarbonisch (sudetisch), sondern jung- oder postkarbonisch. In tektonischer Hinsicht ist Oberschlesien sowohl von der postsudetischen (jungpaläozoischen), wie von der karpathischen (miocänen) Faltung beeinflußt. Ob der gewaltige Orlauer Sprung (besser die Orlauer Bruchzone, denn es handelt sich nicht um einen scharfen Bruch, sondern, wie schon hervorgehoben, um eine $1^1/_2$—$2^1/_2$ km breite Zone) der jüngeren oder älteren Faltung angehört, ist schwer zu entscheiden; da dessen Nordsüdrichtung in keiner Beziehung zu der ostwestlichen Hauptfaltung des Steinkohlengebirges steht, so hat man keinen Anhalt dafür, daß er der Zeit der postkarbonischen Faltung angehöre. Doch dürfte er älter sein, als die miocäne Faltungsperiode; denn zu beiden Seiten der Störungszone sind die tertiären Gebirgsbildungen etwa gleich stark entwickelt, ein Beweis dafür, daß zur Miocänzeit der Sprung bereits vorhanden und der stehengebliebene westliche Flügel durch die Erosion schon soweit gestört war, daß ein Höhenunterschied mit dem abgesunkenen östlichen Flügel nicht mehr bestand (Geisenheimer, Exkursionsführer nach Oberschles. 1904). Die prätertiären tiefen Erosionstäler, die stellenweise die Oberfläche des Steinkohlengebirges durchfurcht haben, wurden bereits bei der Besprechung des Zusammenhanges des Ostrauer Reviers mit dem von Preußisch-Oberschlesien erwähnt. Auch innerhalb des letzteren spielen sie eine große Rolle, namentlich ein Tal, das zwischen dem Südrande des Hauptflözzuges und dem Nicolaier Revier eingeschnitten wurde, und dessen wasserreiche Tertiär- und Diluvialsandfüllung eine große Gefahr für den Bergbau bedeutet.

III. Mineralogisch-Petrographisches (Gesteinsbeschaffenheit, Kohlenbeschaffenheit, Mineralführung.)

Außer der schon erwähnten Literatur ist noch hervorzuheben:

Prinz v. Schönaich-Carolath, Honigsteinähnl. Fossil von Zabrze, Ztschr. d. d. geol. Ges. 1852, **4**, 714—715. — Roemer, Notiz über ein eigentüml. Vorkommen von Alaunstein in der Steinkohle bei Zabrze, Ztschr. d. d. geol. Ges. 1856, **8**, 246 (vgl. Mitscherlich, Journ. f. prakt. Chemie 1861, 474). — Grundmann, Chem. Unters.

d. Steinkohlen Oberschlesiens, Ztschr. f. Berg-, Hütten- und Salinenwesen 1861, **9**, 198—207, 350—360. — Roemer, Gneis- und Granulitgeschiebe in einem Steinkohlenflöz in Oberschlesien, Ztschr. d. d. geol. Ges. 1864, **26**, 615—617. — Fleck, Unters. oberschles. Steinkohlen, Dinglers polytechn. Journ. 1870, **195**, 430. — Sachse, Über die Entstehung der Gesteinsmittel zwischen Steinkohlenflözen, Ztschr. f. Berg-, Hütten- und Salinenwes. 1882, **30**, 271—277. — Kosmann, Notizen üb. das Vork. oberschles. Mineralien, Ztschr. oberschles. Berg- u. Hüttenm. Ver. 1883, **22**, 216, 254; Berg- u. Hüttenm. Ztg. 1884, **38**, 198, 209. — Derselbe, Über Erzgänge und Gangmineralien in dem Steinkohlengeb. Oberschles., Österr. Ztschr. f. Berg- u. Hüttenwesen 1883, **31**, 289—291, 302—304. — Derselbe, Eisenhaltige Mineralien der Steinkohlenflöze von Oberschles., 62. Jhrsber. Schles. Ges. 1884, 239. — Arzruni, Oberschles. Mineralien, 61. Jhrsber. Schles. Ges. 1883, 161. — Roemer, Großes Geschiebe in der Steinkohle bei Hohenlohehütte, 61. Jhrsber. Schles. Ges. 1883, 151. — Gürich, Fossiles Holz aus d. oberschles. Kohlensandst., Ztschr. d. d. geol. Ges. 1885, **37**, 439. — Derselbe, neue Funde fremdart. Einschl. in oberschles. Steinkohlenflözen, 64. Jhrsber. Schles. Ges. 1886, 127, 141—143. — Stur, Über die in reinen Steinkohlenflözen enthaltenen Steinrundmassen u. Torf-Sphärosideriten, Jahrb. k. k. Geol. R. A. 1885, **35**, 613. — Weiß, Gerölle in und auf Steinkohlenflözen besonders in Oberschlesien, Jahrb. Geol. L.-A. 1885, 242 u. 362. — Derselbe, Geschiebe in Steinkohlenflözen, Ztschr. d. geol. Ges. 1886, **38**, 251. — Bernhardi, Ztschr. oberschles. Berg- u. Hüttenm. Ver. 1886, 220. — Steger, Zerstör. von Steinkohlenschichten im Felde der Georggrube O. S. durch diluviale Gletscher, Ztsch. f. Berg-, Hütten- u. Salinenwes. 1888, 23—25. — Bernhardi, Beschaffenheit der oberschles. Steinkohlen, Ztschr. d. oberschles. Berg- u. Hüttenm. Ver. 1890, **29**, 1—5. — Den Teilnehmern am 5. Allg. D. Bergmannstag zu Breslau 1892 von Georg v. Giesches Erben gewidmete Schrift 189—216 (Beschaffenh. d. oberschles. Kohlen). — Gaebler, Über das Vork. von Kohleneisenst. in Oberschlesien, Ztschr. f. Berg-, Hütten- u. Salinenwes. 1894, **42**, 157—162, 407. — Schwackhöfer, Die Kohlen Österr.-Ungarns u. Preußisch-Schlesiens, Wien 1901. — Die Mineralkohlen Österreichs, Wien 1903. — Mentzel, Dolomitvorkommen in Kohlenflözen, Glückauf 1904, **40**, 1164—1171.

In petrographischer Hinsicht sind Sandsteine und Schiefertone mit untergeordneten Steinkohlenflözen die herrschenden Gesteine. Das Vorherrschen der Schiefertone gegen die Sandsteine, die Seltenheit grobkörniger Konglomerate, endlich die teilweise ungewöhnliche Mächtigkeit der Flöze können als bemerkenswerte Eigentümlichkeiten, insbesondere dem niederschlesischen Steinkohlenrevier gegenüber, hervorgehoben werden. Als ein weiterer Gegensatz zu Niederschlesien ist zu betonen, daß Eruptivgesteine nur in geringer Ausdehnung im unteren Teile des Oberkarbons (im Ostrauer Revier) als Spaltenausfüllungen, nicht aber als Eruptivdecken auftreten. Der Sandstein ist gewöhnlich von weißer Farbe und von feinem oder mäßig großem Korn (auf der Königsgrube z. B. Gemengteile von 3—4 cm Durchmesser). Feine Glimmerblättchen sind häufig eingestreut. Selten sind den Quarzkörnern kleine Stücke von verwittertem Feldspat und von schwarzem Kieselschiefer beigemengt. Häufig ist der Sandstein in mächtige gleichförmige Bänke abgesondert und er gestattet die Gewinnung großer Werkstücke (Königshütte, Kattowitz, Myslowitz). Der Schieferton zeigt nichts Besonderes, er gleicht durchaus demjenigen in anderen Kohlenbecken. Übergänge des Schiefertones in sandige Schiefer und schiefrige Sandsteine sind wie anderswo sehr gewöhnlich. Im Angehenden sind die Schiefertone mehrfach zu plastischen Tonen erweicht. Auch Brandschiefer, die mitunter irrtümlich als Kannelkohle bezeichnet wurden (Charlotte-Grube bei Czernitz), und Alaunschiefer traten untergeordnet im Schieferton auf. Kohleneisenstein (black band) fand sich, wie auf der Grube Orzegow bei Schwientochlowitz, immer nur untergeordnet. Dagegen schlossen die Schiefertone, namentlich in den hangenderen Flözen des Hauptzuges: im Myslowitzer Walde zwischen Kattowitz und Myslowitz, auch bei Orzesche, Lazisk, Ruda nesterförmige Vorkommen von tonigen Sphärosideriten ein, die schon unter den metallischen Mineralien eingehender besprochen worden sind. Von sonstigen Einlagerungen im Schieferton sei noch eine wenige Zoll mächtige dolomitische Schicht im Felde der Königsgrube erwähnt, die sich durch Reichtum an marinen Petrefakten auszeichnete. Die Kohle selbst ist durch außerordentliche Reinheit (der Aschengehalt beträgt gewöhnlich nicht viel über 5 %), sowie durch große Festigkeit ausgezeichnet. Das Gewicht der Kohle ist gering: das Durchschnittsgewicht einer Tonne ($7\,^1/_9$ Kubikfuß = 2,1985 hl) betrug $371\,^2/_3$ Pfund (vgl. Runge bei Roemer, Geol. v. Oberschles. 1870, 523). Der Kohlenstoffgehalt beträgt größtenteils 70—80 %, der Wasserstoffgehalt 4,7—5,5 %, der Sauerstoff- und Stickstoffgehalt zusammen durchschnittlich 8—12 %. Im allgemeinen herrscht in Oberschlesien eine magere (kohlenstoffreiche, bitumenarme), zur Koksbereitung nicht recht geeignete Hausbrandkohle durchaus vor, besonders im Osten des Sattelflözzuges findet sich (ebenso wie im ganzen russischen Anteil des Revieres) gar keine Backkohle. Nur im Westen des Sattelflözzuges, besonders in der Gegend von Zabrze, vereinzelt auch in den Gruben bei Rybnik und Orzesche, fand sich Backkohle. Ebenso ist die Kohle des Ostrauer und Hultschiner Revieres backfähig, was mit dem dortigen steileren Schichteneinfall im Zusammenhange steht. Dafür sind diese letzteren Reviere als die einzigen durch schlagende Wetter gefährdet.

Gleichzeitig mit der Backfähigkeit der Kohle nimmt übrigens auch der Kohlenstoffgehalt von Westen nach Osten zu ab, wie aus folgender Tabelle (aus: Die Mineralkohlen Österreichs, Wien 1903, 445) hervorgeht:

	Ostrau	Karwin	Oberschlesien			Tenczynek, Adam-Flöz (Galizien)
			Königs-Grube	Ferdinand-Grube	Myslowitz-Grube	
Kohlenstoff	75,11	74,19	73,36	71,46	66,45	63,17
Wasserstoff	4,19	4,34	4,32	4,11	3,75	4,11
Sauerstoff	10,17	10,64	10,22	11,55	12,57	13,66
Stickstoff	1,14	0,89	1,10	0,90	1,35	1,09
Hygr. Wasser	2,15	3,23	5,56	6,00	10,01	14,24
Asche	7,24	6,71	5,44	5,97	5,87	3,73
Kalor. Wert	6930	6885	6804	6545	5977	5739

Erwähnenswert ist noch das Vorkommen von Geröllen fremdartiger Gesteine (Granulit, Gneis, Quarzit) innerhalb der Kohlenflöze; ihre Herkunft ist noch immer rätselhaft, nur scheint es sich der Form nach um Strandgerölle, nicht um Flußgerölle zu handeln (Gürich). Was die Mineralführung anbelangt, so sind teils nicht metallische Mineralien, teils Erze gefunden worden. Zu ersteren gehören Löwigit, eine Varietät des Alaunsteines, von der Königin-Luisen-Grube bei Zabrze, Carolathin, ein gelbliches wasserhaltiges Tonerdesilikat, Anthrakoxen von Mokrau, ein Harz, mannigfache Schwerspatvorkommen auf Klüften im Steinkohlengebirge, endlich auch Braunspat (Karlssegengrube bei Brzenskowitz). Von Erzen sind zu nennen Bleiglanz, Zinkblende, ganz besonders aber Schwefelkies, welch letzterer insofern eine große Gefahr darstellt, als die bei seiner Oxydation und Zersetzung entstehende Wärmeentwickelung vielfach zu Flözbränden führt.

IV. Geschichtlich-Ökonomisches (Geschichtliche Entwickelung, Produktion, Kohlenvorrat, Abbau).

Steinbeck, Gesch. des Schles. Bergbaues, Breslau 1857. — Übersicht der Steinkohlenförderung des preuß. Staates von 1817 bis 1854, Ztschr. f. Berg-, Hütten- u. Salinenwes. 1857, **4**. — Meitzen, Abbau d. mächtigen Steinkohlenflöze in Oberschles., Ztschr. f. Berg- u. Hüttenwes. 1858, **5**, 114—134. — Göppert, Oberschles. Zukunft hinsichtl. der Steinkohlenformation, 44. Jhrsber. Schles. Ges. 1866, 52—55; Prov.-Bl. N.-F. 1867, **6**, 203—210. — Gedicke, Gesch. d. schles. Bergbau-Privilegien, Ztschr. f. Bergrecht 1872, **13** u. 1873, **14**. — Frantz, Das Kohlenabsatzgebiet Oberschlesiens und dessen Erweiterung, Ztschr. oberschles. Berg- u. Hüttenm. Ver. 1875, **14** u. 1876, **15**. — Serlo, Denkschrift den überseeischen Export schles. Steinkohlen betreffend, Ztschr. d. oberschles. Berg- u. Hüttenm. Ver. 1877, **16**, 137—139. — Entwickelung des Steinkohlenverkehrs auf der oberschles. Eisenbahn 1853—1877, Ztschr. Preuß. Stat. Bur. 1878, **31**. — Starcke, Beurteil. der in Oberschles. auf den mächtigen Flözen zwischen Zabze und Myslowitz angewendeten Abbaumethoden, Ztschr. f. Berg- u. Hüttenwes. 1883, **31**, 33—53. — Lobe, Kontrollbohrungen im Steinkohlengebiet von Loslau, Verh. k. k. geol. R.-A. 1885, 248. — Speier, Entsteh. u. Entwick. der oberschles. Montanindustrie, Breslau 1885. — Gothein, Die oberschles. Montanindustrie, Waldenburg 1887. — Küntzel, Karten des oberschles. Industriebezirkes und der Beuthener Erzmulde, Kattowitz 1888. — Gaebler, Welchen Kohlenreichtum besitzt Oberschlesien im Liegenden der Sattelflöze? Ztschr. oberschles. Berg- u. Hüttenm. Ver. 1891, **30**, 1—3. — Voltz, Die Bergwerks- u. Hüttenverwalt. d. oberschles. Industriebezirkes, Kattowitz 1892. — Köbrich, Üb. einige Mess. d. Erdtemperatur im Fiskal. Bohrloche zu Knurow bei Gleiwitz, Ztschr. f. Berg-, Hütten- u. Salinenwes. 1893, **41**, 50—51. — R. Nasse, Kohlenvorräte der europ. Staaten insbes. Deutschlands, und deren Erschöpfung, Berlin 1893. — Staatliche Kohlenbohr. in Oberschles., Ztschr. f. prkt. Geol. 1893, 86. — Ebert, Neuere Aufschl. d. Giesche- und Florentine-Grube, Ztschr. oberschles. Berg- u. Hüttenm. Ver. 1893, **32**, 135—136. — Köbrich, Bohrtechn. Mitteilungen über das tiefste Bohrloch der Erde (Paruschowitz V) bei Rybnik, Ztschr. Oberschles. Berg- u. Hüttenm. Ver. 1896, **35**, 229—233. — Wutke, Studien üb. die Entwickel. des Bergregals in Schlesien, Berlin 1897. Zivier, Geschichte des Bergregals in Schlesien usw., Kattowitz 1898.

— Hilscher, Übersichtskarte d. oberschles. Industriebez., Beuthen 1898. — Raschdorff, Übersichtskarte, Kolberg 1898. — Paniowski, Montanind. Oberschles. vor 100 Jahren, Kattowitz 1899. — Kirschniok-Bernhardi, Aufschl. der Steinkohlengruben Konkordia, Michael usw., Ztschr. oberschles. Berg- u. Hüttenm. Ver. 1899, 413—420. — Steckel, Vom oberschles. Steinkohlenbergbau, Königshütte 1899. — Zivier, Akten und Urkunden zur Gesch. d. Schles. Bergwesens, Kattowitz 1900. — Frech, Warum sind die Steinkohlenlager erschöpft? Ztschr. f. Sozialwissensch. II, 1900, 175—199. — Bellerode, Beitr. zu Schles. Rechtsgeschichte, Breslau 1897—1902. — Fechner, Gesch. d. Schles. Berg- u. Hüttenwes. v. 1741—1806, Ztschr. f. Berg-, Hütten- u. Salinenwes. 1900—1902. — Wachsmann-Bernhardi, Üb. die Einwirk. des oberschles. Steinkohlenbergbaues auf die Oberfläche, Ztschr. oberschles. Berg- u. Hüttenm. Ver. 1900, **39**, 313. — Kohout-Jicinsky, Oberschles. Kohlengruben bei Czernitz, Österr. Ztschr. f. Berg-, Hütten- u. Salinenwes. 1900, **48**, 14. — Renauld, Bergbau und Hüttenindustrie von Oberschlesien 1884 bis 1897, Stuttgart. — Kohlenbohrungen bei Rybnik, Ztschr. f. prkt. Geol. 1901, 434. — Bernhardi, Üb. d. Gebirgsdruck in den verschiedenen Teufen usw., Ztschr. d. oberschles. Berg- u. Hüttenm. Ver. 1901, **40**, 1 ff. — Williger, Scheibenförm. Abbau mächt. Flöze unter Anwend. v. Versatz mittelst Wasserspülung auf dem Steinkohlenbergwerk Myslowitz bei Myslowitz, Ztschr. oberschles. Berg- u. Hüttenm. Ver. 1901, **40**, 515. — Serlo, Die Schächte der oberschles. Steinkohlenbergwerke, Ztschr. oberschles. Berg- u. Hüttenm. Ver. 1901, **40**, 251. — Friedrich, Schles. Industrie 1889—1900, Stuttgart 1902. — Blau, Einwirk. d. Bergb. im Oberschles. Bergreviere auf die Oberfläche, Centralbl. Bauverwltg. 1902, **22**, Nr. 23, 25. — Gaebler, Über die Verschieb. d. Bergbaues im oberschles. Steinkohlenbecken, Kuxen-Zeitung Nr. 84 vom 11. April 1902, 5. — Beyling, über oberschles. Grubenbrände durch Selbstentzünd. v. Kohle usw., Ztschr. f. Berg-, Hütten- und Salinenwes. 1902, **50**, 108 bis 139. — Wachsmann, Das neue Schlammversatzverfahren beim oberschles. Kohlenbergbau, Stahl und Eisen 1902, **20**, 109. — Bernhardi, Über Volumenveränder. von Sandschichten infolge ihrer Entwässerung, Ztschr. d. oberschles. Berg- u. Hüttenm. Ver. 1902, **41**, 26, 272 u. 296. — Derselbe, Dislokationserscheinungen an der Oberfl. usw., Ztschr. d. oberschles. Berg- u. Hüttenm. Ver. 1903, **42**, 446. — Williger, Ergebnisse der Einführung der neuen Abbaumethode mit Spülversatz in Oberschlesien, Ztschr. d. oberschles. Berg- u. Hüttenm. Ver. 1903, **42**, 259. — Henrich, Über die Temperatur in d. Bohrloche Paruschowitz V., Ztschr. f. Berg-, Hütten- u. Salinenwes. 1904, **52**, 1—11. — Simmersbach, Die Steinkohlenvorräte der Erde, Stahl und Eisen 1904, 1347—1359. — Frech, Über Ergiebigkeit und voraussichtl. Erschöpfung der Steinkohlenlager, Stuttgart, E. Schweizerbart. — Kohlenreichtum Oberschlesiens, Ztschr. f. prkt. Geol. 1905, 86.

Der oberschlesische Steinkohlenbergbau geht auf die Mitte des 18. Jahrhunderts zurück. Schon 1750 wurde die Brandenburg-Grube bei Ruda betrieben, aber es handelte sich in jener Zeit fast nur um Tagebau. Erst nachdem Reden 1778 als Berghauptmann nach Schlesien berufen worden war, begann der Aufschwung. Die Einführung der Dampfmaschinen auf Friedrichsgrube gab den Anstoß. So wurde 1791 die Königsgrube bei Königshütte, 1798 die Königin-Luisen-Grube bei Zabrze eröffnet, deren Namen an Friedrich Wilhelm III. und seine unvergeßliche Gemahlin erinnern. Allein alle Anstrengungen Redens vermochten im letzten Jahrzehnt des 18. Jahrhunderts den Bergbau nur langsam in Schwung zu bringen, die Förderung stieg von 78000 preußischen Tonnen im Jahre 1791 auf nur 106000 preußische Tonnen im Jahre 1800. (Vgl. Partsch, Schlesien II, 1903, S. 64). Dem rascheren Aufschwung nach den Freiheitskriegen folgte sogar ein mehrjähriger Rückgang. Erst nach 1836 steigerte das Zeitalter der Eisenbahnen die Produktion ungeheuer, sie stieg von 2100000 (preußische) Tonnen im Jahre 1837 auf 14078000 (preußische) Tonnen im Jahre 1858. Dann brachte eine Handelskrisis einen Stillstand, in dem der Übergang vom räumlichen Tonnenmaß zum Gewichtsmaß (1 t = 1000 kg) stattfand. Nach Beendigung dieser Krisis folgte ein nur 1877 und 1878 unterbrochener Aufschwung, der durch folgende Zahlen kenntlich wird; es wurden gefördert:

1862 = 3 073 kt (1 kt = 1 Mill. kg)
1870 = 5 854 „
1880 = 10 111 „
1890 = 16 863 „
1900 = 24 815 „
1901 = 25 252 „

Rechnet man das alte Tonnenmaß in das Gewichtsmaß um (1 preußische Tonne = 186 kg), so ergibt sich nach Partsch die Fördermengen für die einzelnen Jahrzehnte in kt wie folgt:

1790—1799 = 115,5 kt
1800—1809 = 590,5 „
1810—1819 = 1262 „

1820—1829 =	2 914 kt
1830—1839 =	3 342 „
1840—1849 =	7 604 „
1850—1859 =	35 215 „
1860—1869 =	74 246 „
1870—1879 =	98 763 „
1880—1889 =	124 299 „
1890—1899 =	189 621 „
1900—1901 =	50 067 „

Die Gesamtsumme der Förderung von 1790—1901 betrug 586 Mill. tons. Im Jahre 1902 wurden 24485, 1903 25265 und 1904 25418 kt gefördert.

Von den im Jahre 1901 von 64 Gruben und 78000 Arbeitern geförderten 25252 kt entfielen auf den Zabrze-Myslowitzer Sattelflözzug 23036; nur 430 kt auf die erst 1874 neuerschlossenen nördlichen Gruben von Radzionkau, 584 auf den Norden des Kreises Pleß, 842 auf den Südwesten des Kreises Rybnik, 358 auf das Hultschiner Ländchen. Man sieht daraus, daß vorläufig der Schwerpunkt des oberschlesischen Kohlenbergbaues noch im Sattelflözzug liegt, wenn er sich vielleicht auch später einmal nach Süden verschieben wird. Von großer Bedeutung für die Produktion war der Anschluß an das Netz der Schienenwege: 1845 wurde die oberschlesische Eisenbahn bis ins Bergbaurevier verlängert, 1867 erfolgte der Bau der Rechten-Oder-Ufer-Bahn, 1876 der der Bahn Posen-Kreuzburg, 1880 der Bau einer unmittelbaren Verbindung zwischen Beuthen und Oppeln, 1884 die Verstaatlichung der Linien, 1895 die Errichtung der Eisenbahndirektion Kattowitz.

Bezüglich des Kohlenvorrates rechnete v. Dechen 1873 für den Inhalt des Beckens 275 Milliarden Tonnen aus, eine ungeheure Überschätzung des Vorrates; andererseits blieb das Breslauer Oberbergamt im Jahre 1890 mit der Annahme von 45 Milliarden Tonnen bis zu 1600 m Teufe weit hinter der Wirklichkeit zurück. Nach Frech (Ztschr. f. Sozialw. II, 1900, 175—199) stellt die Annahme eines Kohlenvorrates von 90 Milliarden metrischer Tonnen in Oberschlesien lediglich eine Minimalschätzung dar. Damit ungefähr übereinstimmend lautet die Schätzung Gaeblers (Ztschr. f. Berg-, Hütten- u. Salinenwes. 1900 S. 89), der bis 1000 m Teufe 62,3 Milliarden, bis 1500 m 101,55 Milliarden, bis 2000 m 140,8 Milliarden Tonnen ausrechnet. Auf jeden Fall besitzt (nach Frech) Oberschlesien allein soviel Kohle, wie Großbritannien und Irland zusammen, und selbst wenn die nach 150—250 Jahren durch Erschöpfung des böhmischen, sächsischen und Waldenburger Revieres bedingte Steigerung der Produktion Oberschlesiens noch so bedeutende Dimensionen annimmt, ist eine Erschöpfung der Vorräte erst im Anfang des vierten Jahrtausends unserer Zeitrechnung anzunehmen.

Der Bergbau endlich weist Licht- und Schattenseiten auf. Zu ersteren ist das im allgemeinen flache Einfallen der Flöze (10—15°) und das Fehlen von schlagenden Wettern zu rechnen. Letzteres freilich wird wohl mit der Zeit in Frage gestellt werden durch das immer tiefere Eindringen der Schächte (Partsch). Während bis vor nicht allzu langer Zeit die mittlere Tiefe der oberschlesischen Schächte etwa 150 m betrug, geht man doch in neuerer Zeit zu Schächten von 500—600 m über (der Prittwitzschacht der Heinitz-Grube ist 540 m, der Hillebrandschacht der Grube Gottessegen 594 m tief). Die zwei größten Gefahren für den oberschlesischen Bergbau bildeten aber einerseits die wohl größtenteils durch den Schwefelkiesgehalt der Kohle verursachten Flözbrände, andererseits das Einbrechen der Kurzawka, der Schwimmsandmassen der tertiären und diluvialen Deckschichten. Der Abbauverlust an Kohle erreicht (nach Geisenheimer) auf den oberschlesischen Gruben die enorme Höhe von 30—50 %. Eine Wendung zum Besseren dürfte eintreten, wenn der vor einigen Jahren auf der Myslowitz-Grube von Williger angewandte Sandspülversatz allgemeinen Eingang gefunden haben wird. Das Verfahren besteht darin, daß man die ausgekohlten Räume durch ein Gemisch von Sand und Wasser, welches von über Tage in die Grube geleitet wird, vollschlämmt. Das Wasser fließt ab, und die eingeschlämmten Massen füllen die abgebauten Flözteile an Stelle der Kohle vollständig dicht aus. Neuerdings versucht man auch das Versatzmaterial auf trockenem Wege einzublasen.

Folgende Steinkohlengruben Preußisch-Oberschlesiens sind gegenwärtig im Betriebe:

1. Im Ostrau-Karwiner Revier: die Hultschiner Gruben nebst Fanny- und Franz-Grube in Petrzkowitz, Kreis Ratibor.

2. Im Nicolaier und Rybniker Revier:

a) Im Kreise Pleß die Gruben:

Boerschächte bei Kostuchna, Brade in Ober-Lazisk, Emanuelssegen in Emanuelssegen, Friedrich und Orzesche in Orzesche, Gottmituns in Mittel-Lazisk, Heinrichsfreude in Lendzin, Heinrichsglück und Neue-Heinrichsglück in Wyrow, Trautscholdsegen in Mittel-Lazisk.

b) Im Kreise Rybnik die Gruben:

Adamhöhe, Adolf-Wilhelm in Pohlom, Anna und Franz I in Pschow, Beatensglück mit Kaiserin Elisabeth und Wien in Niewiadom, Carl Adolf, Carolus in Niedobschütz, Neue Charlotte mit Leo und Cäcilie in Czernitz und Radoschau, Donnersmarck in Chwallowitz, Dubensko mit Susannawunsch, Ludwine und Rittau bei Czerwionka, Else, Emiliensruh, Emma in Radlin, Evas Höhe, Gieraltowitz I bei Knurow, Hoym-Laura in Birtultau, Johann Jakob mit Roemer in Niedobschütz, Reden in Birtultau.

3. Im Bereich des Sattelflözzuges und nördlich davon in der Beuthener Mulde:

a) Im Kreise Zabrze die Gruben:

Bielschowitz in Bielschowitz, Brandenburg in Ruda, Castellengo in Biskupitz, Konkordia und Michael in Alt-Zabrze, Hedwigswunsch in Biskupitz, Königin Luise in Zabrze, Ludwigsglück in Biskupitz, Neue Abwehr bei Ludwigsglück (Kreis Tarnowitz), Wolfgang bei Ruda.

b) Im Kreise Beuthen die Gruben:

Deutschland bei Schwientochlowitz, Florentine mit Carnallsfreude bei Ober-Lagiewnik, Friedensgrube in Friedenshütte, Heinitz in Roßberg, Karsten Centrum bei Beuthen, König bei Königshütte, Lithandra im Beuthener Schwarzwald, Mathilde bei Lipine, Paulus-Hohenzollern bei Beuthen, Orzegow und Schomberg, Preußen bei Miechowitz, Radzionkau bei Deutsch-Piekar und Radzionkau (Kreis Tarnowitz), Schlesien in Chropaczow.

c) Im Kreise Kattowitz die Gruben:

Alexandrine in Kochlowitz, Carl in Neudorf, Karlssegen nebst Glückauf in Brzezinka, Chassée und Fanny im Gutsbezirk Siemianowitz II, Cleophas in Zalenze, Euphemia und Franziska in Neudorf, Ferdinand in Bogutschütz, Georg in Kl.-Dombrowka, Giesche in Rosdzin, Schoppinitz, Janow, Gottessegen in Neudorf, Gräfin Laura mit Gott gebe Glück und Ernst August in Chorzow, Hohenlohe in Hohenlohehütte, Hugo und Zwang in Kochlowitz, Laurahüttegrube und Ver. Siemianowitz in Laurahütte, Max in Michalkowitz, Myslowitz mit Feldsegen in Myslowitz, Oheim in Brynow, Neu-Przemsa in Brzezinka, Wanda in Brzezinka, Eminenz (Waterloo) in Domb.

Steinkohlenvorkommen im oberschlesischen Keuper.

Runge bei Roemer, Geol. von Oberschlesien, Breslau 1870, 529. — v. Dechen, Nutzb. Min. u. Gebirgsart. i. Deutschen Reiche, Berlin 1873, 418. — Kosmann, Oberschlesien, Gleiwitz 1888, 101.

An der oberen Grenze des mittleren oder eigentlichen Keupers sind schwache Kohlenflöze (von Pusch als Moorkohlen bezeichnet) gefunden worden, deren Hauptverbreitung in polnisches Gebiet fällt. Auf preußischem Gebiete sind nur einige unbedeutende Vorkommnisse gefunden worden, von denen folgende erwähnt seien: Kaminitz und Lubschau nordwestlich von Woischnik, Sumpen nördlich von Lublinitz, Ludwigsdorf nordöstlich von Kreuzburg, ferner in dem Keupervorkommen östlich von Oppeln: Dembio und Danietz südöstlich von Malapane.

Braunkohle.

Braunkohlenvorkommen von Lentsch bei Neisse.

Runge bei F. Roemer, Geol. v. Oberschles., Breslau 1870, 529.

Dieses Braunkohlenvorkommen, welches gegenwärtig das einzige in Oberschlesien im Betrieb befindliche darstellt, gehört als Fortsetzung der — nunmehr zum Miocän gerechneten — niederschlesischen Braunkohlenformation an, die ausführlich unter „Niederschlesien", S. 75ff. besprochen worden ist und bei deren Besprechung auch die Literaturangaben nachzulesen sind. Runge (a. a. O.) gibt an, daß die Grube ein Lager baut, dessen Mächtigkeit bis zu 5 Lachtern steigt und welches in der Richtung von Nordwest gegen Südost über 300 Lachter weit verfolgt worden ist. Die Braunkohle ist erdig, läßt sich aber gut formen. Das Lager ist wellenförmig gelagert und wird seit der Mitte des 19. Jahrhunderts durch Tagebau ausgebeutet. Das Hangende und Liegende bildet der gewöhnliche blaugraue plastische Ton der norddeutschen Braunkohlenformation; verkohlte Cupressineen und Taxusstämme sind häufig. Die Förderung betrug im Jahre 1868 ca. 4000 t, im Jahre 1901 2400 t, im Jahre 1902 23147 t, 1903 40317 t, 1904 50473 t.

Von **sonstigen Braunkohlenvorkommen** Oberschlesiens nennt Runge:

In der Gegend von Oppeln auf dem linken Rande des Odertales Bowallno, Chmiellowitz, Halbendorf, Polnisch-Neudorf, weiter nördlich die Vorkommen von Weißdorf und Schurgast, das Vorkommen von Schwanowitz nordwestlich von Schurgast (die Leopold-Grube), das Vorkommen von Schönau südöstlich von Brieg (die Wilhelm-Grube), endlich rechts der Oder die Vorkommen von Bernstadt und Polnisch-Wartenberg.

Torf.

Triest, Topogr. Handb. von Oberschlesien 1864. — Runge bei Roemer, Geol. von Oberschlesien, Breslau 1870, 568.

Auch bezüglich der oberschlesischen Torfvorkommnisse ist auf die Besprechung dieses Fossils unter „Niederschlesien", S. 82—83 zu verweisen. Bezüglich des oberschlesischen Vitrioltorfes s. unter Oberschlesien, metall. Fossilien, S. 116. Runge a. a. O. nennt folgende **Vorkommen**:

Im Kreise Neustadt im Straduna-Flußtal bei Grocholub, Schwesterwitz, Dobersdorf, Twardawa, Walzen, Rosnochau, Kramelau und Zabierzau;

im Kreise Neisse bei Sengwitz;

im Kreise Grottkau bei Gläsendorf und Rogau;

in den Kreisen Oppeln und Falkenberg bei Comprachtschütz und im Steinautale zwischen Floste und Sabine im ehemaligen Quitschulle-Teiche, ferner bei Groditz und im Tillowitzer Forst bei Schiedlow, Ruttken und Eleonorensgrün;

im Kreise Lublinitz zu Lublinitz, Woischnik, Guttentag, Kochczütz und Mollna;

im Kreise Rosenberg zu Uschütz, Schoffczytz, Ober-Paulsdorf, Thule, Jamm, Koselwitz, Klein-Lassowitz und Wienskowitz;

im Kreise Kreuzburg zu Schiroslawitz, Roschkowitz, Konstadt, Schönfeld, Jeroltschütz, Proschlitz, Kochelsdorf;

im Kreise Cosel bei Groß-Nimsdorf und Lenschütz (diese Orte sind wohl gemeint);

im Kreise Groß-Strehlitz bei Gogolin, Zyrowa und Kadlub; endlich

in den südlichen Teilen Oberschlesiens: in der Gegend von Pleß, Rybnik und Hultschin.

Hervorzuheben ist die Auffindung von Diatomeenlagern im Liegenden der Torfmoore, wie zu Falkenberg, Rosenberg, Schimnitz bei Proskau (vgl. F. Cohn, 36. Jahresber. Schles. Ges. 1858, 89—93 und 1863, 41., 55—57.

Anhang: Schwefel.

Das tertiäre Vorkommen von Pschow und Kokoschütz südwestlich von Rybnik.

Oeynhausen, Vers. einer geogn. Beschreib. von Oberschlesien, Essen 1822. — Roemer, Geol. v. Oberschles., Breslau 1870, 406. — Althans, 57. Jahresber. Schles. Ges. 1879, 178 u. 1880, 58., 134.

— Websky, Ztschr. d. geol. Ges., Bd. XXXII, 1880, 650. — Williger, Schwefelvork. in Oberschles., Ztschr. f. Berg-, Hütten- u. Salinenwes. 1882, 264. — V. Steger, Die schwefelführ. Schichten von Kokoschütz usw. und deren Tertiärflora, Inaug.-Diss., Ratibor 1883. — Traube, Min. Schles., Breslau 1888, 211. — Kosmann, Oberchlesien, Gleiwitz 1888, 105 u. 157.

In den 70er Jahren des 19. Jahrhunderts wurden von dem Bergassessor Lucke in der Umgebung von Pschow und Kokoschütz Schwefellager entdeckt. Das Vorkommen verbreitete sich in vertikaler Ausdehnung von 46 bis zu 164 m Teufe, die schwefelführende Ablagerung hatte eine Mächtigkeit von 0,5 bis 7 m. Der Schwefel trat hier in feinsten Schnüren, wie in über faustgroßen Knollen teils rein, teils in erdiger Beschaffenheit auf. Sein Vorkommen war an Lagen von Gips, von tonigen und kalkigen Mergelschiefern, die dem Miocän angehörten, geknüpft. Zusammen mit Schwefel kamen Kalkspat, Bitterspat, Baryt, Gips und Cölestin vor. Der Schwefel wurde eine Zeitlang bergmännisch abgebaut, indessen brachten die niedrigen Preise des sizilianischen Schwefels das Unternehmen zum Erliegen.

Auch zu Dembio bei Oppeln fanden sich in bläulichgrauem, tertiärem Kalk derbe Schwefelmassen zusammen mit Gips (vgl. Fiedler, Min. Schles., Breslau 1863, 16).

c) Nutzbare Gesteine.

Allgemeine Literatur.

Fiedler, Min. Schles., Breslau 1863. — Runge bei Roemer, Geol. v. Oberschles., Breslau 1870. — v. Dechen, Nutzb. Min. u. Gebirgsarten i. Deutschen Reiche, Berlin 1873. — Festschrift zur XXIX. Hauptvers. Deutscher Ingenieure, Breslau 1888, 53—83. — Kosmann, Oberschlesien, Gleiwitz 1888. — Gürich, Erläut. z. geol. Übersichtskarte v. Schlesien, Breslau 1890. — Derselbe, Die nutzb. Gesteine Schles., Schles. Gewerbeblatt 1894, 36—37 (Refer. Ztschr. f. prkt. Geol. 1894, **2**, 214). — Ahrens, Schles. chem. Industrie, Breslau 1898. — Partsch, Schlesien II, Breslau 1903.

1. Kaolin, Ton.

A. Heintz, Die Tonindustrie Schlesiens, Festschr. XXIX. Hauptversammlung Deutscher Ingen., Breslau 1888, 68—82. — Derselbe, Tonindustr.-Ztg. 1888, 38. — E. Richters, Unters. über die Feuerbeständigkeit d. Tone, 2. Aufl., Berlin 1897. — C. Bischof, Die feuerfesten Tone usw., 3. Aufl., Leipzig 1904, Quandt & Händel. — Derselbe, Gesamm. Analysen der in der Tonindustrie benutzten Mineralien usw., Leipzig 1901, Quandt & Händel. — H. Rösler, Beitr. z. Kenntn. einiger Kaolinlagerstätten, N. Jhrb. f. Min., Beil.-Bd. 15, 1902, 231—393.

Kaolin.

Kaolinvorkommen bei Deutsch-Wette zwischen Ziegenhals und Neisse.

An genannter Örtlichkeit tritt eine Gneispartie von beschränktem Umfange auf, die in verschiedenen Richtungen von 1—2 Fuß dicken Granitgängen durchsetzt wird. Der Gneis ist weiß und stark zersetzt. Gewöhnlich sieht man in ihm nur Quarz und Feldspat, Glimmer fehlt entweder ganz oder ist nur spärlich vorhanden. Der Feldspat sowohl des Gneises wie des Granites ist zum allergrößten Teil in erdigen, weißen Kaolin umgewandelt.

Ton.

Abgesehen von den allenthalben im Diluvium verbreiteten und zur Ziegelfabrikation verwandten Letten gehören die oberschlesischen **Tonvorkommen** besonders dem Karbon (wie zu Ruda) und dem Tertiär an. Bei den letztgenannten Vorkommen sind einerseits die Tone der Braunkohlenformation (Blumenthal bei Neisse, die Vorkommen der Oppelner Gegend: Comprachtschütz), andererseits die Tone des marinen Miocäns sowohl im Süden in der Gegend von Pleß, Rybnik, Ratibor, Leobschütz, wie auch im Miocän des Nordens im Bereiche der Steinkohlen- und Muschelkalkformation (Tone von Poremba östlich von Zabrze, von Bobrek und Mikultschütz) zu unterscheiden. Der Muschelkalk selbst enthält nur unbedeutende Toneinlagerungen, dagegen treten im Keuper und im braunen Jura (Lublinitzer Gegend) mehrfach abbauwürdige Toneinlagerungen auf. Nach Runge (vgl. S. 174) wurden in Oberschlesien feuerfeste Tone gewonnen:

Zu Ruda und Antonienhütte (karbonisch), zu Bielschowitz und Mikultschütz (miocän), im Kreise Lublinitz zu Lubetzko und Zborowski (brauner Jura), im Kreise Grottkau zu Zülzwalde bei Hohengiersdorf, im Kreise Oppeln zu Comprachtschütz und Polnisch-Neudorf auf dem linken Oderufer, im Kreise Groß-Strehlitz zu Groß-Stein, im Kreise Ratibor zu Brzezie und im Kreise Leobschütz zu Bauerwitz, Rosen, Hohndorf und Deutsch-Neukirch.

Ziegellehm findet sich in allen Teilen Oberschlesiens, doch weniger gut auf dem rechten, als auf dem linken Oderufer, wo der Löß ein vorzüglich gutes und reines Material zur Ziegelfabrikation darbietet. Bischof (Die feuerfesten Tone, Leipzig 1904) führt außer den genannten Vorkommen noch folgende an: Die plastischen Tone von Blumenthal bei Neisse und von Goczalkowitz, weiterhin die feuerfesten Tone von Poremba und Cziatkowitz (?), die Steinkohlentone von Kattowitz und Zalenze, die Tone von Bobrek bei Beuthen, von Nakel und Glinitz bei Tarnowitz und von Zedlitz bei Gleiwitz.

Bischof (Gesamm. Analysen, Leipzig 1901) teilt von dem wohl zum braunen Jura gehörigen Tone von Ponoschau in der Lublinitzer Gegend folgende zwei Analysen mit:

	a (blau, fett)	b (weiß)
Tonerde . . .	27,53	28,19
Kieselsäure . .	55,85	57,35
Magnesia . . .	1,19	1,15
Kalk	0,50	0,50
Eisenoxyd . .	2,42	1,87
Kali	2,60	2,40
Natron	—	—
Glühverlust . .	9,97	8,57
	100,06	100,03

Richters (vgl. S. 174) teilt zunächst eine Analyse des Tones von Bielschowitz westlich von Antonienhütte mit. Dieser Ton bildet leicht zerreibliche Stücke von grauer, ins Rötliche spielender Farbe und wenig glänzender Oberfläche; sie sind mit einzelnen, sehr kurzen, karmoisinroten Adern von Eisenoxyd durchsetzt, welche das Aussehen des Tones eigentümlich und unregelmäßig gefleckt erscheinen lassen.

100 Gewichtsteile des bei 120° C. getrockneten Tones enthielten:

20,40 %	Tonerde
2,98 „	Eisenoxyd
0,34 „	Kalk
0,61 „	Magnesia
1,20 „	Kali
0,59 „	Natron
6,06 „	Wasser
32,14 „	chem. geb. Kieselsäure
35,68 „	Sand
100,00	

Derselbe Autor veröffentlicht weiterhin folgende zwei Analysen des tertiären Braunkohlentones von Comprachtschütz südwestlich von Oppeln:

In 100 Gewichtsteilen des bei 120° C. getrockneten Tones waren enthalten:

I		II	
15,83 %	Tonerde	17,05 %	Tonerde
1,86 „	Eisenoxyd	3,60 „	Eisenoxyd
0,41 „	Magnesia	0,79 „	Kalk
0,90 „	Natron	1,08 „	Magnesia
6,25 „	Wasser	1,28 „	Natron
Spur	Kali u. Kalk	1,00 „	Kali
23,05 „	geb. Kieselsäure	6,08 „	Wasser
50,61 „	Sand	23,65 „	geb. Kieselsäure
98,91		45,10 „	Sand
		99,63	

2. Kalk und Zement, auch Gips, Schwerspat, Strontianit und Cölestin.

Kalk und Zement.

Die oberschlesische Kalkindustrie ist eine außerordentlich bedeutende. Alle Formen, unter denen der Kalk verwendet wird, treten in Oberschlesien zur Erscheinung. Man gewinnt dort Brenn- und Baukalk, dolomitischen Kalk, der für Hochofenzwecke besonders geeignet ist, Kalk für Düngezwecke, für die Zuckerfabrikation und für sonstige chemische Verwendung. Als ganz besonders wichtig sind die Kalke und Dolomite des oberschlesischen Muschelkalkes, sowie die für die Zementfabrikation dienenden Kreidekalke der Oppelner Gegend hervorzuheben.

Vorkommen im Muschelkalk.

Runge bei Roemer, Geol. v. Oberschles. Breslau 1870, 565. — Kosmann, Verbreit. der nutzbar. Kalksteine im nördl. Deutschl., Mitteil. d. deutschen Ver. f. Fabrik. v. Ziegeln usw., 27. Febr. 1896 (Sektion Kalk). — Geologische Literatur ist unter den Erzvorkommen des oberschles. Muschelkalkes zitiert.

Es sei zunächst in paläontologischer Hinsicht nochmals daran erinnert, daß in Oberschlesien der untere Muschelkalk in zwei Abteilungen: die Wellenkalkäquivalente und die Schaumkalkäquivalente zerfällt. Zu ersteren gehören die Chorzower Kalke, auf denen die großartige Kalkindustrie sowohl im Westen bei Gogolin und Krappitz, wie auch im Osten in der Gegend von Tarnowitz (Naclo), Beuthen und Königshütte (Chorzow, Lagiewnik, Maczeikowitz, Michalkowitz, Siemianowitz) beruht. Diese Chorzower Kalke stellen einen ca. 75 m mächtigen Komplex dar, hauptsächlich aus dünnen Bänken von mergligem Kalk mit wulstigen Anschwellungen bestehend, die mit festen kristallinen oder dichten Kalkbänken wechsellagern. Paläontologisch charakterisiert ist dieser Horizont durch Crinoiden (Dadocrinus gracilis und Kunischi), massenhaft vorkommende Saurierreste, auch durch Fische und Zweischaler (vgl. unter Erzvorkommen im Muschelkalk). Über den Wellenkalkäquivalenten folgen dann die Schaumkalkäquivalente, die im westlichen Teile kalkig, im östlichen Muschelkalkgebiete (Erzmulden) aber dolomitisch ausgebildet sind. Die kalkigen Partien sind von Gogolin über Groß-Strehlitz, Tost, das Dramatal und weiterhin bis Tarnowitz und Mikultschütz zu verfolgen, östlich hiervon treten die Dolomite auf, die ebenfalls eine hohe industrielle Bedeutung besitzen (bezüglich letzterer siehe unter Erzvorkommen im Muschelkalke). Die Schaumkalkäquivalente zerfallen nun in die unteren, Goradzer Schichten, deren Kalke von Goradze nördlich von Gogolin ostwärts bis nach Tarnowitz hin abgebaut werden; und zweitens in die oberen, Mikultschützer Schichten, die durch die Terebratelnschichten übergangsweise mit diesen verknüpft sind, und besonders bei Mikultschütz nordwestlich von Zabrze und bei Laband nördlich von Gleiwitz abgebaut werden. Endlich werden noch die Kalke der inselförmigen Muschelkalkpartien im Pleßer Kreise (Mokrau, Ochojetz, Smilowitz, Lazisk, Lendzin, Neuberun, Chelm, Imielin) abgebaut.

Man hat also mit Kosmann lokal etwa 5 Kalkbezirke in Oberschlesien zu unterscheiden: 1. den Gogoliner Bezirk (Gogolin, Goradze), 2. den Groß-Strehlitzer Bezirk (Ottmuth, Groß-Strehlitz, Schimischow), 3. den Gleiwitzer Bezirk (Laband, Przyschowka), 4. den Beuthen-Tarnowitzer Bezirk, 5. den Pleßer Bezirk (Mokrau usw.).

Der oberschlesische Muschelkalk enthält 95,5 % kohlens. Kalk und nur 3—4 % Tonerde, Kieselsäure und Eisenoxyd; er gibt, in gewöhnlicher Weise gelöscht, pro Tonne ($7^1/_9$ Kubikfuß) 12—16

Kubikfuß oder 168—225 % gelöschten Kalk, welcher einen Zusatz von 2—3 Teilen Sand gestattet.

Kosmann (Oberschles. S. 48) veröffentlicht folgende Analysen oberschlesischer Kalke:

	Analysen von Holdefleiss			Anal. von Grundmann
Rohe Kalke:	Goradzer blauer Feuerst.	Gogoliner Feuerstein	Gogoliner Buchenstein	Tarnowitzer Kalk
Kohlens. Kalk . .	95,18	96,05	95,86	94,45
Kohlens. Magn. .	1,09	0,70	1,09	1,99
Eisenoxyd	0,45	0,60	0,50	0,51
Lösl. Kieselerde .	0,48	—	—	1,12 (insges.)
Tonerde	—	—	—	1,22
Unlösl. Tonsilikat	3,20	2,65	2,55	0,42 Kali
	100,40	100,00	100,00	99,71

	Anal. von Holdefleiss		Anal. von Kosmann		
Gebrannte Kalke:	Gogoliner Kalk		Kalke von Mokrau Grutky? hart	Grutky weich	Kiefer-berg
Kalkerde	92,30		86,501	90,556	97,317
Kohlensäure . . .	1,99		1,224	1,028	0,741
Lösl. Kiesels. . .	2,66		5,914	4,415	0,638
Rückstand	0,63		0,320	0,260	0,359
Eisenoxyd	1,57	u. Tonerde	4,320	2,309	0,579
Magnesia	0,85		0,640	0,605	0,074
Kali	—		1,017	0,770	0,125
	100,00		99,936	99,943	99,833

Über die Höhe der Produktion machte Kosmann 1896 (Sitz. d. Ver. z. Beförd. d. Gewerbfleißes 7. Dezbr.) folgende Angaben:

In 70 Steinbrüchen und 80 Kalkofenanlagen werden in Oberschlesien jährlich gefördert:

zum Brennen 750000 t = 15 Mill. Ztr. Rohkalk. m. 2400 Arb.,
„ Hochofenbetriebe
und Pflastern 400000 t = 8 „ „ „ „ 800 „

Die jährliche Produktion an Brennkalk beträgt ca. 400000 t = 8 Millionen Zentner und davon gehen auf der Eisenbahn ins Land über Oppeln hinaus zurzeit ungefähr

	6—7 000 000	Ztr.	Stückkalk
	1—2 000 000	„	Kalkasche (Staubkalk zum Düngen)
und	2 000 000	„	rohe Kalksteine.

Vorkommen im Keuper.

Roemer, Geol. v. Oberschles., Breslau 1870, 160, ebenda Runge 566.

Es handelt sich hier um Kalkvorkommen, die in dem Keuperzuge, der sich von Lublinitz über Koschentin, Lubschau, Woischnik nach Polen hinüberzieht, auftreten. Runge (a. a. O.) führt die Örtlichkeiten Lubetzko, Lipie, Steblau, Kochczütz, Lohna und Psaar an.

Der kieselsäurereiche Woischniker Kalk gehört (vgl. Roemer a. a. O.) als Einlagerung zu der Stufe des mittleren oder eigentlichen Keupers. Er stellt in seiner ausgebildetsten Form einen kompakten dichten Kalkstein von ebenem oder splitterigem Bruch und gelblich- oder graulich weißer Farbe dar. Durch Aufnahme von Ton geht er häufig in Kalkmergel über, und nimmt dann oft eine blaßrote statt der weißen Farbe an. Kieselige Ausscheidungen kommen häufig in dem Kalksteine vor. Gewöhnlich sind es unregelmäßige Knollen von Hornstein, zuweilen findet sich aber auch schön gefärbter Chalcedon, wie namentlich am Zogelberge bei Woischnik. Am Grojecberge bei Lubschau gewinnt der Hornstein solche Entwickelung, daß er den Kalkstein ganz verdrängt. Man hat versucht dieses Gestein zur Fabrikation von Mühlsteinen zu verwenden.

Vorkommen in der Kreide.

Beyrich, Lagerung der Kreideformation im schles. Geb., Abh. Berl. Akad. 1855, Bd. 26. — Roemer, Auffind. einer sandigen cenomanen Kreidebildung unter dem kalkigen turonen Kreidemergel von Oppeln, 46. Jhrsber. Schles. Ges. 1868, 32—33. — Derselbe, cenomane Kreide bei Oppeln, Ztschr. d. geol. Ges. 1868, **20**, 464 bis 465. — Derselbe, Geol. v. Oberschles., Breslau 1870. — Stenzel, Rhizodendron Oppoliense Göpp., Baumfarn aus d. Oppelner Kreide, 63. Jhrsber. Schl. Ges. 1885, Beilage. — Roemer, Geol. Ergebn. eines Bohrloches zu Proskau, 65. Jhrsber. Schles. Ges. 1887, 199.

— Michael, Fischzähne aus Turonkalk von Oppeln, 71. Jhrsber. Schles. Ges. 1893, II, 70—71. — R. Leonhard, Üb. die Kreideformation in Oberschles., 73. Jhrsber. Schles. Ges. 1895, II, 6, 7. — Derselbe, Die Fauna der Kreideformat. in Oberschles., Stuttgart 1897, Paläontogr. **44**, 11—70. — Voltz, Cenoman und Turon am Annaberge in Oberschles., Ztschr. d. d. geol. Ges. 1901, **53**, Briefl. Mitt. 42—48. — Michael, Üb. eine Tiefbohrung bei Oppeln, Ztschr. d. geol. Ges. 1902, **54**, Verhdl. 10—12.

Die turonen tonreichen (10—15 $^0/_0$) Kalke der Oppelner Gegend bilden die Grundlage der dortigen großartigen Zementindustrie. Bezüglich der paläontologischen Verhältnisse seien die Ausführungen R. Leonhards (vgl. Frech, Exkursionsführ. nach Oberschlesien, Breslau 1901) hier wiedergegeben.

Die Turonscholle von Oppeln, welche durch den jungen Durchbruch der Oder aufgeschlossen, sich im Odertale von Groß-Schimnitz bis Groß-Döbern verfolgen läßt, ist der am besten zugängliche und am längsten bekannte Teil der oberschlesischen Kreide. Gute Aufschlüsse bieten nur die ausgedehnten Steinbrüche bei Oppeln, sowie bei Groschowitz, 3 km südöstlich von demselben. Als Liegendes der Oppelner Turonscholle wurde der cenomane Sand nachgewiesen. Die gesamte Mächtigkeit des Turons wurde bei den Bohrungen im Süden von Oppeln auf ca. 44 m, im Norden der Stadt auf 37 m festgestellt. Bei weitem geringer ist die Mächtigkeit der turonen Ablagerungen bei Groschowitz, wo nur die tiefste Zone erhalten ist.

Die Schichten des Turon bei der Stadt Oppeln selbst sind seit Jahrzehnten durch Steinbrüche aufgeschlossen, welche ebenso wie der Groschowitzer Abbau das Material zu einer ausgedehnten Zementfabrikation liefern. Es sind dies im Norden der Stadt die Brüche der Oberschlesischen Portland-Zement-Fabrik vorm. Schottländer und im Süden in Polnisch-Neudorf die aneinander grenzenden Steinbrüche der Portland-Zement-Fabrik vorm. A. Giesel und der Oppelner Zement-Fabrik vorm. F. W. Grundmann. Die Schichten dieses Kalkmergels sind durch Verrutschungen stark disloziert, so daß scheinbar ein verschiedenes Streichen und Fallen zu beobachten ist. Im ganzen lagern auch hier die Schichten horizontal.

Die untere Turonstufe (Brongniartizone) wird nach oben durch zwei tonreiche Zwischenlagen angeschlossen. In denselben findet sich ausschließlich Terebratulina gracilis. Außerdem kommen in der Brongniartizone häufig vor:

Ventriculites radiatus Mant. Leptophragma fragile A. Roem. Plocoscyphia tenuilobata Leonh. Ananchytes ovatus Leske. Micraster breviporus Ag. Rhynchonella plicatilis Sow. Terebratula semiglobosa Sow. Terebratulina gracilis Schloth. Inoceramus Brongniarti Tor. Inoceramus labiatus Schloth. Spondylus spinosus Sow. Pleurotomaria linearis Mant. Pleurotomaria perspectiva Mant. Nautilus rugatus Fr. u. Schl. Nautilus sublaevigatus d'Orb. Pachydiscus peramplus Mant.

Der am besten bekannte Horizont des Oppelner Turons, der über den tonigen Zwischenlagen mit Terebratulina gracilis folgt, ist das Äquivalent des Scaphitenpläners Nordwestdeutschlands.

Die Fauna dieser Schichten ist folgende:

Ventriculites angustatus A. Roem. Ventriculites radiatus A. Roem. Leptophragma fragile A. Roem. Camerospongia fungiformis Goldf. Ananchytes ovatus Leske. Micraster cor testudinarium Ag. Rhynchonella plicatilis Sow. Inoceramus Brongniarti Sow. Inoceramus labiatus Schloth. Inoceramus Cuvieri Sow. Inoceramus Cripsii Mant. var. plana Münster. Spondylus spinosus Sow. Pachydiscus peramplus Mant. Helicoceras Reussianum d'Orb. Scaphites Geinitzi d'Orb.

Das Oppelner Turon zeigt eine überraschende Gleichförmigkeit der Fauna durch alle Stufen. Dieselbe ist durch ihren Reichtum an Individuen bei verhältnismäßig großer Armut an Arten charakterisiert.

Was die Facies des Oppelner Turon anbelangt, so weisen die meisten Arten auf eine Ablagerung in mäßiger Meerestiefe und großer Küstennähe hin. Daß die Oppelner Scholle nur die wenig mächtigen Uferbildungen eines größeren Meeresarmes darstellt, scheint sich aus der Mächtigkeit desselben Kalkmergels im Bohrloch von Proskau zu ergeben, wo noch bei 212 m die Bohrung im Kalkmergel stehen blieb.

Eine im Breslauer Universitätslaboratorium unter Löwig ausgeführte Analyse des gewöhnlichen Kalkmergels aus dem städtischen Steinbruche bei Oppeln ergab (vgl. Roemer, Geol. von Oberschles. S. 295) folgendes Resultat:

Kohlensaurer Kalk	84,17
Tonerde	4,72
Kieselsäure . . .	7,71
Wasser	3,40
	100,00

Bezüglich der Produktionshöhe führt Ahrens (Schles. Chem. Industrie, Breslau 1898, 44) an, daß im Jahre 1897 fünf Fabriken (die Schles. Portland-Zement-Fabrik in Groschowitz bei Oppeln, die Oppelner Portland-Zement-Fabriken vorm. Grundmann, die Oberschles. Portland-Zement-Fabrik vorm. Schottländer, die Portland-Zement-Fabrik vorm. A. Giesel und die Schimischower Aktienwerke) eine Gesamtmenge von 1362000 Faß à 180 kg Btto. Portlandzement im Werte von 6848000 Mark produziert haben, und daß sich 1898 die Produktion um 300000 Faß vergrößerte.

Vorkommen im marinen Miocän.

Runge (bei Roemer, Geol. v. Oberschles., 566) führt hier die Kalkvorkommen von Pschow bei Rybnik an, die einen wasserbeständigen Mörtel lieferten. Aber auch links der Oder sind mehrfach, namentlich bei Hultschin, derartige Vorkommen zu verzeichnen (vgl. Kuh, Ztschr. d. geol. Ges. 1852, **4**, 225—228).

Vorkommen im Alluvium.

Auf der rechten Oderseite in der Gegend von Polnisch-Wartenberg und Namslau treten (vgl. Gürich, Erläut. zur Karte von Schles., 164) mehrfach unbedeutende Lager von alluvialem Kalktuff von lockerer Konsistenz und heller Farbe auf.

Gips, Schwerspat, Strontianit, Cölestin.

Die Vorkommen im Miocän von Dirschel bei Katscher und im Rybniker Kreise.

Göppert, Über die foss. Flora der Gipsformation zu Dirschel, Nova Acta acad. Leopold. Carol. 1842, **19**, II, 367—378. — v. Carnall, Das oberschles. Gips- u. Mergelgebirge, Bergm. Taschenb. 2. Jahrg. 1848, 55. — Kuh, Oberschles. Gips, Ztschr. d. d. geol. Ges. 1852, **4**, 225—228. — Roemer und Runge, Geol. v. Oberschlesien, Breslau 1870, 389, 404 u. 565. — Kosmann, Oberschles., Gleiwitz 1888, 48 u. 104. — Traube, Min. Schles., Breslau 1888, 30, 69, 113, 224.

Der oberschlesische Gips, der dem Miocän angehört, findet sich in einem bläulich und gelblichgrauen Letten (Gipsmergel) teils in größeren stockförmigen Massen ohne erkennbare Schichtung, aber von kristallinischer Struktur, teils in dem Mergel fein verteilt und in einzelnen linsenförmigen kristallinischen Ausscheidungen. Die bedeutendsten Gipsgewinnungen befinden sich links der Oder in der Gegend von Leobschütz bei Katscher, Dirschel, Dirschkowitz, Kösling und Bladen, kleinere Gewinnungen befinden sich rechts der Oder im Rybniker Kreise bei Kokoschütz, Pschow, Czernitz. Die Vorkommen von Schwerspat und Cölestin zu Pschow und Kokoschütz sind bereits bei Besprechung der dortigen Schwefelvorkommnisse erwähnt worden; weiterhin fanden sich zu Pschow exzentrisch-strahlige Aggregate von Strontianit (vgl. Jahresber Schles. Ges., Breslau 1844, 209). Runge (a. a. O.) führt an, daß im Jahre 1868 in dortiger Gegend an Gips gewonnen wurden:

bei Dirschel	15—18 000 t	(1 t = ca. 6 Ztr.)
„ Katscher	4 000 t	
„ Kösling	4 000 t	
„ Dirschkowitz	2 500 t	
„ Pschow und Czernitz .	15 500 Ztr.	

Nach Kosmann (a. a. O.) betrug die Produktion eines Gipsbruches bei Dirschel jährlich 3500 t rohen und gemahlenen, 200 bis 250 t gebrannten Gipses.

3. Bau- und Pflastersteine (Sandstein, Marmor, Basalt).

Bezüglich der allgemeinen Literatur vgl. unter Bau- und Pflastersteine Niederschlesiens, S. 96.

Sandstein.

Die wichtigsten oberschlesischen **Sandsteinvorkommen** gehören der Steinkohlenformation an. Runge (in Roemers Geol. v. Oberschles. S. 566) erwähnt den festen, weißen Steinkohlensandstein von Orzesche, weiterhin die Vorkommen zu Rydultau, Radoschau und Niedobschütz bei Rybnik, Wyrow bei Pleß und zu Hoschialkowitz unweit Hultschin. Gegenwärtig wird namentlich das Vorkommen von Petrzkowitz nordöstlich von Hoschialkowitz abgebaut. In der Gegend von Königshütte, Kattowitz, Myslowitz finden sich ebenfalls karbonische Sandsteinbrüche.

Marmor.

F. S. Scholtz, Proben von schlesischem Marmor und deren Fundorte, Übers. Arb. Schles. Ges. 1847, 53, 54. — Kosmann, Die Gesteine der schles. Marmorindustrie (Die Marmorarten des Deutschen Reiches, Berlin 1888, 28—38).

Hier ist vor allem des bekannten schlesischen **Marmorvorkommens von Groß-Kunzendorf** südlich von Neisse zu gedenken. Es handelt sich um Marmorkalke von grobkristalliner Beschaffenheit, die innerhalb des Diluviums auftreten und nach Südwesten nach Österreich-Schlesien hinüberstreichen. Die Farbe ist weiß bis hellgrau, blaugrau, zuweilen durch eingelagerten Glimmer bräunlich. Der Kalk ist etwa 60 Lachter mächtig, am Ausgehenden ist das Streichen h. $2^1/_4$—$2^1/_2$ mit 75° Fallen nach Südost, eingemengt findet sich außer Glimmer Magnetkies, Eisenkies, Quarz, Pikrolith (vgl. J. Roth, Erläut. z. Karte Niederschles., Berlin 1867, 226). Das Kunzendorfer Marmorvorkommen wird besonders von der Firma Thust in Gnadenfrei bei Reichenbach zu allerhand Bauarbeiten, Säulen, Treppenstufen, Sarkophagen, Grabdenkmälern usw. verarbeitet.

Basalt.

Thürnagel, Die Lagerungsverh. d. Basaltes am Annaberge, Karstens Arch. 1823, **7**, 67 und 1824, **8**, 84. — Runge bei Roemer, Geol. v. Oberschles. 1870, 568. — P. Trippke, Beitr. z. Kenntn. Schles. Bas., Inaug.-Diss., Breslau 1878.

Die bedeutendsten oberschlesischen **Basaltvorkommen** liegen westlich der Oder: namentlich in der Gegend von Falkenberg und Tillowitz. Nur wenige, wie das bekannte Vorkommen des Annaberges bei Leschnitz liegen östlich des Flusses. Östlich vom Annaberge sind keine Basalte bekannt. Die Basalte Oberschlesiens sind bekanntlich die äußersten östlichen Ausläufer der Zone von Basaltdurchbrüchen, die, in der Eifel auf dem linken Rheinufer beginnend, quer durch ganz Deutschland bis nach Böhmen, Mähren, Schlesien sich erstreckt. Die Basalte Schlesiens sind vorherrschend gewöhnliche Plagioklasbasalte, ihre verändernde Einwirkung auf das Nebengestein ist sowohl bezüglich der Lagerungsverhältnisse, wie auch in struktureller Hinsicht nach der Meinung Ferdinand Roemers nicht übermäßig bedeutend. Bezüglich ihres Alters ist F. Frech (vgl. Exkursionsführ. nach Oberschles., Breslau 1904,

S. 19) der Ansicht, daß der Basaltkegel des Annaberges im Obermiocän entstanden sei, während die übrigen Basalte wohl größtenteils älter sind. Runge (a. a. O.) führt als bedeutendste Basaltbrüche an: die Brüche am Annaberg bei Leschnitz, zu Mullwitz Kreis Falkenberg, zu Bieskau Kreis Leobschütz und zu Gläsendorf Kreis Grottkau. Als kleinere Basaltgewinnungen bezeichnet er die Vorkommen von Komeise und Schönwiese Kreis Leobschütz, zu Zyrowa Kreis Groß-Strehlitz und Sakrau Kreis Cosel und zu Dembio, Chronstau und Chrosczinna Kreis Oppeln. Späterhin wurden am bedeutendsten die vorzugsweise im Besitz des Grafen Pückler befindlichen Brüche bei Schedlau Kreis Falkenberg.

Über die neueren Salzbohrungen im Rybniker Kreise ist es heute noch nicht möglich, nähere Angaben zu machen.

Ortsregister.

Druck von Metzger & Wittig in Leipzig.

www.ingramcontent.com/pod-product-compliance
Lightning Source LLC
LaVergne TN
LVHW042241300926
849161LV00003B/423